海底科学与技术丛书

区域海底构造

上册

REGIONAL SUBMARINE TECTONICS

Volume One

李三忠　赵淑娟　索艳慧　刘　博　李玺瑶/编著

科学出版社

北京

内 容 简 介

区域海底构造是介于海洋地质学、大地构造学和地史学之间的一门针对海底构造演化史的交叉学科。本书以地球系统科学思想为指导，首先重点介绍板块构造理论中的威尔逊旋回，进而拓展至超大陆旋回，再从系统论的角度，由表及里，遵循读者的认知规律，循序渐进地讲授海底各圈层之间的相互作用，是一本既有基础知识，又有研究前沿成果的教科书。本书从大洋盆地演化和洋底多圈层相互作用出发，条理化、凝练性介绍太平洋和印度洋的构造单元划分、典型构造分析及洋盆演化过程。

本书资料系统、图件精美，适合从事海底科学研究的专业人员和大专院校师生阅读。部分前沿知识，也可供对大地构造学、构造地质学、地球物理学、海洋地质学感兴趣的广大科研人员参考。

图书在版编目(CIP)数据

区域海底构造. 上册 / 李三忠等编著. —北京：科学出版社，2019.1
（海底科学与技术丛书）
ISBN 978-7-03-059288-0

Ⅰ.①区… Ⅱ.①李… Ⅲ.①海底–区域地质–地质构造 Ⅳ.①P736.12

中国版本图书馆 CIP 数据核字（2018）第 244302 号

责任编辑：周 杰 姜德君 / 责任校对：张怡君

责任印制：肖 兴 / 封面设计：无极书装

科学出版社 出版

北京东黄城根北街 16 号
邮政编码：100717
http://www.sciencep.com

北京汇瑞嘉合文化发展有限公司 印刷
科学出版社发行 各地新华书店经销

*

2019 年 1 月第 一 版 开本：787×1092 1/16
2019 年 1 月第一次印刷 印张：19 1/2
字数：460 000

定价：218.00 元
（如有印装质量问题，我社负责调换）

序

构造地质学是一门重点关注地壳与岩石圈的结构及其成因机制的学科，是地学中地质科学领域的基本理论和主要研究内容，也是地学高等教育的基础学科之一。广义的构造地质学包括基础构造地质学（即通常说的狭义构造地质学）、区域构造地质学和大地构造学。《区域海底构造》（上册、中册、下册）是关于海底固体圈层的区域构造或海洋大地构造学教材。

大地构造学是地质科学中具有高度综合性与广泛指引性的上层基础理论学科，以研究整体地球、岩石圈与地壳的组成、结构、形成演化规律及其动力学为主要目标。它以地质科学各分支学科的研究为基础，并吸纳、融合地学和各自然科学学科的成果，综合研究、集成概括整体岩石圈地幔、地幔、地核的构成、演化、地球动力学机制等，重点研究地球地壳与地壳的组成、结构、形成演化和动力学机制。因为它包含了固体地球科学的各个主要方面，并以综合研究地球外壳的物质组成与结构构造及其形成演化规律和动力学机制为主要任务，往往代表了人类目前对地球发展与演化规律的总体基本认识。因此，大地构造学（包括区域海底构造）是地质科学的上层建筑和基础理论。也正因为如此，大地构造学的观点，既是地质科学各分支学科的理论基础，又是引领各分支学科的指导思想，它不仅对地质科学、固体地球科学，甚至对其他自然科学学科，都具有科学的借鉴与指导意义。该书是关于固体海洋的大地构造与区域海底构造的最新系统综合论述与教材。它属于大地构造与区域构造地质学，对于地球科学和海洋科学而言，具有如上述所言的同等重要意义，尤其过去的大地构造学和区域构造地质学多是偏重于大陆的问题，而该书则专门讨论关于海底的大地构造与区域构造地质学问题，因此更具特色和重要意义。

陆地占地球总面积的 29.2%，海洋占 70.8%。传统的区域大地构造学多数关心各自国家的大陆区域构造演化，如《中国大地构造》，即使是在论述介绍全球大地构造演化，也主要是讲述占全球面积约 1/3 的大陆。如今，该书则主要面对占全球面积约 2/3 的大洋，同时它面对的是看不见、摸不着的海底，特别是跨越学科界限，还要面对深海深部生物圈和地幔深层次问题等，且不同于以往的二维角度讨论区域大地构造，该书进一步从三维视角全面看待地球动力学系统。由此可见，该书的编著难度较大，编者也为此付出了大量心血。

地球科学研究总是从一个局部区域或构造单元、特定主要事件或事件序列、特殊阶段或专门主题开始，逐渐扩大深入，在层层分解的基础上，综合、概括、提取、凝练出普适性规律与原理，是一个由个别到整体、由特殊到一般的归纳总结过程。区域海底构造研究也是从不同地区与特定构造开始，逐渐扩展总结，归纳概括出普适规律的理论性认识，这正如板块构造理论，它就是在海底区域调查勘探中逐渐发展上升而提出成为理论学说一样。

地球科学发展到今天，需要从区域到整体认知地球，反之也更需要从整体来研究认知区域，从而才能综合全面深入地研究认识地球。固体海洋科学现处在板块构造理论为主导的学术思想指导下，从全球板块构造出发，深化各个区域的精细构造研究状态。因而，该书就是在已有《海底构造原理》《海底构造系统》等整体认识基础上，再往前深入开展区域海底构造的研究与介绍，也就是在全球整体把握认识的基础上，从整体走向区域、从浅部走向深部的认知探索。深海深部物质运动和能量转换，是支撑地球系统和生命体系的根基，也是重大自然灾害产生的基本根源之一。

纵观人类发展史，历经石器时代、青铜时代、铁器时代、电器及信息时代，包括煤炭和油气能源的开发利用，就是一部矿物资源不断发现、利用的持续深化发展的进步史。当前，地表和浅部资源开采趋于殆尽，新资源能源探测深度越来越深，难度越来越大，因此在可预见的未来，深部矿产资源和化石能源的开发和利用已是不可或缺的，并是亟待开发利用的领域。同时，自然灾害（地震、火山、海底滑坡等）也多起源于地球深部，人类赖以生存的地表系统和过程，如成山、成盆、成藏、成矿和成灾作用，几乎也都主要受控于深部过程。因此，探测深海深部结构、物质组成和深部行为的海底科学与探测技术，已经是人类社会发展之紧迫需求，也已成为西方发达国家优先部署的国家战略和大国、强国科技竞争的热点。其中，深海区域海底构造就是各国抢占地学制高点的必争之地。海陆结合、统筹研究古太平洋-太平洋动力系统与新特提斯洋-印度洋动力系统联合对东亚大陆构造格局与演化和地表系统格局的控制，破译大陆地质难题，已是区域海底构造研究的主要或典型代表性的任务和内容，是理解地表系统变化和深部地球动力学及其相互关系的关键科学问题和区域，也是提升我国国防安全保障能力，构筑立体军事防御体系的国家之急需。总之，为探测海底深部结构、发现深海深部资源、透视地球、深掘资源、拓展空间，必须要适时地加强认知区域海底构造。因此，加强发展海底科学与探测技术已至关重要和紧迫，是资源海洋、健康海洋、生态海洋建设的重要科学支撑。

《区域海底构造》一书介绍的是介于海洋地质学、大地构造学和地史学的一门针对区域海底构造演化的交叉学科，应是一项探索开拓之举和新编教材的创新尝试。全面掌握全球海底组成、结构构造与演化，摸清其蕴藏的丰富自然资源和具战略地位的深海大洋海底结构状态及动力学，是海底构造和洋底动力学研究的基本任务与目的。区域海底结构、组成、过程、演化和机制异常复杂，迄今还没有专门的教材系统讲授全球现今各大洋海底的构造特征、过程和机制。鉴于此，该书专门就海底构造追根溯源，探索其形成演化历史，继而拓展到古大洋演化的板块重建和古洋陆格局恢复，探讨了特提斯洋、古亚洲洋和古太平洋变迁，从四维角度全面展示区域海底构造研究的广阔时空领域及区域海底构造的形成与演化机理。

该书以地球系统科学为指导，首先重点介绍板块构造理论中的威尔逊（Wilson）旋回，进而拓展至超大陆和超大洋旋回，再从系统论的角度，由表及里，遵循读者的认知规律，循序渐进地讲授海底各圈层之间的相互作用，是一本既有基础知识，又有研究前沿成果的教科书，既适合初学者入门，也适合相关专门研究人员参考。

总之，以往区域大地构造学主要偏重介绍的是大陆区的构造演化，多数较少或几乎不涉及更大区域的大洋区域海底构造演化。已有的 *Global Tectonics* 专著，也多是以陆地为主，难以满足当今海洋科学发展的需求。深海海底是中国海洋强国战略的新疆域、全球化战略的优选区，是地球系统科学研究的主要内容和方向，虽然传统板块构造理论相对已有概略骨架性简述，但深海大洋海底实质还是人类迄今为止的盲区，知之甚少。现今，新思想、新理念、新技术的不断涌现和交叉融合，多学科综合调查海底的能力已然具备，时机也已成熟，且需求更为迫切，开展其物理过程、化学过程与地球动力学过程研究，综合研究海底"湿点"（wetspot）、海洋核杂岩、热液和冷泉，揭示流体动力学和海底变形及其区域大地构造过程，综合分析深海沉积特征，探索深部碳、磷、氮、氧、铁等生命基础物质循环等系列复杂问题，均需要多学科高度的交叉，并亟待研究出更远、更久、更深、更强的探测技术手段，从而增强长期、实时、移动、立体、协同、智能的探测能力。立足全球，加强围绕区域海底构造研究，聚焦海底区域和前沿关键科学问题，应是海洋地质学实现新发展的重要切入点和突破口。为此，目前急需加速改变现状，尤为需要培养新一代青年科学家，以形成可持续发展的新生创造力量，求得新突破。

《区域海底构造》分上、中、下册，整理了全球海底典型构造、重点海域、重要成果，鲜明、突出地展现了对当今海底构造的最新研究认识与理解。我相信，这部教材必将有力地推动专业人才的培养和中国地球科学走向深海大洋，促进海洋科学的发展和人才的成长。

中国科学院院士

序

2018 年 5 月 28 日

前　　言

　　人类自走出非洲开始，就不断认知地球的不同区域，从适应新环境，到融入新世界，在陆地区域拓展、空间资源利用中，获得了巨大的生存活力。人类是一群不甘愿寂寞的生物，他们不断地在寻找着新的刺激，甚至从陆地走向海洋，涌现了许多著名的航海家，如郑和（1371—1433）、恩里克（亨利王子，1394—1460）、达·伽马（1460 年左右至 1524 年 12 月 24 日）、巴尔托洛梅乌·迪亚士（Bartholmeu Dias，1450 年左右至 1500 年 5 月 24 日）、哥伦布（Christopher Columbus，1451—1506）、麦哲伦（Ferdinand Magellan，1480—1521）、詹姆斯·库克（James Cook，1728—1779）等。

　　特别是，13 世纪末，威尼斯商人马可·波罗的游记把东方描绘成遍地黄金、富庶繁荣的乐土，引起了西方到东方寻找黄金的热潮。然而，奥斯曼土耳其帝国的崛起，控制了东西方交通要道，对往来过境的商人肆意征税勒索，加上战争和海盗的掠夺，东西方的贸易受到严重阻碍。到 15 世纪，葡萄牙和西班牙都完成了政治统一和中央集权化的过程，他们开辟前往东方的新航路，绕过近东、中东的人为障碍，寻找远东的黄金和香料，并将其作为重要的收入来源。就这样，两国的商人和封建主成为了世界上第一批殖民航海者。

　　虽然中国的航海发展得很早，在秦朝时期就有 3000 童男童女东渡日本的故事，后来著名的有鉴真东渡，但以明朝时期的郑和七下西洋为顶峰，更是创造了伟大的功绩。意大利航海家哥伦布先后 4 次出海远航，发现了美洲大陆，开辟了横渡大西洋到美洲的航路，证明了大地球形说的正确性，促进了旧大陆与新大陆的联系。麦哲伦从西班牙出发，绕过南美洲，发现麦哲伦海峡，然后横渡太平洋。虽然他在菲律宾被杀，但他的船队依然继续西航，回到西班牙，完成了史上第一次环球航行。因此，麦哲伦被认为是世界上第一个环球航行的人。他依次经过的大洋是：大西洋、太平洋、印度洋。詹姆斯·库克是英国的一位探险家、航海家和制图学家，因进行了 3 次探险航行而闻名于世。通过这些探险考察，他给人们关于大洋方面，特别是太平洋方面的地理学知识增添了新内容。库克船长在太平洋和南极洲的伟大航行，为世界科学发展做出了巨大的贡献，同时，他也是第一位绘制澳大利亚东海岸海图的人。

自哥伦布时代开启的地理大发现以来，随着大海另一端的新大陆发现，人类现今依然在延续着"新大陆"、新疆域的发现。至 2018 年，持续了 50 年的国际大洋钻探计划已发展至国际大洋发现计划（International Ocean Discovery Program，IODP，2013～2023），海洋大发现正当其时，无疑是人类传统思维的一种持续。本书也试图延续这种探险发现的思维模式，在新时代将这种发现拓展到海底、海底深层或深部和海底科学，这也是编著《区域海底构造》一书的目的。

对财富的执著、对新事物的好奇是人类发展不竭的动力源泉，困难挡不住人类探索的脚步，古代某个已消失王国的宝藏，向龙穴的巨龙发起挑战的勇士，美丽的精灵，凶残的兽人，灵巧的矮人……众多的未知激励着古人去探寻，无数的宝藏等待着未来的贤能去发掘，大探险时代已经来临，无论什么都无法阻止人类探索的心态。

尽管这一系列的探险和航行取得了重大成就，但这一切都是停留在海洋表面活动。海底分散着巨大的新需求、"长生不老药"的特殊基因、载有丰富宝物的古沉船……海底成为人类未来的探险仙境，人类探险空间在向"深空"拓展的同时，也在向"深海"进军。随着技术进步，人类潜得更深、航行得更远更久，在深潜、深钻、深网等不断发展的同时，人类在深时、深树（deep trees，trees 指生命树）、深矿（深部成矿、深层油气和深水水合物）、深质（深海基因、纳米尺度物质构成、高精度极微量元素测定）等领域不断突破，深海进入、深海勘探、深海开采必将成为人类活动的常态。

20 世纪，人类科学事业得到空前的发展，人类认识自然界的范围无论向内（微观世界），还是向外（宏观世界），都扩大了 10 万倍以上（王顺义，2002）。人类认识问题的性质也在不断地变化：从研究存在的自然界，进一步发展到研究演化的自然界；从分圈层研究到跨圈层认知；从分科研究到"地球是一个活的超级有机体"的"盖娅"（Gaia）学说的整体综合探索；从研究具有必然性、精确性、渐进性、有序性和规则的自然现象，发展到进一步研究具有偶然性、模糊性、突变性、无序性和不规则性的自然现象。所有这些进步，都与 20 世纪层出不穷的科学革命有关，它们更深入地揭示了自然界方方面面的本质和规律，其成就体现在革命性的四大自然科学理论，其中，地学的板块构造理论被誉为四大自然科学理论之一，为 1968 年确立的主导大地构造理论，可媲美于物理学的相对论、生物学的基因理论、天文学的大爆炸理论。

大地构造学是研究地壳构造、运动、形成机制和动力来源的学科。板块构造理论是 20 世纪海洋地质学和大地构造学研究的革命性成就，迄今依然展现着其强大的生命力，依然保持着其世界最盛行理论的稳固地位。特别值得一提的是，板块构造理论首先是海洋地质学研究的直接产物。国内外一些大学基本将《板块构造》或 *Plate Tectonics* 作为教授大地构造学的专门课程，取代《区域大地构造学》等。在中国，《中国区域大地构造学》课程主要引入板块构造理论一些知识来认识中国大陆或周边地质构造演化为主，区域性海底构造演化的内容很少。基于这些原因，我们认为《板块构造》不能代表一切海底构造，《中国区域大地构造学》也存在其地域局限性，因此，试图将课程命名为"区域海底构造"，立足中国海，放眼世界大洋，这样可以囊括地幔柱、热点、大火成岩省、大洋地幔动力学、大陆边缘构造、洋陆过渡带、洋–陆转换带等新内容，空间上向深层拓展，内涵也更为丰富，这也是中国"走出去"的"一带一路"倡议、创新驱动战略、海洋强国战略之急需。

在编写过程中我们也意识到阅读本书的难点：涉及非常多的全球各地地名，我们尽可能选用地质发展史上有典范意义或有经典地质现象的著名地名。此外，涉及几乎所有地质时代和大量地方性复杂地层名称，要完全记忆这些地质时代和相关地层名称也是非常困难的。因此，为了便于读者随时对照绝对时间，理顺各海域地质演化历史，在本书后我们附上了最新国际地层年表。要知晓所述地点就只能靠读者买本内容翔实的《世界地图》或者仔细看书中图件有限的地名标注了。

本书初稿由李三忠、赵淑娟、索艳慧等完成，最终全书统稿由李三忠、刘博完成。具体分工撰写章节如下：第1章由李三忠、赵淑娟编写；第2章由李三忠、唐长燕、刘博编写；第3章由赵淑娟、李三忠编写；第4章由索艳慧、李三忠、李玺瑶编写。

在本书即将付梓之时，赵淑娟、刘博、索艳慧、唐长燕等博士组织整理重绘了所有图件，并做了最后编辑整理，付出巨大辛劳。此外，编者感谢为此书做了大量内容整理工作的团队青年教师和研究生们，包括郭玲莉、王永明、李园洁、王誉桦等博士后，尤其是王鹏程、惠格格、张臻、王倩、牟墩玲、赵林涛、兰浩圆、张剑、郭润华、胡梦颖、李少俊、陶建丽、马芳芳、甄立冰、刘金平、孟繁等研究生们为初稿图件清绘做出了很大贡献。

特别感谢中国海洋大学的前辈，他们的积累孕育了我们这一系列的教材；也特别感谢中国海洋大学海洋地球科学学院很多同事和领导长期的支持和鼓励，编者也是本着为学生提供一本好教材的本意、初心，整理编辑了这一系列教材，也以此奉献给学校、学院和全国同行，因为这里面有他们的默默支持、大量辛劳、历史沉淀和学术结晶；特别感谢很多同行许可引用他们对相关内容的系统总结纳入本教材。由于编者知识水平有限，不足之处在所难免，引用遗漏也可能不少，敬请读者谅解并及时指正，我们将不断提升和修改。

最后，要感谢以下项目对本书出版给予的联合资助：国家自然科学基金委员会国家杰出青年基金项目（41325009）、山东省泰山学者特聘教授计划、青岛海洋科学与技术国家实验室鳌山卓越科学家计划（2015ASTP-0S10）、国家海洋局重大专项（GASI-GEOGE-01）、国家重点研发计划项目（2016YFC0601002、2017YFC0601401）、国家自然科学基金委员会-山东海洋科学中心联合项目（U1606401）、国家实验室深海专项（预研）（2016ASKJ3）和国家科技重大专项项目（2016ZX05004001-003）等，特别是中国海洋大学出资了大部分出版经费，特此感谢。

编者

2018 年 6 月 30 日

目　　录

第 1 章　大洋盆地演化

以活动论为核心的海底扩张学说和板块构造理论的诞生和不断完善，使人们对于大洋盆地起源与演化的认识发生了根本的变化。活动论观点认为，大洋盆地的形成和发展与岩石圈板块的分离和汇聚运动密切相关。

板块构造理论主张大洋洋壳出现之前经历了由大陆拉张、出现大陆裂谷；随着拉张运动持续，大陆分离，出现新生洋壳（如红海），一个板块分裂为两个；随后两个板块的分离运动和相背漂移，洋底不断拓宽（如大西洋）；成熟的大洋在板块边缘通过俯冲作用逐渐收缩变小（如太平洋），两侧大陆相向漂移；相向运动板块的前缘大陆相互接近，之间的大洋趋于关闭（如地中海）；当两个陆块前缘相遇，大洋消亡，大陆板块碰撞、挤压、隆起形成高大山脉（如喜马拉雅山）。

威尔逊在认真研究了上述大陆分合与大洋开闭的关系后，将上述大洋盆地的形成和发展归纳为六个阶段（表1-1，图1-1）。其中，前三个阶段代表大洋的形成和扩展，后三个阶段标志着大洋的收缩和关闭，这就是迄今具有重要意义的著名的"威尔逊旋回"（Wilson Cycle），是板块构造理论的核心内容之一。人们据此认为，大陆一旦启动裂解、分离进程就会遵循这个威尔逊旋回顺序一直发展下去，因而不承认存在陆内造山带，只将造山带划分为与俯冲有关的俯冲造山带和与碰撞有关的碰撞造山带。根据威尔逊旋回，现今的大西洋和印度洋正在扩展，太平洋则处于收缩阶段。

根据板块构造理论，大洋的张开和关闭与大陆的分离和拼合是相辅相成的，大洋的形成和演化表现为张开和关闭的旋回运动。由于大洋盆地是全球规模最大的构造地貌单元，占据地球表面的60%左右，因此，大洋张开和关闭的演化旋回就控制了地球表层岩石圈构造变动和演化的格局。下面就按"威尔逊旋回"来讨论大陆分合与大洋开闭的关系、具体特征和过程。

表 1-1 大洋盆地演化的威尔逊旋回各阶段特征

阶段	实例	主导运动	特征形态	典型火成岩	典型沉积	变质作用
Ⅰ. 胚胎期	东非裂谷	抬升	裂谷	溢流拉斑玄武岩，碱性玄武岩，双峰式火山岩为特征	较弱的沉积作用	热液蚀变
Ⅱ. 幼年期	红海、亚丁湾	扩张	窄海（有平行的海岸及中央凹陷）	溢流拉斑玄武岩，碱性玄武岩	陆架与海盆沉积，通常发育蒸发岩	热液蚀变
Ⅲ. 成年期	大西洋	扩张	有活动洋中脊的洋盆	溢流拉斑玄武岩，碱性玄武岩，但活动集中于洋中脊	丰富的陆架沉积（冒地槽）	热液蚀变、海洋核杂岩相关变质
Ⅳ. 衰退期	太平洋	收缩	环绕陆缘的岛弧及毗邻海沟	陆缘的安山岩及花岗闪长岩为典型	大量源于岛弧的沉积物	洋中脊洋底变质、俯冲带高压-超高压变质
Ⅴ. 终结期	地中海	收缩抬升	年青山系	陆缘的安山岩及花岗闪长岩为典型	大量源于岛弧的沉积物，可发育蒸发岩	蓝片岩等高压-超高压变质
Ⅵ. 遗痕（缝合线）	喜马拉雅山的缝合线	收缩抬升	年青山系	大量同造山花岗岩	红层	巴罗式递增变质带等区域变质作用

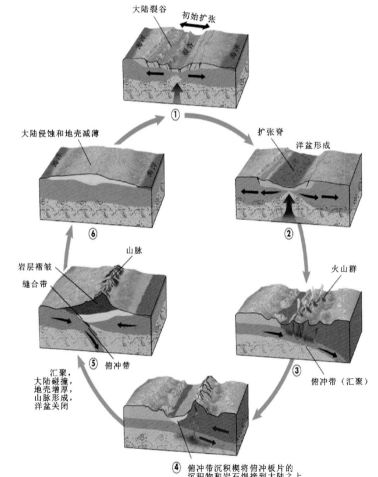

图 1-1 威尔逊旋回图解

1.1 大陆裂解/洋盆孕育

板块构造理论认为，大陆裂谷是大洋形成过程中的胚胎或孕育阶段。东非大裂谷为其典型实例（图1-2），实为多支裂谷构成的裂谷系，故也称为东非裂谷系。东非大裂谷不仅是威尔逊旋回的起点，也是人类的摇篮。认识东非大裂谷深、浅部构造，对于人类认识自身起源也具有重要的意义。

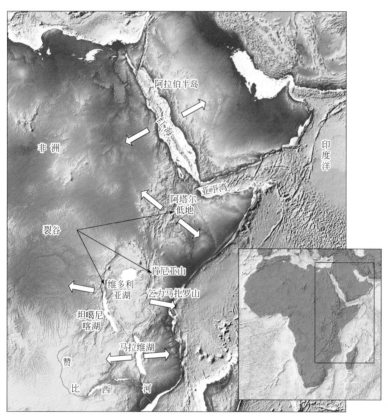

图 1-2　东非裂谷与红海–亚丁湾

白色箭头为拉张伸展方向

东非大裂谷北起红海，南至莫桑比克的赞比西河，全长4000km以上，宽数十千米，有的地方宽300多千米，两缘为高角度正断层构成的裂谷肩崖壁，一般高出谷底数百米至2000m。裂谷内发育了一系列深陷谷地和狭长湖泊（图1-3），如坦噶尼喀湖长约720km，最深1435m，低于海面662m；再如马拉维湖，长约560km，最深处706m，低于海面234m（图1-1）。

东非裂谷系的地壳厚度约30km，比相邻正常地壳减薄了10km左右。壳下观测到V_p为7.4～7.6km/s的异常地幔，故推测其可能是高温低密度地幔物质上涌的结果。裂谷以高热流值（80～200mW/m^2，甚至更高）和浅源（<45km）地震活动为特征，

这个特征可与洋中脊的中央裂谷类比。东非大裂谷发育众多火山和温泉（图1-3），火山岩以玄武岩为主，谷壁岩石剥蚀强烈，以陆相红层和陆源粗碎屑沉积为主。

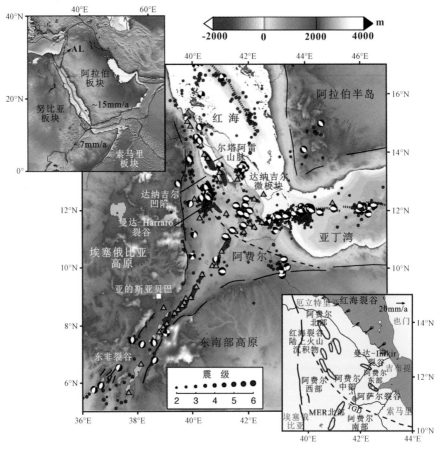

图 1-3　东非大裂谷北部大地构造位置与应力状态（据 Keir et al.，2013）

阿费尔（Afar）拗陷的构造背景。黑色实线指示红海、亚丁湾和东非大裂谷渐新世—中新世的边界断裂，红色段指示第四纪至今的陆上裂谷轴，绿色三角指示全新世火山。虚线指示 Tendaho-Goba'ad 不整合面（TGD）。达纳吉尔微陆块以浅黄色阴影表示，黑色圆圈指示 1973～2012 年的大地震。上部左侧插图：东北非–阿拉伯地形图和板块格局，注意这里也将裂谷中心作为一类板块边界，与传统板块构造理论中的洋中脊、俯冲带、转换断层三类板块边界划分不同。灰色箭头指示相对于固定的努比亚板块的板块运动速度。下部右侧插图：渐新世—中新世边界断层（黑色）和第四纪至今的陆上裂谷轴（红线），箭头指示达纳吉尔微陆块的运动。MER. 埃塞俄比亚主裂谷；AL–亚喀巴–勒凡特转换断层（Abaga-Levant transform fault）

据推测，大陆裂谷的形成可能与地幔物质的上涌有关（图1-4），处于 rrr 三节点部位（图1-2 上部左侧插图）。地幔物质上升导致岩石圈拱升呈穹形隆起［图1-5（b）］，岩石圈拉张减薄，隆起的相对高度为 1～2km。地幔物质上升至岩石圈底部发生扩散，产生张应力。在张力作用下，穹窿上出现放射状张性裂隙，进而发育成正断层，并伴有碱性玄武岩和双峰系列的岩浆活动（图1-6）。随着岩石圈继续拉张变薄，穹窿顶部断裂陷落，形成典型的半地堑–地堑系［图1-5（b）］。各穹窿的地堑系彼此连接，沿整条破碎带延展，就形成了大致连续的裂谷体系。拉张裂陷使大陆岩石圈的完整性丧失，并导致压力释放，岩浆活动则愈益强烈。不过，大洋洋壳诞生前的胚胎期（大陆裂谷阶段）相当漫长，大约需要几千万年的时间。据威尔逊旋回的演化顺序推测，东非大裂谷总有一天会完全裂开，迎进海水，成为海洋。

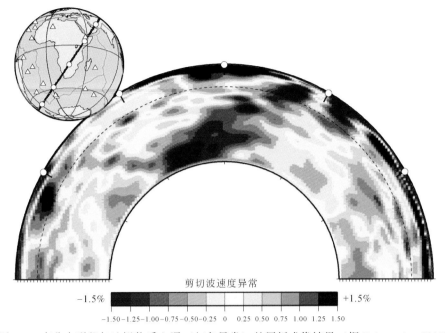

剪切波速度异常

−1.5% 　　　　　　　　　　　　　　　+1.5%

−1.50 −1.25 −1.00 −0.75 −0.50 −0.25 　0 　0.25 0.50 0.75 1.00 1.25 1.50

图1-4　东非大裂谷与地幔物质上涌（红色异常）的层析成像结果（据 Keir et al.，2013）
全球 S 波层析模型中以东非为中心的全地幔横切剖面。剪切波速度扰动在−1.5% ~ +1.5%

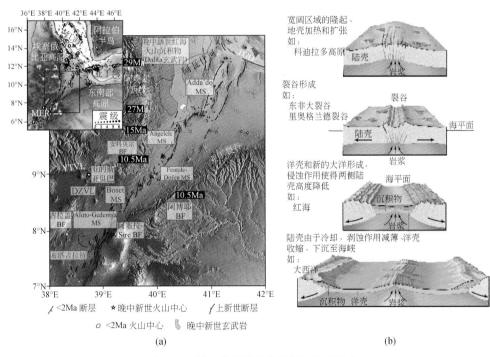

(a)　　　　　　　　　　　　　　　　　　(b)

图1-5　裂谷−洋盆的岩浆作用和构造演化

（a）阿费尔南部和埃塞俄比亚北部的主要构造简图（据 Keir et al.，2013）。注释的数据指示裂谷启动的时间，这些数据是据裂谷同期火山岩的 $^{40}Ar/^{39}Ar$ 定年估计所得。灰色细线指示上新断层，黑色细线指示沿裂谷轴的第四纪至今的断层。红色多边形区域指示全新世至今主要的火山中心。浅红色阴影区指示晚中新世玄武岩流（~8 ~ 7Ma），五角星指示阿费尔南缘晚中新世的火山中心（~7Ma）。上部左侧插图指示图（a）在阿费尔三节点中的位置。（b）大陆裂解与大洋的形成。DZVL. 德布雷塞特火山线（Debre Zeit volcanic lineament）；MS. 岩浆段（magmatic segment）；BF. 玄武岩流（basalt flow）

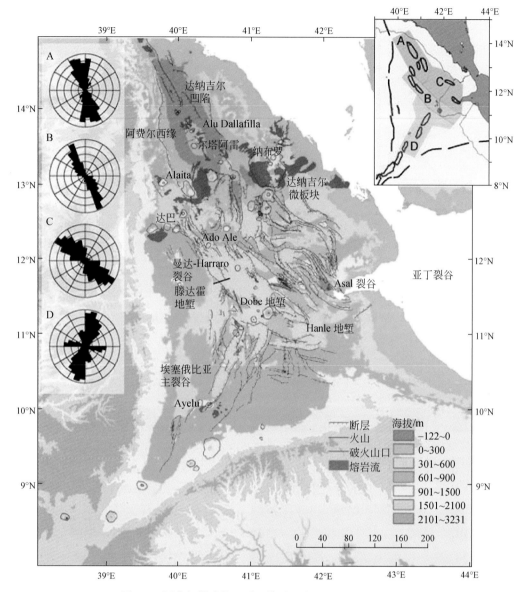

图1-6　阿费尔拗陷的地形和构造（据 Keir et al.，2013）

上新世至今的主要断层以红色表示。近期的玄武岩流以桃红色阴影表示。插图描述了形成阿费尔三节点的主
要裂谷系统。陆上的红海裂谷包括在区域 A（达纳吉尔凹陷）和区域 B（曼达–Harraro 裂谷和腾达霍地堑）
中。陆上的亚丁裂谷包括在区域 C 中，北部的埃塞俄比亚主裂谷是区域 D

1.2　大陆分离/大洋诞生

　　大陆岩石圈在拉张应力作用下完全裂开，地幔物质上涌形成新洋壳，裂谷轴发
育于洋壳之上，并成为典型的分离型板块边界，两侧陆块分离，形成陆间裂谷

［图 1-5（b）］。这样就意味着一个新大洋的诞生，进入大洋发展的幼年期，以狭长海或海湾为特征。

红海、亚丁湾是幼年期大洋的实例（图 1-2）。红海两侧的非洲岸线和阿拉伯岸线明显吻合（图 1-2），其他有关地质和地球物理证据，如发育有轴裂谷、浅源地震活动、高热流值、轴部极少沉积覆盖、对称平行于裂谷轴的磁异常条带等，都表明红海是海底扩张形成的幼年海洋。由磁异常得出的海底扩张速度约为 1.1cm/a，按红海宽 300km 推算，它的形成始于中新世中期（距今 15Ma）。红海发现的海底热液活动的迹象及热液矿床，进一步说明红海是正在扩张中的幼年大洋。

红海-亚丁湾裂谷系统包括苏伊士湾、亚喀巴湾、阿费尔地区、红海和亚丁湾海盆及其陆缘。约 31Ma 时［图 1-7（e）］，埃塞俄比亚、东北苏丹（迪鲁迪卜）和西南也门开始发生与地幔柱有关的玄武质岩浆作用（第一期），之后在约 30Ma 时发生了流纹质火山作用，以双峰式岩浆作用最为显著。此后，火山作用向北拓展到达沙特阿拉伯西部的 Harrats Sirat、Hadan、Ishara-Khirsat、Ar Rahat 地区。这个早期的岩浆作用发生时没有明显的伸展，并持续到约 25Ma。红海和亚丁湾的很多区域在那时都位于或接近海平面。29.9Ma ~28.7Ma［图 1-7（d）］，同构造（syn-tectonic）的海相沉积物沉积在亚丁湾中部的陆壳上。同时，非洲之角形成。到 27.5~23.8Ma 时［图 1-7（c）］，厄立特里亚红海中形成了一个小的裂谷盆地。大约在同时（约 25Ma），伸展作用和裂谷作用集中在阿费尔内部。

在约 24Ma 时，新一期的火山作用，主要是玄武质岩墙，也有层状辉长岩和花岗斑岩（granophyre）岩体，在整个红海中，从阿费尔-也门一直到北部的埃及，近乎同时出现火山作用。这个第二期岩浆作用在红海中伴随着强烈的正向裂谷伸展作用和同构造沉积过程，且大多具有海相和边缘海相的亲缘性。沉积相横向上是不均一的，主要由指状交错的硅质碎屑岩、蒸发岩和碳酸盐岩组成。之后，在约 20Ma 时［图 1-7（b）］，整个红海地区发生了裂谷肩隆起的主要阶段和快速的同裂谷沉积。水深异常快速地增加，沉积作用以富含抱球虫的泥灰岩和深水灰岩为特征。

在渐新世中期，亚丁湾大陆裂谷初始启动的几个百万年的时间里，裂谷通过阿费尔地幔柱连接到欧文破碎带（Owen fracture zone）上。伸展作用的主驱动力是变窄的新特提斯北部 Urumieh-Doktar 弧下的板片拉力。向北运动的印度板块对阿拉伯板块的拖曳力很可能也影响了亚丁裂谷的几何形态，尽管裂谷启动的触发机制是约 31Ma 时阿费尔地幔柱的冲击。红海从地幔柱头向外拓展，垂直于之后阿拉板块内的张应力，最后到达了非洲-黎凡特边缘的拐弯处，后者本身可能是裂谷作用的应力集中处。

早期红海裂谷的局部几何形态受先存基底结构的强烈影响，并从阿费尔到苏伊士经历了一个复杂演变过程。每一段裂谷最初都是一个不对称的半地堑，并在次级盆地中发育良好的调节带。在亚丁湾，调节点的位置受老的中生代裂谷盆地的强烈影响。早期裂谷结构可以沿红海和亚丁湾共轭边缘恢复它们的初始连续几何形态。在这两个盆地中，根据现今的海岸线，大部分可回溯 40～60km 的扩张宽度，但初始裂谷盆地宽度是 60～80km。

约 19～18Ma，大洋扩张在阿卢拉（Alula）-费尔泰克（Fartaq）破碎带东部的希巴脊（Sheba Ridge）开始启动。在这个破碎带处停止扩张后，洋中脊很可能向西拓展，在约 16Ma 时进入亚丁湾中部。这与沿亚丁边缘陆上观测到大约同期的同构造沉积终止时间相吻合。

约 14Ma 时，一条转换边界切穿了西奈和黎凡特大陆边缘，将红海北部与比特利斯-扎格罗斯（Zagros）汇聚带连接起来。这与阿拉伯和欧亚板块之间的碰撞是一致的，后者导致了一个具有不同边界应力的新板块形态。红海的延伸方向从正向（N60°E）裂谷到与亚喀巴-黎凡特（Aqaba-Levant）转换断层（图 1-3）高角度斜交和平行（N15°E）变化。埃及的苏伊士北部出现裂谷系统，这很可能是由于西奈亚板块（Sinai sub-plate）的微弱挤压造成的，连通到地中海的大洋也开始受到限制，但没有终止。红海沉积从主导性开阔大洋沉积物转变成蒸发岩，尽管许多区域仍然保持着深水环境。第三期岩浆作用开始启动，局部发育于埃塞俄比亚区域，主要发生在沙特阿拉伯西部，并向北延伸到约旦的 Harrat Ash Shama 和 Jebel Druse、黎巴嫩和叙利亚。

约 10Ma 时，希巴脊从亚丁湾中部向西快速拓展了 400 多千米，到达 Shukra El Sheik 不连续面；在之后约 5Ma 时，红海中南部发生大洋扩张 [图 1-7（a）]。这对应了贯穿整个红海盆地以及沿亚丁湾边缘的一个重要不整合面，与地中海盆地中的墨西拿阶不整合是同期的。拉分盆地演化的一个主要阶段也沿亚喀巴-黎凡特转换断层发生。在早上新世，注入 Bab-al-Mandeb 的海水增加，因此红海沉积又开始以开阔大洋沉积为主。至 3～2Ma，大洋扩张迁移到 Shukra El Sheik 不整合面以西，整个亚丁湾是一个大洋裂谷。

在过去 1Myr[①] 的时间里，红海板块边界南部通过祖拉湾、达纳吉尔凹陷和塔朱拉湾连接到亚丁扩张中心上。现今，红海扩张中心似乎向红海北部拓展，与亚喀巴-黎凡特转换断层连接。碱性玄武质火山作用在沙特阿拉伯西部和也门的 Younger Harrats 及红海岛南部离岸区域内持续进行。阿拉伯板块的大部分现在正经历南北向的上地壳挤压，而最大水平应力在非洲东北部为东西向。因此，现在位于不同板块上的阿拉伯和非洲在区域远场应力上是完全解耦的。

---

① 本书中，Myr 代表时间段，与 Ma 区分。

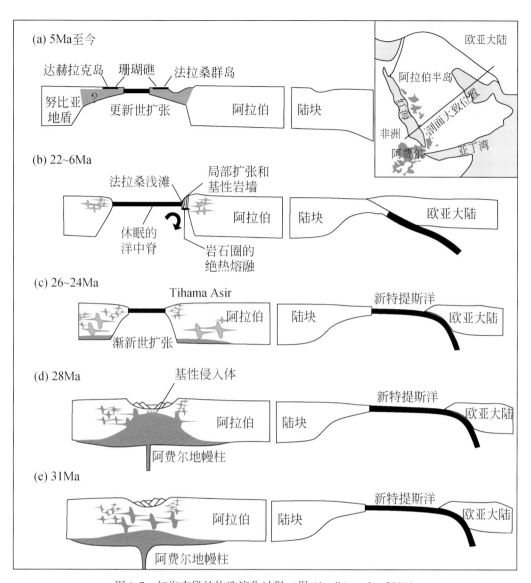

图 1-7　红海南段的构造演化过程（据 Almalki et al., 2014）

插图指示了 5Ma 时的区域板块构造位置及横剖面的大致位置。红海南部的横切剖面系列演化示意图：（a）指示了 5Ma 至今可能的壳下关系；（b）指示了 22~6Ma 可能的壳下关系；（c）指示了 26~24Ma 可能的壳下关系；（d）指示了 28Ma 时可能的壳下关系；（e）指示了 31Ma 时可能的壳下关系

　　在亚丁湾已发现洋中脊脊轴和把洋中脊脊轴错开成阶梯状的破碎带（图 1-8），地震分布和震源机制证明它们是与海底扩张有关的转换断层及其对应的破碎带（图 1-9）。这说明转换断层在大洋形成之初便已存在。在强烈的裂谷作用下，岩石圈厚度从阿拉伯地盾的 200 多千米，快速减薄至亚丁裂谷的 5km（图 1-10）。加利福尼亚湾也是一个幼年期大洋，其两岸地质构造的相似性及本身的地质地球物理特点表明，它是在 5Ma 由加利福尼亚半岛从墨西哥裂离出来而形成，也是最年轻的洋盆之一。

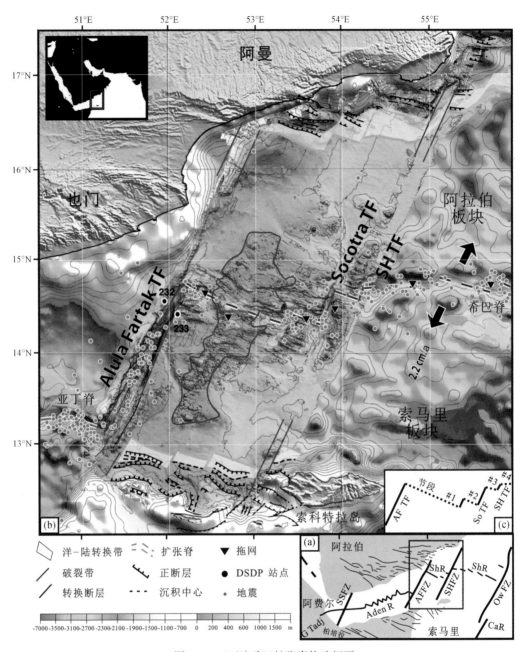

图 1-8 亚丁湾希巴扩张脊构造纲要

（a）亚丁湾和主要中生代地垒的构造格架。G Tadj. Tadjura 湾；SSFZ. Shukra El Sheik 破碎带；AFFZ（Alula Fartak TF）.阿卢拉–费尔泰克破碎带；SHFZ. 索科特拉–Hadbeen 破碎带；Ow FZ. 欧文破碎带；Aden R. 亚丁脊；ShR. 希巴脊；CaR. 卡尔斯伯格脊。 （b）图（a）中红色框内的地形和水深图，陆上数据来自 SRTM（Farr and Kobrick，2000），多波束测深来自阿卢拉–费尔泰克和索科特拉-Hadbeen 转换断层之间的 Encens–希巴航次（Leroy et al.，2004），其余数据来自 Smith 和 Sandwell（1997）。黑色箭头指示板块的相对运动（Fournier et al.，2001）。拖网（Schilling et al.，1992）和 DSDP 站点（Fisher et al.，1974）的位置分别以黑色倒三角和圆圈表示。主要的火山区域以深绿色线圈出。尽管位于高岩浆异常段，但拖网却没有取得任何火山岩样品。SoFZ（Socotra TF）.索科特拉破碎带。（c）希巴脊的构造分段（据 Leroy et al.，2010）

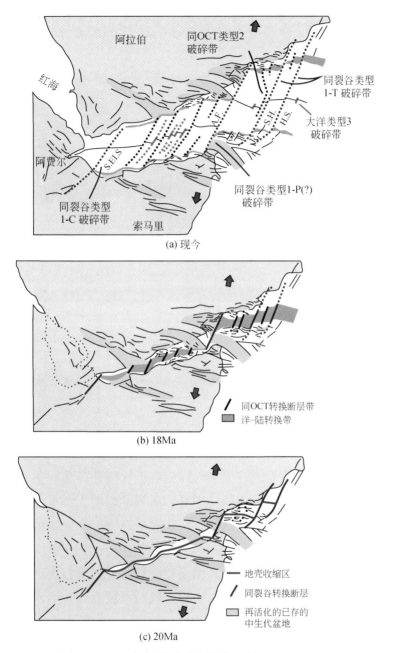

图 1-9　亚丁湾随时间的分段演化（据 Bellahsen et al. , 2013）

（a）现今的亚丁湾。类型 1 破碎带仍然是活动的（除了 Shukra El Sheik）。一些类型 2 破碎带死亡（东部）。类型 3 破碎带在大洋扩张之后开始启动。（b）洋–陆转换带（黄色）末端的亚丁湾形成于 18Ma 左右。类型 2 破碎带（与洋陆过渡带同时期，蓝色）。（c）亚丁湾在 20Ma 左右时开始发生裂谷作用，这也是洋–陆转换带（OCT）开始启动的时间（紫线）。浅橙色指示的是先存的中生代盆地，亮橙色指示洋–陆转换带。这个时间开始形成的类型 1 破碎带（红色）由以下表示：西部的类型 1-C 破碎带（S. El S. , Shukra El Sheik 破碎带），东部的类型 1-T 破碎带（S. H. , 索科特拉-Hadbeen 破碎带和 H. S. Hadibo-Sharbithat 破碎带），中部可能的类型 1-P 破碎带（A. F. , 阿卢拉–费尔泰克破碎带）

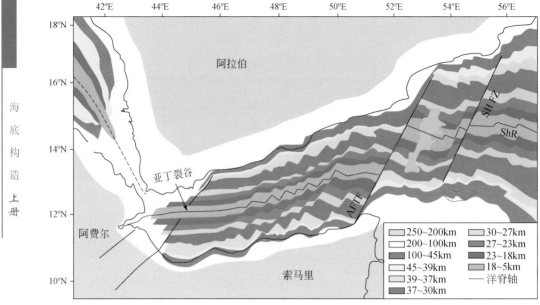

图 1-10 基于半空间冷却模型及 1300 ℃岩石圈底面温度和洋壳年龄获得的

亚丁湾岩石圈厚度（据 Leroy et al. , 2010）

年龄来自亚丁湾的磁条带研究（Leroy et al. , 2004；D'Acremont et al. , 2006，2010）及 Bosworth 等（2005）对红海的研究。AFTF. 阿卢拉—费尔泰克转换断层；SHFZ. 索科特拉-Hadbeen 破碎带；ShR. 希巴脊（Sheba Ridge）

1.3 大陆相背漂移/大洋扩展成长

幼年期洋盆进一步发展，陆间裂谷两侧大陆随着板块的分离运动相背漂移而越来越远，洋底不断展宽，逐渐形成宏伟的洋中脊体系和开阔的深海平原，这标志着大洋的发展进入了成年期。大西洋和印度洋即处于成熟发展的成年阶段［图 1-5（d）和图 1-11］。

像大西洋这样正在成长中的大洋，其两侧发育着被动（稳定）大陆边缘，前人认为被动大陆边缘位于板块内部而不是板块边界，被动地随着板块运动而移动，因此是无现代强烈地震、火山和造山运动的稳定区（图 1-12）；洋中脊一般位居大洋的中央位置，轴部裂谷发育，往往称为中央裂谷，是板块的拉张型、分离型或离散型边界，并且是新岩石圈板块不断增生的场所。由于其边缘缺失板块消亡的边界，不断增生的洋壳使海洋变宽，故处在成长期。

现在，大西洋两缘仍保留着大陆裂谷构造的遗迹，如碱性玄武岩、双峰系列火山岩及地堑相沉积等；在大西洋两侧的大陆架和大陆隆地层中发现了代表较闭塞的年轻海洋（陆间裂谷）环境下形成的盐丘。这些都说明，今日的大西洋是由大陆裂谷、陆间裂谷逐步发展而来（图 1-13）。大陆裂谷、陆间裂谷和洋中脊裂谷（中

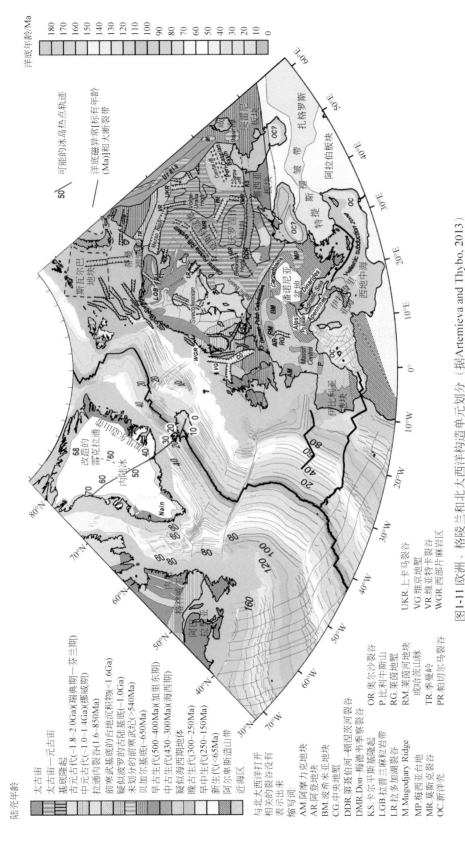

图1-11 欧洲、格陵兰和北大西洋构造单元划分（据Artemieva and Thybo, 2013）

显生宙大陆和大洋的色标进行了调节以利于对比。对大陆来说，年龄指示了地壳的构造-热（非幼年期）年龄。洋壳年龄是基于Müller（2002）的全球数据集。黑海西部和里海南部可能的洋壳以问号表示（数字表示以Ma为单位的年龄）；实线表示在较正在校正的古地磁格架中移动的热点。没有磁异常年龄的离岸区（水深小于400 m的典型陆架区）以灰色阴影表示（前新元古代的斯瓦尔巴和本利白海，新元古代的蒂曼—瓦兰吉—兹蒂兹褶皱带，加里东期西巴伦支海及早中生代新褶皱带和地岛褶皱区）。参考自Drachev等（2010）

与北大西洋打开
相关的裂谷没有
表示出来
缩写词：
AM.阿摩力克地块
AR.阿登地块
BM.波希米亚地块
CG.中央地堑
DDR.第聂伯河—顿涅茨次河裂谷
DMR.Don—梅德韦季察裂谷
KS.卡尔平斯基隆起
LGB.拉普兰麻粒岩带
LR.拉多加湖裂谷
M.Mugodjary Ridge
MP.梅西亚台地
MR.莫斯科盆地
OC.新洋壳

OR.奥尔沙裂谷
P.比利牛斯山
RG.莱茵河地堑
RM.莱茵河地块
或哈茨山脉
TR.季曼岭
PR.帕切尔马裂谷

UKR.上卡马裂谷
VG.维堡地块
VR.维亚特卡裂谷
WGR.西部片麻岩区

洋底年龄/Ma
180
170
160
150
140
130
120
110
100
90
80
70
60
50
40
30
20
10
0

可能的冰岛热点轨迹

50 — 洋底磁异常标有年龄
（Ma）和12大断裂带

陆壳年龄
太古宙
太古宙—元古宙
基底隆起
古元古代（1.8–2.0Ga）(瑞典期—芬兰期)
中元古代（1.0–1.4Ga）(挪威期)
拉通内裂谷（1.6–850Ma）
前寒武基底的台地沉积物（<1.6Ga）
疑似波罗的古前寒武纪（~1.0Ga）
未划分的前寒武纪（>540Ma）
贝加尔基底（~650Ma）
早古生代（500–400Ma）(加里东期)
中古生代（430–300Ma）(海西期)
疑似海西期地体
晚古生代（300–250Ma）
早中生代（250–150Ma）
新生代（<65Ma）
阿尔卑斯造山带
近海区

第 1 章 大洋盆地演化
13

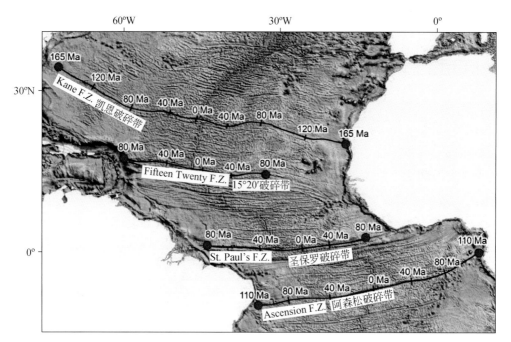

图 1-12　南大西洋中部、赤道和北部地区的自由空气重力异常（据 Fairhead et al.，2013）

图中可以清楚地观测到大西洋洋中脊（轴部为 0Ma）被破碎带错移。四条命名的主要破碎带不同段落的
年龄被确定，它们的弯曲随洋中脊的距离而发生变化。沿这四条破碎带的洋壳年龄以 Ma 进行标识

央裂谷）是裂谷发展的三个递进阶段，它们在空间上逐渐过渡，构成全球统一的裂
谷体系，代表着大洋盆地的形成和不断扩展（成长）的过程。

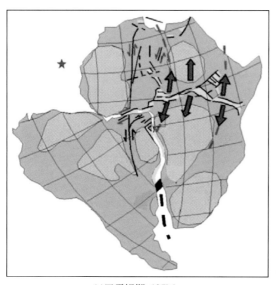

(a)巴雷姆期~127Ma

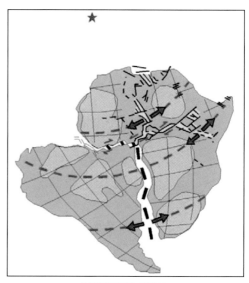

(b)阿尔布期~105Ma

图 1-13　中−西非裂谷系的构造演化

（a）指示了非洲变化的应力场导致了中−西非裂谷系（WCARS）演化的巨大变化，早白垩世期间（巴雷姆
期 ~130Ma）WCARS 的早期伸展阶段（赤道大西洋打开前），以南北向打开，这需要非洲板块的欧拉极位于西
非离岸区（红色五角星）。（b）到阿尔布期（~105Ma）时，板块运动方向在非洲内部发生了变化，这是板块
晚期从南美分离所导致（Fairhead et al.，2013）

1.4 大陆相向漂移/大洋收缩消减

随着大洋不断张开拓宽，大陆边缘移离洋中脊轴的距离越来越远。岩石圈随时间推移不断冷却、增厚变重，加之被动大陆边缘长期堆聚的巨厚沉积物荷载，在地壳均衡作用下导致大洋板块边缘岩石圈发生显著沉陷。在板块水平挤压应力作用下，大洋岩石圈向下潜没，形成以海沟为标志的俯冲带，被动大陆边缘转化成为具有沟–弧体系的主动大陆边缘。俯冲带是板块向下潜没消亡的破坏型、汇聚型边界，当板块消减量大于增生量时，表观上是两侧大陆相向漂移（运动）、大洋收缩（面积减小），大洋便进入衰退期。太平洋就是逐渐收缩的大洋，现在的太平洋是泛大洋收缩后的残余大洋，从中生代初联合大陆（图1-14）解体时的古太平洋至今日的太平洋（图1-15），其面积减少了1/3左右，但是其洋壳已不再是古太平洋板块的洋壳。

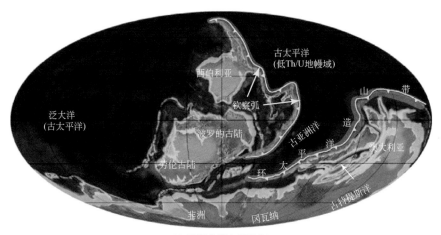

(a) 早泥盆世(~400Ma)

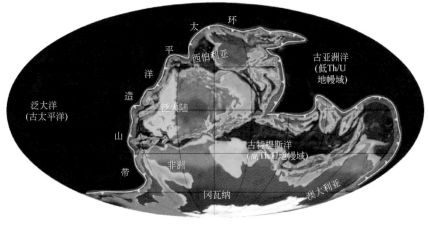

(b) 石炭纪(~340Ma)

第1章　大洋盆地演化

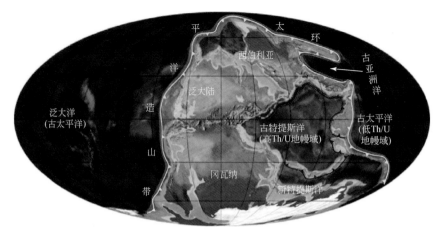

(c) 早二叠世(~280Ma)

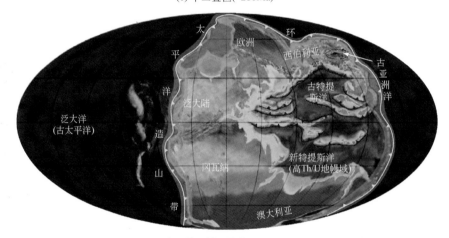

(d) 晚二叠—早三叠世(250~240Ma)

图1-14 古生代泛大洋阶段的古太平洋演化（据 Liu et al. , 2015）

泥盆纪—二叠纪板块重建（据 Scotese, 2001；PALEOMAP Project, http://www.scotese.com 和 http://cpgeosystems.com；Stampfli, 2000；De Jong et al. , 2006 修改），展示了古亚洲洋和特提斯洋可能的古位置。俯冲带和环太平洋造山系统也标出在图中。（a）早泥盆世。冈瓦纳和劳伦古陆之间的古亚洲洋是古太平洋的一个分支，自冈瓦纳和西伯利亚的环太平洋边缘向北延伸，跨越并穿过了北极地区。通常，古太平洋具有长期、稳定的俯冲系统，在这些地方，俯冲板块只由洋壳组成；一条洋内弧［Sengör 等（1993）确定的 Kipchak 弧］从西伯利亚延伸到劳罗的南部。在这期间，不同陆块从冈瓦纳大陆分离并向北迁移使古特提斯洋打开。（b）石炭纪。古亚洲洋自西向东逐渐关闭，对应了非洲（西冈瓦纳）与潘吉亚的碰撞。古特提斯洋持续向北拓展，冈瓦纳大陆的微陆块连续依次跨过大洋运移；俯冲带沿古特提斯边缘开始形成。（c）早二叠世。古亚洲洋缩小到华北和西伯利亚之间的有限洋盆里。在这期间，古特提斯洋打开达到最大，冈瓦纳大陆北缘裂解形成了新特提斯洋。（d）晚二叠世—早三叠世。古亚洲洋完全关闭，冈瓦纳大陆衍生出了横跨古特提斯和新特提斯的微陆块，并沿一个长期的向北倾俯冲带俯冲，最终，华北与西伯利亚沿中亚造山带发生拼合

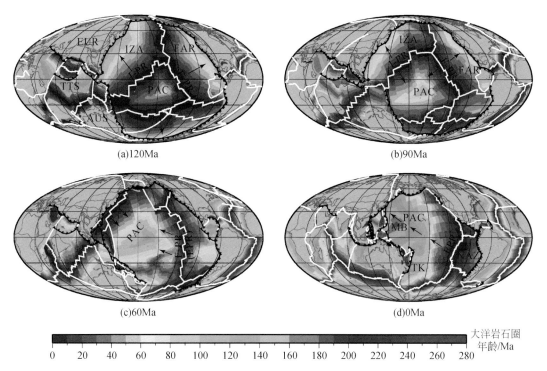

(a)120Ma (b)90Ma

(c)60Ma (d)0Ma

大洋岩石圈
年龄/Ma

0 20 40 60 80 100 120 140 160 180 200 220 240 260 280

图 1-15　太平洋洋盆中 MORB 型地壳的时间演化（据 Müller et al.，2016 修改）

（a）中–南太平洋的中生代洋中脊呈三角形。（b）依泽奈崎–太平洋洋中脊沿西北太平洋的迁移及印度洋型 MORB 地壳的形成。（c）依泽奈崎–太平洋洋中脊向欧亚板块之下俯冲及伊豆–小笠原–马里亚纳岛弧形成，依泽奈崎–太平洋洋中脊的西南翼随后开始俯冲。（d）依泽奈崎–太平洋洋中脊西南翼的俯冲基本完成（除了残留段的千岛弧），西北太平洋洋盆地被太平洋型 MORB 地壳覆盖。PAC. 太平洋板块；FAR. 法拉隆板块；IZA. 依泽奈崎板块；I-PR. 依泽奈崎–太平洋洋中脊；F-PR. 法拉隆–太平洋洋中脊；EUR. 欧亚板块；AUS. 澳大利亚；TTS. 特提斯洋；EPR. 东太平洋海隆；NAZ. 纳兹卡板块；IBM. 伊豆–小笠原–马里亚纳岛弧；TK. 汤加–克马德克弧。

白色点线指示了印度洋型上地幔可能延伸到西太平洋

　　由于太平洋两缘具有俯冲带，板块俯冲作用导致强烈的地震、火山活动及其他构造变动（图 1-16），形成了著名的环太平洋地震带、火山带、构造活动带和造山带（图 1-15）。当然太平洋洋底岩石圈还是在不断增生，只不过俯冲消减的总量超

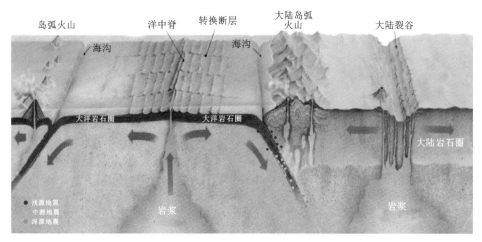

图 1-16　俯冲作用导致强烈的地震、火山活动及其他构造变形

过了增生的总量，所以太平洋呈缩减趋势（图1-15）。

1.5 大陆靠拢/大洋关闭

中生代时的古地中海，北缘为活动型大陆边缘，与现在的西太平洋很相似，也发育了一系列以海沟为代表的俯冲带，其南缘则为被动大陆边缘。古地中海洋底沿北缘俯冲带向北潜入欧亚大陆之下，古地中海逐渐收缩关闭。现代的地中海，特别是东地中海，乃是古地中海收缩后的残余海洋。地中海的洋盆相当狭小，也不见活动的洋中脊，说明洋壳不再增生，只有俯冲消亡（图1-17），两缘陆地逐渐靠拢，海盆日益缩小，意味着大洋演化已进入终结阶段（图1-18）。目前东地中海海底继续向北缘大陆之下俯冲，地中海总有一天会完全闭合。

地中海区域的动力演化是碰撞过程和广泛的伸展构造之间复杂相互作用的结果，这些碰撞和伸展是由新生代非洲和欧亚板块之间的汇聚控制的（Dewey et al.，1989；Rosenbaum et al.，2002）（图1-18）。这个缓慢的斜向汇聚与亚得里亚海和爱奥尼亚（Ionian）岩石圈向西倾的俯冲带一起，形成了一个大的、弧形的环特伊鲁里亚（peri-Tyrrhenian）造山带，自新近纪至今从亚平宁演化到西西里（Gueguen et al.，1998）。卡拉布里亚弧在新近纪—第四纪的动力演化完全与中生代大洋岩石圈沿陡、窄的贝尼奥夫带俯冲有关，该贝尼奥夫带从爱奥尼亚海倾向南特伊鲁里亚盆地（Malinverno and Ryan，1986；Faccenna et al.，2001，2004；Sartori，2003；Rosenbaum and Lister，2004）。岩石圈的消减伴随着爱奥尼亚板片海沟的后退及特伊鲁里亚板后盆地的打开（托尔托纳期至今），后者解释了卡拉布里亚地体向东南方向的迁移及其在 Apenninic Maghrebian 逆冲带中的插入（图1-18）。Apenninice Maghrebian 山链在北部与阿普利亚前陆及在南部与 Pelagian 块体的穿时碰撞，通过持续到早更新世的西西里和卡拉布里亚的顺时针旋转及亚平宁山脉南部的逆时针旋转，形成了卡拉布里亚弧中段的弧后弯曲，这已被详细的古地磁研究所证实（Rosenbaum et al.，2002；Cifelli et al.，2007；Mattei et al.，2007）。近期的地质和地球物理数据说明，现今的卡拉布里亚弧以强烈的地壳分段为特征，并形成了独立的块体，其以走滑和伸展断层系统为边界（图1-18）（Van Dijk et al.，2000；Rosenbaum et al.，2002；Del Ben et al.，2008），说明其动力演化是由过去1Myr内高达1mm/a的强烈隆升所驱动（Gvirtzman and Nur，2001；Seeber et al.，2008）。

出露在卡拉布里亚和西西里东北部的卡拉布里亚 Peloritanian 地体［图1-18（b）］通常被认为是逆冲到三叠纪—中中新世 Apenninic-Maghrebian 山链沉积层序上的阿尔卑斯带的一段。其北部和南部都被主要的走滑断层所限制：分别是左行的圣吉内

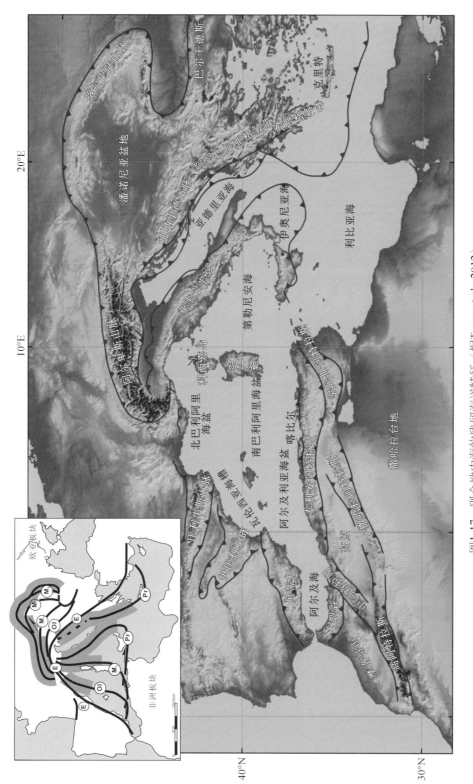

图1-17 现今地中海的残留海洋特征（据Turco et al., 2012）

西地中海区域的数字高程模型，标有主构造线；左上图为其演化模式；粗灰色线表示在给出的时间范围内已出现的板块拆沉部分。连续性线表示俯冲区域；相灰黑色线表示在给出的时间范围内已出现的板块拆沉部分。

E：始新世；OI：渐新世；M1：早中新世；M2：中中新世；M3：晚中新世；Pr：现今

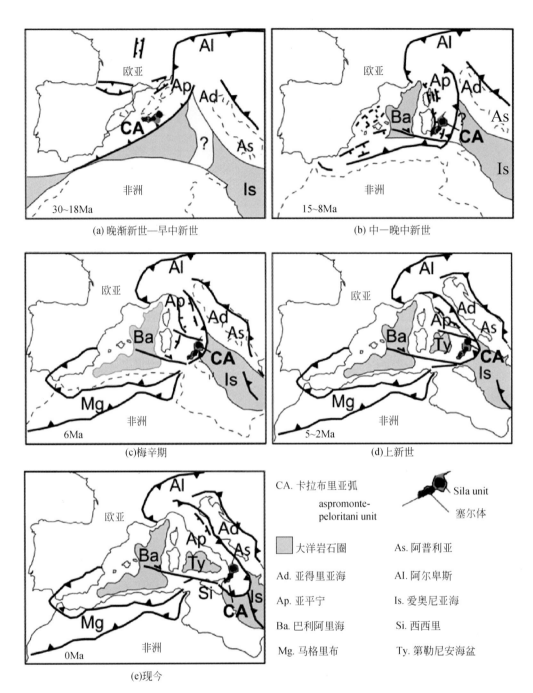

(a) 晚渐新世—早中新世　　(b) 中—晚中新世

(c) 梅辛期　　(d) 上新世

(e) 现今

CA. 卡拉布里亚弧
aspromonte-peloritani unit

Sila unit
塞尔体

□ 大洋岩石圈

Ad. 亚得里亚海

Ap. 亚平宁

Ba. 巴利阿里海

Mg. 马格里布

As. 阿普利亚

Al. 阿尔卑斯

Is. 爱奥尼亚海

Si. 西西里

Ty. 第勒尼安海盆

图 1-18　中-西地中海 30Ma 至今的构造演化简图（据 Capozzi et al.，2012）

标有这个动力背景下的主要古地理特征。在晚渐新世—中中新世，卡拉布里亚弧（CA）位于撒丁岛附近。
自晚中新世开始，卡拉布里亚弧由于爱奥尼亚块体的俯冲回卷而向南东迁移，打开了伊特鲁里亚盆地，并与
阿普利亚和非洲碰撞形成亚平宁和马格里布造山带

托线和右行的陶尔米纳线，它们都自托尔托纳期开始活动（Amodio-Morelli et al.，1976；Rosenbaum and Lister，2004）［图1-18（a）］。这个地体由一系列变质岩推覆体组成，包括海西期结晶基底岩席和局部的中生代—新生代盖层残留，在卡拉布里亚北部叠加在白垩纪—晚渐新世蛇绿岩套组合之上（Amodio Morelli et al.，1976；Bonardi et al.，2001；Rossetti et al.，2004）。沿爱奥尼亚一侧，这个造山带是增生区的核部，在这里，NE-SW走向的克罗托内–帕蒂文托盆地沿爱奥尼亚斜坡和卡拉布里亚形成于离岸区［图1-18（a）］。这个被认为是爱奥尼亚增生楔弧前盆地的沉积部分出露于陆上的克罗托内区域和西南海岸平原［图1-18（b）］（Cavazza et al.，1997；Zecchin et al.，2004）。这个沉积充填以中–上中新统沉积开始，尽管其他学者认为这个起始时间可以追溯到晚渐新世（Cavazza et al.，1997；Bonardi et al.，2001）。

1.6 大陆碰撞/大洋消亡

残余海洋会进一步收缩，当洋壳俯冲殆尽，两岸陆块拼合、碰撞，洋盆完全闭合、海水全部退出，大洋就消亡了，这一阶段称为终结期。大洋闭合、两侧大陆碰撞时，会产生很大的挤压应力，在地表将留下这一作用过程的痕迹（称为缝合线），故把这一阶段称为大洋演化的遗痕期。这种由大洋封闭、陆–陆挤压碰撞形成的缝合线是大洋消减形成造山带的重要特征，是区别于板内造山带的根本。

新生代以来，印度–阿拉伯以北的古地中海（新特提斯洋一部分）洋壳相继俯冲殆尽，印度—阿拉伯与欧亚板块的前缘大陆相遇，发生碰撞。大陆碰撞的巨大挤压力导致岩层褶皱、断裂、逆掩、混杂，地面向上隆升，山根沉陷，形成地壳增厚的巨大褶皱山系——喜马拉雅山。其中的古洋壳残块（片），是消亡洋盆的遗痕。中国科学工作者对喜马拉雅山和青藏高原多学科综合考察获得的地质和地球物理资料支持古地中海关闭从而形成青藏高原和喜马拉雅山的观点（图1-19），其导致了造山带复杂的深、浅部变形构造样式（图1-20），特别是侧向挤出或逃逸构造显著（图1-21），而且GPS测量结果表明，这个过程现今还在进行（图1-22）。不过，作为印度板块与欧亚板块边界的缝合线似乎不沿喜马拉雅山分布，而是在雅鲁藏布江—阿依拉山—印度河一线。

按照威尔逊旋回，板块演化至此结束。但是，现今研究表明，消亡的大洋岩石圈发生拆沉、进入地幔后，因为其对深部地幔的热结构会产生巨大扰动，进而对地表系统依然有着重大影响。例如，层析成像（图1-23）揭示，俯冲消减的新特提斯洋大洋岩石圈拆沉后，在1040km深处平面上依然保持着新特提斯洋俯冲带的直线形态，剖面上则表现为向南倾的高速体，且位于现今印度大陆岩石圈之下，对于这一现象，存在以下四种学术观点：第一种认为这是俯冲回卷所致；第二种认为新特提斯洋的俯冲极性本来就是向南的(图1-24);第三种认为是印度板块俯冲前进所致(图1-24);第四种认为是俯冲后撤所致。然而,从新特提斯造山带平面形态并结合古地磁等资料表明,该造山带早期平面上是一条直线,是后期弯曲为现今这种"Z"字形态(图1-24),构成了现今一个典型的弯山构造雏形。这些分析似乎支持向北前进俯冲的认识(图1-24)。此外,这些过程都已经不在板块构造理论的威尔逊旋回阐述的演化阶段之内,是陆–陆碰撞之后的进一步演变。

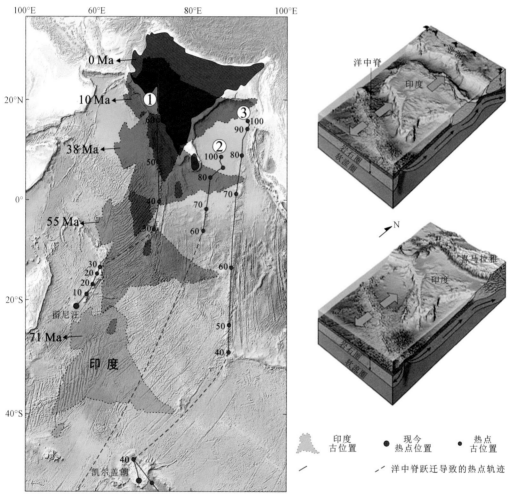

图1-19　印度板块与欧亚板块的前缘大陆相遇发生碰撞形成青藏高原

三条无震海岭分别用数字表示:①查格斯–拉克代夫海岭;②东经85度海岭;③东经90度海岭。

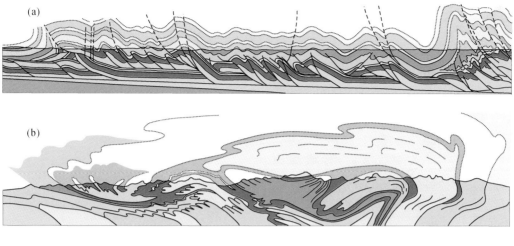

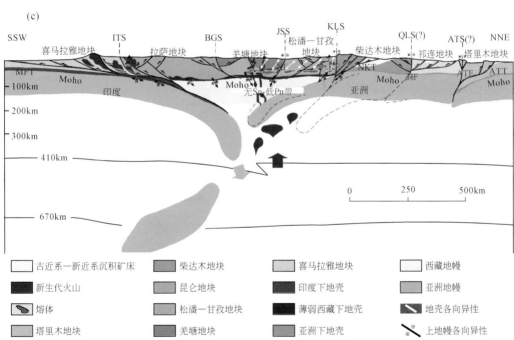

图 1-20　陆-陆碰撞导致的薄皮逆冲变形模式、厚皮构造变形样式和深部结构状态

（a）阿巴拉契亚山的褶皱和逆冲断层；（b）阿尔卑斯山年轻造山带的复杂褶皱，许多已经发生倒转；（c）青藏高原岩石圈深部结构。MFT. 主前锋逆冲断层；XF. 鲜水河断层；KF. 昆仑断层；NKT. 北昆仑断层；HF. 海轩断层；ATF. 阿尔金断层；ATT. 阿尔金逆冲断层；JSS. 金沙江缝合线；BGS. 班公缝合线；KLS. 昆仑缝合线；ITS. 印度—雅鲁藏布江缝合线；QLS. 祁连缝合线（？）；ATS. 阿尔金缝合线（？）

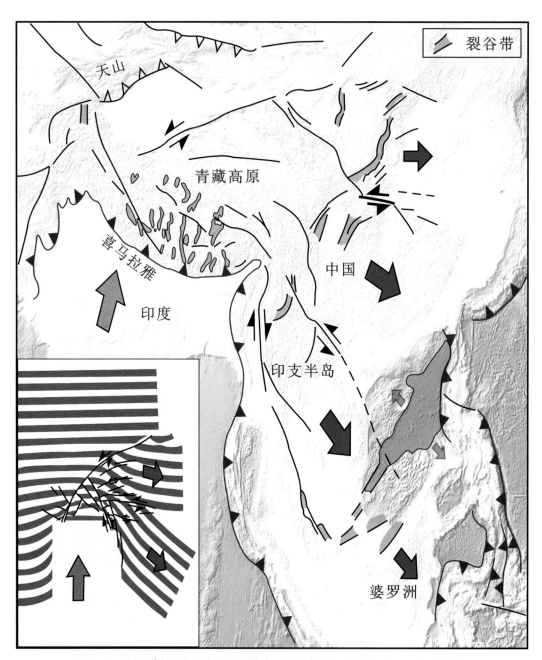

图 1-21　新生代陆-陆碰撞的挤出模式（逃逸构造）（据 Frisch et al.，2011）

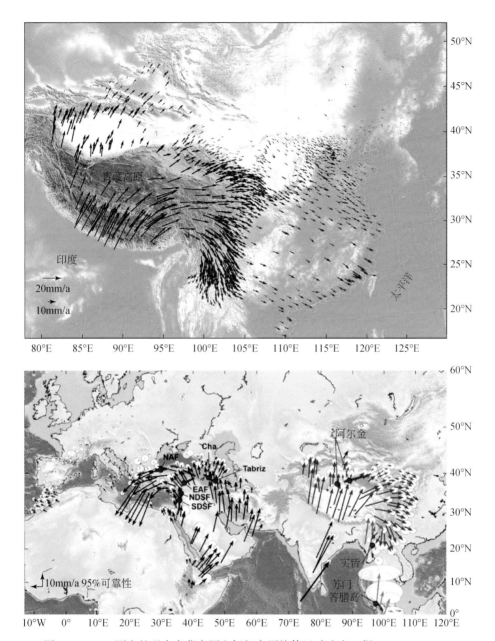

图 1-22　GPS 测定的现今青藏高原和伊朗高原块体运动速度（据 Vernant，2015）

现今速度场数据来自 Reilinger 等（2006）确定的固定欧亚参考系的几个 GPS 研究，黑色箭头数据
（Djamour et al.，2010，2011；Koulali et al.，2011；McClusky et al.，2010；Reilinger et al.，2006；
Rigo et al.，2015），红色箭头数据（D'Agostino et al.，2008），蓝色箭头数据（Zhang et al.，2004），
紫色箭头数据（Maurin et al.，2010），绿色箭头数据（Genrich et al.，2000）。为避免杂乱，一些
速度没有表示在图上。NAF. 北安纳托利亚断层；EAF. 东安纳托利亚断层；NDSF. 北死海断
层（叙利亚）；SDSF. 南死海断层（黎巴嫩）；Cha. Chalderan 断层

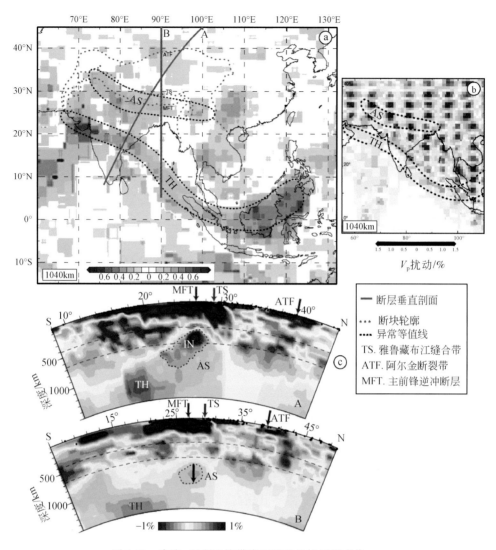

图 1-23 印度–亚洲碰撞带岩石圈及地幔层析成像

（a）1040km 深的层析切片显示两个正高速异常 TH 和 AS。AS 异常位于 TH 异常的北部，并与之平行，二者间距约 3000km。AS 异常细长的几何形态及其位置说明它是与雅鲁藏布江缝合线北部俯冲事件有关的板片残留体。（b）针对印度地区 1040km 深度的检测板分辨率测试来获得数据集分辨能力的估计值。输入的数据相对于参考模型 ak135 具有±5% 的速度异常，其间距为 2°，以允许检测尖峰之间的水平和垂直拖影效应（Kennett et al.，1995）。合成数据是从全球检测板模型中获得的，这些模型综合了沿一些用于真实数据实验的射线路径的合成慢度。检测板分辨率测试结果在 20°N 以北的区域非常好，在南印度区域降低，这是由于南印度区发震率较低，且布置的地震台站也较少。低幅度的 AS 异常（黑色虚线圈出）通过走时数据集得到了很好的解决。（c）在横切剖面中，AS 异常位于 900～1100km 深度（剖面 B）。主异常 IN 遮盖了 AS 异常（剖面 A）。AS 到地表不是一直连续的，表明它与地表的一个板片拆离有关。这里的图像支持这种假说，即一旦板片从大陆上拆离，它就会连续地下沉到地幔中，因为这个区域的转换带中没有板片堆积。考虑到 AS 异常相对于 TH 异常位于北部和更浅深度处，这个 AS 异常是亚洲大陆俯冲期的残留，它在缺口

出现后很快发生，并以板片断离方式终止（Replumaz et al.，2013）

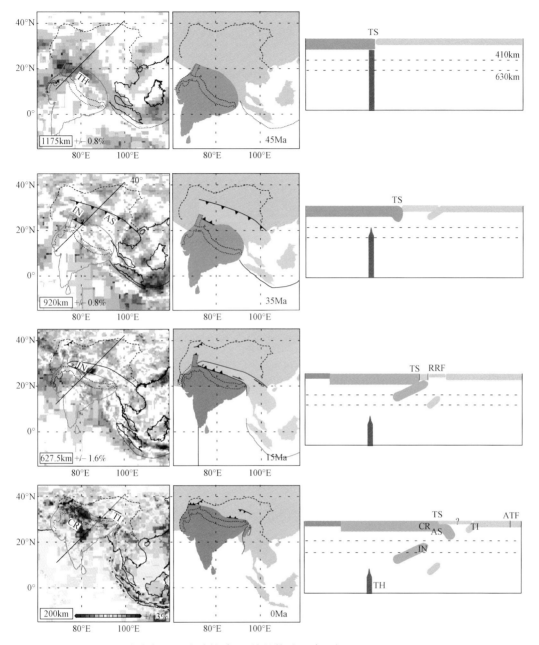

图 1-24 印度与亚洲大陆俯冲-碰撞的构造重建（据 Replumaz et al.，2013）

不同深度的层析剖面（左侧一列）与不同时间的构造重建位置结合起来（据 Replumaz and Tapponnier，2003）
限制碰撞阶段不同俯冲事件的时间、俯冲极性、俯冲对象和位置。构造复原图（中间一列）及演化模式的横
切剖面（右边一列）展示了于不同深度（TH，AS，IN，TI）处观测到的正异常有关的连续俯冲事件。1175km：
与约 45Ma 时印度板块特提斯洋壳断离有关的异常 TH 的顶部。920km：与亚洲俯冲的向南俯冲有关的异常 AS，
正对着与 40~15Ma 发生的向北印度俯冲有关的异常 IN（Replumaz et al.，2010）。627km：异常 IN 的顶部，与
约 15Ma 时印度板片的断离有关。200km：异常 CR 是印度岩石圈的延伸，浅部异常 TI 与现今亚洲的向南俯冲
有关（Kind et al.，2002）。在横切剖面中，这个阶段代表了地幔结构，因为它是在全球层析成像中观测到的，
具有深部异常 TH，IN 和 AS，以及浅部异常 CR 和 TI

1.7 超大陆与超大洋旋回

现今大洋年龄没有老于200Ma的记录，故有人认为威尔逊旋回周期一般为2亿年，在2002年左右，人们还不明晰罗迪尼亚和哥伦比亚超大陆轮廓的时期，认为威尔逊旋回就是超大陆旋回，因而认为超大陆旋回也是2亿年一个周期。然而，现今研究表明，超大陆形成一般要经历5亿~7亿年（图1-25）。可见，区域性大陆聚散

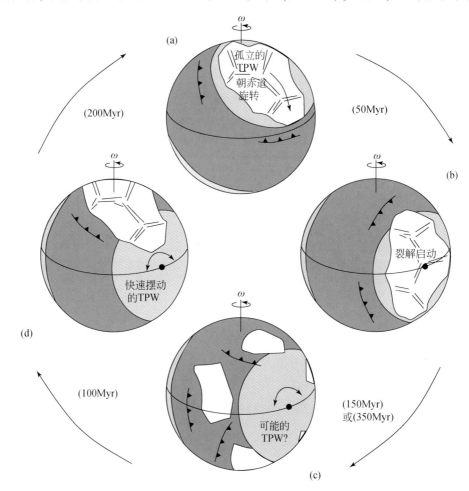

图1-25　真磁极移（TWP）及5亿~7亿年超大陆旋回（据 Evans，2003）

（a）一个变老的超大陆之下地幔过渡带的滞留板片导致了地幔区变热；一个椭圆形的上升流开始形成，破坏了地幔内部边界层并驱动超大陆以及整个地幔通过 TPW 朝赤道方向运动。（b）超大陆分裂是上升流的一个自然结果。（c）沿椭圆形地幔柱的持续上升流将各块大陆分散到下降流环带，下降流环带是先前超大陆的残留。原则上 TPW 在这个阶段是可能存在的，但在罗迪尼亚和潘吉亚超大陆裂解之后的一个短时间内还没有相关描述。（d）可能伴随着快速摆动的 TPW 从其早期继承的残留上升流，重组新的超大陆。只有在经过几亿年新超大陆下的板片俯冲后，它本身的椭圆形上升流才会形成，一个旋回重新开始

旋回多数可能周期不超过 2 亿年，但全球大陆要聚合在一起，形成一个统一的超大陆以及统一的超大洋，不仅概率较小，而且周期需要更长。所有大陆聚合在一起后，热封盖效应可能导致地幔深部再次形成热聚集或热幔柱，因而超大陆裂解，Zhong 等（2007）模拟表明，超大陆裂解需要 350Myr，之后可回到次一级的威尔逊旋回（同样大约 350Myr）的起点，一般经过 2 ~ 3 个威尔逊旋回（同样大约 350Myr）后，地球进入下一个超大陆旋回。可见，威尔逊旋回多数是两个大陆之间的区域性旋回，而超大陆旋回（supercontinental cycle）是全球性所有大陆的聚散旋回；也足见，大陆之间存在不同时间尺度的聚散旋回，浅表岩石圈系统的旋回事件也必然导致地幔内部的旋回性变化，但迄今人们对地幔旋回事件的识别还需要更多地球化学方面的研究积累与整合。

1.7.1 地球的超大陆历史

许多地球科学不同研究领域的学者都将注意力集中到地球行星演化历史的重建上。演化最明显的印迹记录在地球表面的地质记录中，在过去 3Ga 中（Rogers，1996），大陆重新聚合形成超大陆，然后再一次裂解，迄今所知，这个过程发生过多次。目前，关于超大陆一级旋回的分类已经达成一个共识，根据这个分类，地球过去的历史包括四个主要的旋回，第五个旋回现在仍在进行。

第一个是新太古代肯诺兰（Kenorlend）超大陆旋回（Piper，2010；Lubnina and Slabunov，2011），这个超大陆是通过肯诺兰带和其同时代（2.6Ga）的造山带、大规模基性岩墙群以及全球的休伦冰期所确定的；深成岩研究表明在肯诺兰裂解期间，古元古代洋盆在太古代 Imataca 块体、南美的圣弗朗西斯科克拉通核部及非洲的曼斯基和刚果克拉通之间打开（Sorokhtin and Ushakov，2002），该超大陆裂解。

第二个古元古代—新元古代超大陆旋回始于哥伦比亚（Columbia）超大陆形成（或称为 Nuna），是通过卡累利阿及其同时代（1.9~1.8Ga）的褶皱带——跨哈德森和拉布拉多造山带等进行重建揭示出的一个超大陆（Zhao et al.，2002；Zhang et al.，2012；Evans and Mitchell，2011；Rogers and Santosh，2009；Meert，2002）；其裂解进程在地表有大量地质记录表征了这个明显转换，如 1.5~1.4Ga 的巨大裂谷结构和巨大的非造山岩浆岩带，广泛发育于北美板块的东缘和俄罗斯地台的西缘；这些带宽达几千千米，发育几千个规模较大的（直径达 100km）斜长岩、正长岩、辉长岩、花岗斑岩、环斑花岗岩和正常钾质花岗岩侵入体。

第三个超大陆旋回始于新元古代罗迪尼亚（Rodina）超大陆集结（Dalziel，1997；Pisarevsky et al.，2003；Bogdanova et al.，2008；Li et al.，2008），以格林威尔造山带（1.1 ~ 1.0Ga）为特征，将劳伦和冈瓦纳大陆分离开的原特提斯洋在 850Ma

之前一直打开。

第四个超大陆旋回的重建，一般认为是魏格纳重建的潘吉亚（Pangea）超大陆（0.25Ga），是通过磁异常条带获得的（Nikishin et al.，2002）。因此，人们很自然地将超大陆视为地球演化的里程碑（Khain，2001），将其简单总结如下。

1）新太古代肯诺兰~2.6~2.3Ga；

2）古元古代—中元古代哥伦比亚~1.65~1.4Ga；

3）新元古代罗迪尼亚~1.0~0.8Ga；

4）古生代潘吉亚~0.3Ga。

据此，威尔逊旋回的周期是650~900Myr。超大陆旋回的二维热化学对流模拟如图1-26所示（Lobkovsky and Kotelkin，2015），结果显示地幔热表现出10亿~6亿年的周期变化，但肯诺兰超大陆出现在下地幔平均温度首次显著降低的时刻，正是全球地块刚性化或克拉通化后的首次聚集；而后续的哥伦比亚、罗迪尼亚超大陆都集结于下地幔平均温度快速下降之前，这非常符合大规模冷岩石圈进入下地幔，且后续超大陆出现时间与对应的下地幔平均温度快速下降的时间相比，越来越提前。

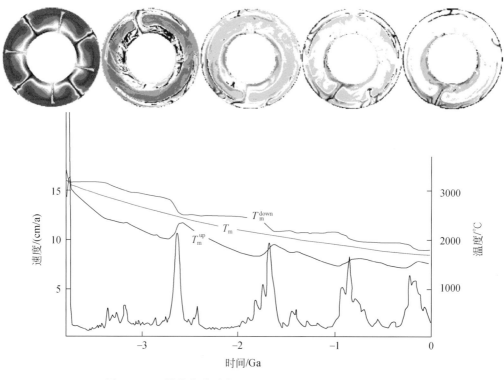

图1-26 二维热化学对流（Lobkovsky and Kotelkin，2015）

图中的黑色曲线展示了全地幔平均速度，粉色曲线（T_m）是全地幔平均温度，蓝色曲线（T_m^{up}）是上地幔平均温度，红色曲线T_m^{down}是下地幔平均温度。彩图展示了热（以自然界中热的调色板显示）及地幔翻转期间浅色（黄色）和深色（褐色）不均匀性（尖峰）的分布

据此预测，400Ma 应当存在一个超大陆，这种提前可能与地球不断俯冲的冷块体对下地幔的冷却作用或热化学耗损有关。

依据上述模拟结果，400Ma 超大陆的存在也得到大量地质记录的佐证，李三忠等（2016）通过对早古生代原特提斯洋演化研究表明，前人提出的超大陆 Pannotia（600Ma）或 Artejia（460Ma）在新元古代末期或早古生代早期，这两个时期的造山事件不具有全球同时性。但是，晚志留世—早泥盆世的 ~400Ma 已经拼合的波罗的—劳伦陆块与环冈瓦纳大陆北缘的地体拼贴事件，以及古地磁和古生物等特征显示，冈瓦纳大陆的西非克拉通与劳伦古陆相隔很近（古生物资料表明不存在宽阔大洋分割）。Scotese 等（1999）的重建方案直接显示是拼合的，但在其重建方案中，由于难以深入分析中国陆块群当时的状况，且前人基本都认为中国这些陆块群此时是分散在泛大洋中，因而认为此时还不存在一个统一的超级大陆。但中国大量年代学积累发现，实际此时它们都成为了冈瓦纳大陆北缘的一部分，同时，西伯利亚陆块也可能被一列岛弧与劳伦古陆相连，因而，李三忠等（2016）提出 420 ~ 400Ma 存在一个超大陆 Carolina，后改称原潘吉亚（Proto-Pangea），具有全球性或准全球性。

据此，特别据由华北克拉通表现出来的重大地史事件可知，Kenorland 超大陆最终集结于 2.5Ga，Columbia 最终聚合时间为 1.8Ga，Rodinia 最终聚合峰期时间为 1.1Ga，Carolina 最终聚合时间为 0.4Ga，再到 Pangea［李三忠等（2016）认为是一个原潘吉亚的中间演化阶段，不是一个新的超大陆］的 0.25Ga 最终拼合，并结合推测的未来约 0.25Ga 或 0.30Ga 的亚美（Amasia）超大陆，时间间隔分别为 7 亿年、7 亿年、7 亿年、1.5 亿年、5 亿年，超大陆集散周期似乎没有规律，是随机的过程或总体变短的趋势。但是如果考虑 Pangea 超大陆是 Coralina 超大陆的延续存在形式，或 Carolina 不是一个过渡性超大陆，是新生的，那么，从 Carolina 到 Amasia 的周期是 7 亿年，则超大陆旋回可确定为 6.5 亿 ~ 7.0 亿年；如果采用亚美超大陆推测在未来 0.3Ga 后聚合的观点，则超大陆旋回周期甚至直接就是 7 亿年。这个 7 亿年的超大陆旋回周期值得从多学科角度重新论证。可见，早古生代 Carolina 超大陆的重建是板块超大陆旋回建立的关键所在。

关于未来亚美超大陆重建方案也有多种。Nance 等（1988）提出大西洋将会关闭，大陆将汇聚到之前的位置，但 Veevers 等（1997）预测一些大陆在全球旅行了一圈后，它们会在地球的另一侧集结为一个新的超大陆。Trubitsyn（2005）认为亚美大陆将会在南极聚合，而 Mitchell 等（2012）则认为北冰洋将会关闭，亚美大陆将在北极汇聚。这说明现在还缺少一个有足够科学依据的地球动力演化理论来预测下一个超大陆的具体集结方式和位置（Santosh et al.，2009）。

1.7.2 地球的超大洋旋回

超级大陆和超级大洋岩石圈的历史不可分割地互相联系在一起，这种联系必定有一定的规律。根据前人研究（Pushcharovsky，2000；Silver and Behn，2008；Yoshida and Santosh，2011），地球上的大洋被分成两类（内侧洋和外侧洋），只有存在时间不超过600Myr的大西洋型与超大陆形成及消亡直接相关（Lobkovsky and Kotelkin，2015）。

在泥盆纪之前，现今北大西洋（内侧洋）的位置被亚匹特斯（Iapetus）洋所占据。之后，北部和南部大陆被特提斯洋分离开，其演化一直持续到新生代，部分（地中海）至今仍在进行。最终，古生代和中生代地球北部区域以北冰洋为主。一个更大的古亚洲洋（Dobretsov et al.，1995）位于东欧、西伯利亚和中朝大陆之间。古亚洲洋在晚古生代和早三叠世进入最终的封闭碰撞阶段，完成了潘吉亚超大陆的形成（Lobkovsky and Kotelkin，2015）。

亚匹特斯洋起源于早寒武世，继承自凯尔特洋（Celtic Ocean），在西部和西北部发生一些转换。古特提斯洋（Paleo-Tethys Ocean）从中美延伸到北部的Laurussia、塔里木和中韩及南部的冈瓦纳之间的亚洲区域。古特提斯洋的打开是逐步的。北美段在寒武纪打开，继承了亚匹特斯洋的南部延续。欧洲段在奥陶纪打开，而亚洲段的古特提斯洋发生了向南的转移，其继承了原特提斯洋位置（Mattern and Schneider，2000）。

太平洋及其前身古太平洋代表了第二类大洋（外侧洋），其存在时间延续了几个超大陆旋回。太平洋是一个单独的古大洋残留，其形成开始于哥伦比亚超大陆约1.75Ga前的初始瓦解（最终裂离为1.27Ga），并在约1.1Ga罗迪尼亚超大陆聚合峰期完成。古地磁数据揭示古太平洋应该至少自古生代就位于现今太平洋的位置，其形成很可能开始于元古宙。可见超大洋的存在周期是威尔逊旋回周期的2~3倍，这取决于其消亡方式。尽管在每一个威尔逊旋回中太平洋洋底都经历了明显的重组和更新，但其地理位置却保持不变。此外，占据了整个半球的太平洋在体积上远远超过了大西洋型大洋（Lobkovsky and Kotelkin，2015）。

地球上大陆和大洋半球的起源和存在，或者换句话说，星球的不对称性（Pushcharovsky，2000；Wang et al.，1998），是一个长期未解决的演化问题。为此，一个能产生地球上超大陆和超大洋历史的三维热化学地幔对流模型被构造想出来。这个模型考虑了：①地幔被分成上部和下部两层；②结晶分异导致了D″层中较轻物质的形成；③榴辉岩化导致了俯冲带中重物质的产生。数值模拟实验在布西内（Boussinesq）近似值黏度流变中进行。该研究发现，年轻星球的高度球对称性产生了立方体的地幔对流。热的初始状态和高的化学势能反映了早期演化阶段地幔物质的活跃分异作用及大量陆壳的形成。在耗损了大量热化学物质后，星球开始进行到演化的一级旋回中，这里长期主导性的双层对流被地幔翻转（见《海底构造原理》一书）所扰乱。地幔翻转在两个地幔之间提供了快速、大量的物质交换：上地幔部分的冷物质下沉，而热物质从下地幔中上升，来填补这个空缺。数值实验说明了一个显著的现象，即地幔翻转期间，单个全球对流下沉的自我调节。这样一个上地幔物质的集中式下沉在能量上是更合理的。向全球下降流汇聚的星球尺度的流动集合形成了超大陆。地球动力演化模型产生了五个一级旋回（图1-27）。地幔翻转的组构倾向于形成一个偶极子，全球沉降的位置也是稳定的。因此，球形地幔开始变得略微不同：全球脉动性沉降的半球以大陆和交替的大西洋型大洋为主，而另外以超级地幔柱活动为代表的半球则被太平洋所形成的巨大洋底所占据（Lobkovsky and Kotelkin，2015），从而给地球的不对称性给予了一种解释。

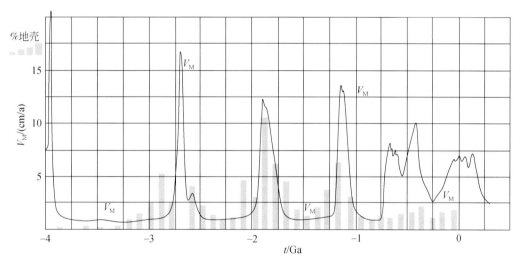

图 1-27　三维热化学对流平均速度的峰值及与初始地壳形成有关的地质数据

（据 Lobkovsky and Kotelkin，2015）

第2章　洋底多圈层相互作用

从第1章中的超大陆旋回机制可知，地球演化期间不同圈层之间始终存在着物质和能量交换。洋底同样存在这样一种交换，因此，本章从地球系统的角度来探索洋底多圈层相互作用。

地球系统的空间范围包括从地心到地球外层空间（吕林素，2007），可划为内部和外部，包括三个大的子系统：①外部的日地空间子系统（solar-terrestrial system），包括从太阳大气一直延伸到地球的地磁圈或大气圈顶层；②内部的深部地球子系统（deep earth system），包括地壳、地幔和地核；③介于①和②的表层地球子系统（surface earth system），包括近地表土壤、水、大气、冰冻及生物等层圈。但要注意，地球最大的圈层是地磁圈，它穿越所有地球其他圈层。这些子系统各自有其特有的运动规律，但其间也始终存在复杂时空的物质和能量交换，因此，圈层间的相互影响、制约等作用也是地球系统科学的重点研究领域，包括地球不同层圈之间的相互作用、动力学过程及其物质循环、资源环境与全球变化关系等（孙枢和王成善，2008）。

近年来，地球系统科学、全球变化和地球动力学等已经广泛列入各种相关的科学研究发展规划。认识地球内部和外部层圈的状态、结构、成分和动力学，阐明不同层圈相互作用和物理、化学、地质或生物过程是地球系统科学的目标之一。当前，地球系统科学研究以地球岩石圈—水圈—生物圈（包括人类）—大气圈的相互作用为主题。一方面，以地球不同层圈结构和性质及其与生命起源、资源形成和环境演化之间的关系为主线，研究各级时空尺度地质环境变化及其对地球系统的影响，揭示各个地质历史时期地球内部变化对资源环境的制约（翟裕生，2007）；另一方面，以地球环境与生态系统为主线，涉及地球各层圈的相互作用以及对生命、人和社会的影响、地球环境对人类活动的反馈（孙枢和王成善，2008）。

地球系统科学研究的各圈层依赖岩石圈的形成和动力学演化，因而岩石圈在地球系统中占据着重要地位。岩石圈包括地壳和下覆岩石圈地幔，是人们最可能接近且更直接影响人类生存的固体地球圈层，岩石圈的结构、组成与演化始终是地球科学研究的核心主题之一（马杏垣，1987；丁国瑜，1991；李廷栋，2006）。岩石圈的结构、组成与演化决定了地壳和地幔的形成、演化、改造、构造运动（包括地震和其他地质灾害的成因机理）、岩浆活动及大规模成矿作用的发生，以及对应的生态环境效应。因此，岩石圈演化不仅是研究地球演化的重要组成部分，而且也为矿产资源的勘探开发、生态环境演化机制、地震和其他地质灾害的形成机理及预测提供了科学基础。因此，岩石圈动力学成为地球内部的深层子系统动力学研究的主体。岩石圈可以分为大陆岩石圈和大洋岩石圈。大陆岩石圈动力学及其资源、环境和灾害效应是大陆动力学研究的主题（邓晋福等，1996），而大洋岩石圈动力学及其资源、环境和灾害效应是洋底多圈层相互作用的核心内容。

海洋占地球总面积的70.8%，而深海大洋约占据海洋的92.4%，它拥有极其丰富的自然资源和突出的战略地位（金翔龙，2005）。深海大洋就是海底构造学研究的对象，按照动力系统的不同，可以进一步分为伸展裂解系统、洋脊增生系统、转换构造系统、深海盆地系统和俯冲消减系统。目前离散型的板块边缘（如洋中脊）、汇聚型板块边缘（如海沟附近）及其与地幔柱的相互作用研究较为深入，所以它们作为多圈层相互作用形式之一，人们分别提出了洋中脊-地幔柱和洋中脊-海沟的相互作用问题，分别简称脊-柱相互作用和脊-沟相互作用。此外，一些脊-沟相互作用的地方也可能存在地幔柱的参与。

2.1　水圈-岩石圈相互作用

液态水是地球区别于其他星球的特征标志之一，地球拥有其他星球所不具备的特征，包括生命，都与广泛存在的液态水有关。地球上的水构成了水圈。淡水只占地球水圈的很少量，大部分水构成了海洋。岩石圈是地球上部相对于水圈、软流圈（也是固体，但长时间尺度下表现为塑性流动）而言的坚硬岩石层，厚60～200km，为地震P波高速带，包括大陆和大洋地壳的全部和上地幔的顶部（称为岩石圈地幔），由花岗岩、玄武岩和超基性岩组成。其下为地震P波低速带、部分熔融层和厚度约100km的软流圈。水圈-岩石圈相互作用最显著的表现是侵蚀作用、搬运作用、沉积作用和交代-蚀变作用等。大部分沉积物的形成过程包括风化作用、动力侵蚀作用、搬运作用、沉积作用及压实作用，这些都是物理机械作用，之后就是成岩过程，以化学过程为主。因此，水圈-岩石圈相互作用的另外一个表现就是溶解物质的化学沉积作用、水参与的岩石蚀变作用、变质作用、交代作用等，这些都是化学过程。此外，水圈-岩石圈相互作用还体现在一些复杂的生物生理作用、生物物理作用和生物化学作用过程中。水圈-岩石圈相互作用在概念上也归纳到地质作用范畴，因为地质作用是指地球不断受到地球内部和外部能量的作用，使其物质发生变化，改变了其面貌及内部结构，因此，这种引起地壳或岩石圈的物质组成、结构、构造等发生变化的各种作用统称为地质作用。水包括地面流水、地下水和大气水汽，以水质、水气质、蒸汽质和气质介质呈现。这些不同层圈的水构成全球水循环系统（图2-1）。地面流水是指陆地表面和海洋中流动的水体，是陆地上和海洋中最主要的外力地质营力，不同的沉积环境（表2-1，图2-2）下可形成不同的沉积岩。

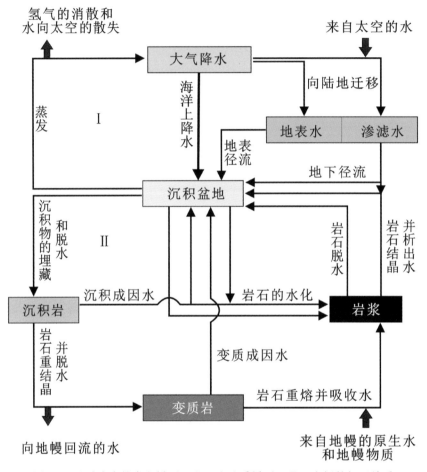

图 2-1 地球中水的水文循环（Ⅰ）和地质循环（Ⅱ）之间的相互关系

表 2-1 沉积环境（沉积相）分类体系

沉积环境组（沉积相组）	沉积环境（沉积相）	沉积亚环境（沉积亚相）
大陆环境组 （大陆相组）	残积环境（残积相）	
	坡积环境（坡积相）	
	冲积扇环境（冲积扇相）	扇根、扇中、扇端
	河流环境（河流相）	河床、边滩或心滩、天然堤、决口扇、泛滥平原（河漫滩）、牛轭湖
	湖泊环境（湖泊相）	滨湖、浅湖、深湖

沉积环境组（沉积相组）	沉积环境（沉积相）	沉积亚环境（沉积亚相）
大陆环境组 （大陆相组）	沼泽环境（沼泽相）	
	沙漠环境（沙漠相）	
	冰川环境（冰川相）	冰碛、冰湖、冰海
海陆过渡环境组 （海陆过渡相组）	三角洲环境（三角洲相）	三角洲平原、三角洲前缘、前三角洲
	河口湾环境（河口湾相）	
海洋环境组 （海洋相组）	海岸环境（海岸相）	隔壁海岸：潮坪、潟湖、障壁岛、海滩、生物礁
		无障壁海岸、海岸沙丘、后滨、前滨、临滨
	浅海环境（浅海相）	上部浅海、下部浅海
	半深海环境（半深海相）	
	深海环境（深海相）	

图2-2　主要沉积环境类型

2.1.1　地壳浅部流体系统

地下流体的系统研究始于19世纪后半叶，是在水文地质学框架内进行的，当时成为了一个独立学科。最初的水文地质学研究仅限于把地下水作为一种矿产资源，其目的是解决供水和浴疗问题，到20世纪中叶，这些研究的范围得到极大拓展，不仅在外生过程中，也在许多内生过程中，包括金属成矿、油气成藏、水合物形成、沉积成岩、生物生理过程中，水都是重要因素。

再生水形成于含水矿物的脱水过程。这个过程通过化学结合水转化为自由状态的水。析出再生水的过程发生在地壳的各种热动力带中。在不太高的温压条件下，石膏和黏土矿物就能发生脱水作用。高温高压条件下，发生的是变质脱水作用和脱碳酸作用，其结果是释放出变质成因的流体，地壳深部的大部分流体就是如此成因的。岩浆成因的水形成于岩浆的结晶过程，这种水的原始来源是进入岩浆源中的具有深部成因的挥发性物质，或者在岩浆流动过程中溶解在岩浆中的各种成因水。被还原的流体发生氧化作用是水和二氧化碳的生成来源。

地壳中的流体交换是地球中流体（水）总体循环的组成部分。水的总循环可分为相互关联的两个部分：水文循环和地质循环（图2-1）。水的水文循环研究较多，主要分支是：水的蒸发、水蒸气在大气中的迁移、大气降水、地表径流和地下径流。地壳上部层位的地下水（地下径流）从地势高处向地势低处流动是靠水头差来实现。地势高处的水得到大气降水的补给，而地势低处则分布着各种排水中心——蓄水盆地或泉。这取决于地质构造和水文地质结构，这种循环占据了地壳上部层位，深度可达2~4km。随着深度加大，地下水渗滤速度总体降低，尽管渗滤速度反向变化也不少见。地下径流垂向可以分为三带：上带为水交换强烈的高孔隙度和（或）高裂隙度的岩层，地下水渗滤速度较高；中带的水交换缓慢，岩石的渗滤性较低，因而渗滤速度显著降低；下带的水交换相当困难，岩石的渗滤性很差，地下水的移动速度极为缓慢，只有从地质时代来衡量才能觉察到。

地下水的化学特性对解决某些与流体相关的地球物理问题（地震前兆、地壳内导电率、低速带等）具有重要的科学意义。不同地区的地下水都有其自身的水文地球化学分带性。垂直分带性表现为地下水的总矿化度和化学成分随深度的加大而逐渐变化。总体来说，随着地壳深度加大，水交换速度降低，而地下水的矿化度提高，然而，也可以出现反向变化。淡水主要含有重碳酸钙成分，而且随着矿化度增强，氯化物、钠离子和钾离子的含量提高。在沉积物和结晶岩中分布的地下水具有氯-钠-钙成分，其矿化度可超过100~200g/L。

流体以自由相的移动方向受控于流体压力的分布。在地下水圈范围内可分为三个水文动力学带：水静压力带、超水静压力带和岩石静压力带。压力的这种分布不仅适用于水，也适用于其他地质流体。其中，超水静压力带是水静压力带向岩石静压力带的过渡带。大量深层钻孔资料都证实了这种水文动力学分带性。其含水层和油气层记录到的流体压力高于静水压力，甚至到达静岩压力水平，在油田地质学中称为异常高压。这种超水静压力不仅存在于沉积层中，也存在于结晶岩层中。流体压力的这种分布决定了流体主要向上的垂直迁移性。然而，在水静压力带的上部也广泛存在地下水向下和侧向渗滤，其具体方向取决于含水层的补给条件和卸载条件。水和碳酸等其他流体的地质循环是在这些流体参与的所有过程中进行，这就导致了这种循环的多样性，即流体的状态、分布和性质和生成的矿物和岩石的多样性。此外，当岩石和流体相互作用时，伴随温度和压力的变化，岩石受到改造或相变，如变质作用、沉积压实可导致矿物体积变化，进而岩石的这种变化导致岩石物理性质（密度、电导率、地震波速等）的变化，可作为构造成因的要素，如深层地震。参与地壳深部地球动力学过程的流体，其成因主要与水的地质循环有关。水的地质循环不仅包括整个地壳，还涉及更深的部位。在水的地质循环中，温压条件起着关键决定性作用，水的地质循环可分为两种基本类型：①水从自由状态变为结合状态及反向变化，以变质作用最为典型；②无上述变化。水的迁移既有第一种类型也有第二种类型。当流体沿垂向运移时，应分为上升分支和下降分支。上升分支中水的地质循环是由地壳深部补给、向上的集中式析出和集中式水流，其通道主要是火山、深断裂；而下降分支以分散补给为特点。

地壳流体的平衡关系包括以下组成部分。

输入项：

1）大气降水和地表水的渗入；

2）沉积盆地中岩石脱水；

3）变质脱水和脱碳；

4）地幔起源的流体流，包括还原气体氧化时产生的流体；

5）岩浆结晶时析出的流体。

输出项：

1）地下水向地表和蓄水盆地卸载；

2）黏土矿物生成时形成结合状态的水；

3）变质作用的水化和碳酸盐化；

4）熔岩的形成。

平衡关系中的上述各部分的量化数值对于地质历史的不同阶段各不相同，对于不同的地质构造环境也显著不同，图2-3展示了岩石圈和水圈俯冲过程和随后的再循环所引起的水的地质循环特征（表2-2，图2-3）。

在地质历史中通过岩浆熔岩从地球深部提取了 128.96×10^{22} g 水。其中：

1）洋岛和洋中脊形成时（含地史时期的再循环）的水量为 65.76×10^{22} g；

2）岛弧和活动边缘熔岩形成时（包括再循环）的水量为 62.3×10^{22} g；

3）大陆裂谷和活动火山熔岩形成时的水量为 0.9×10^{22} g。

由于俯冲过程输入地幔的水量为 196.94×10^{22} g，参与深地幔再循环的水量为 146.79×10^{22} g。其中：

1）随洋壳俯冲再循环进入地幔的水量为 $178.06×10^{22}$ g；

2）随大陆俯冲再循环进入地幔的水量为 $18.88×10^{22}$ g。

一些地质循环过程中水的分布如下：

1）现代沉积盆地中储存的物理结合水为 $7.4×10^{15}$ g/a；

2）物理化学结合水的析出——成岩作用中为 $2.3×10^{15}$ g/a，破坏作用中为 $2.23×10^{15}$ g/a，后生作用中为 $0.26×10^{15}$ g/a；

3）陆壳结晶岩层中变质脱水析出的化学结合水为 $0.041×10^{15}$ g/a。

表 2-2　地壳和水圈中水的含量分布

块体、壳层		水含量的百分比/%	水的总量/10^{21} g
陆壳	沉积岩层	7.76	195.02
	结晶岩层	1.17	95.00
	陆壳	1.30	290.02
洋壳	第一（沉积）层	11.40	20.49
	第二（火山成因）层	0.69	7.25
	第三（玄武岩）层	0.69	33.88
	洋壳	1.00	61.62
地壳	地壳	1.24	351.64
	水圈	96.51	1357.90
	地壳+水圈	5.73	1709.154

资料来源：基辛，2014

这里主要侧重海洋水圈和岩石圈的相互作用（图 2-3），包括海洋生物地球化学循环过程、俯冲带岩石形成与演化、海底水–岩相互作用、热液与冷泉和泥沙输运等过程、海流对海岸带和海底地貌塑造，等等。

海洋中搬运和沉积作用的介质主要是水和大气，其次是冰川和生物。不同的沉积物质具有不同的沉积和沉积作用特点，记录了水圈和岩石圈相互作用（或流固耦合）过程中遵循的物理、化学和生物定律的信息，如溶解物质在生物沉积作用下可形成特殊的有机沉积物。水是一种流体，要研究碎屑、黏土物质的沉积作用，必须研究流体流动的力学性质，特别是流体与颗粒的力学关系，如牵引流（属牛顿流体，导致颗粒滚动、滑动、跳跃、悬移、悬浮等）、重力流（属非牛顿流体，高密度流体，包括浊流）、等深流等。重力流密度降低可转化为牵引流。

海底边界层是水圈和岩石圈之间相互作用的一个重要界面。例如，海底床沙形态（bedform）就是沙波运动的结果在海底微地貌上的体现。这些都是地面流水的作用，我们常说水往低处流，然而水不仅可以向下流动，也可以向上流动，比如海–气界面处水受热而蒸发到大气圈中，再如水下渗到岩石圈后受热而向海底形成热液喷流。

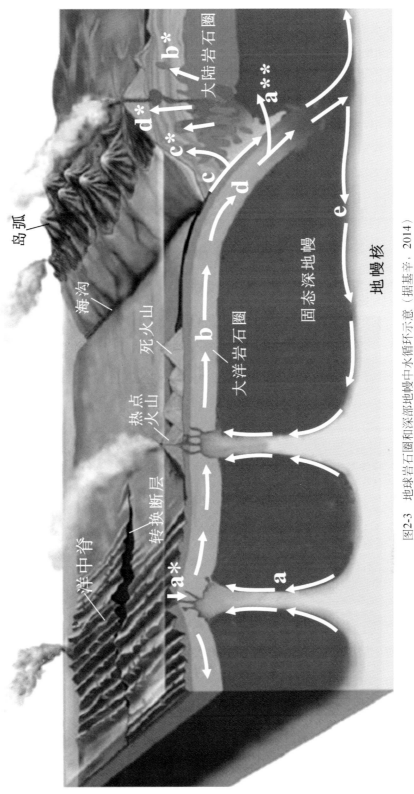

图2-3 地球岩石圈和深部地幔中水循环示意（据基辛，2014）

水流：a、a**、a*表示地幔熔融化时形成的水流（a. 洋中脊，a**. 地幔楔，a*. 海床岩石水化；b、c、d表示与岩石圈俯冲有关的水流，其中包括海洋岩石圈和大陆岩石圈俯冲中的水流（b）；b*、c*、d*表示从俯冲板块向地球外壳再循环的水流积物孔隙间水和其它岩石圈的水流）；e表示从俯冲板块向地球外壳向外壳再循环的水流

可见，海底是"漏"的，水作为一种重要地质流体，可以在海底边界层上下交换循环，其地下水成因可分为：渗滤水、沉积水、再生水和岩浆水。其中，渗滤水来自上覆海水。沉积水来自海洋盆地中沉积物形成过程中保存在岩石中的水或沉积物进一步固结时释放出来的水，沉积水的演变与海洋沉积物的成岩作用密切相关，在此沉积物转变为沉积岩和变质岩，在成岩作用过程中，发生变化的不仅仅是沉积物的矿物成分，与沉积物相互作用着的水的化学组成也发生变化，如油田水的化学成分可指示油气成藏过程。在地壳上部层位所含地下水主要是渗滤水和沉积成因的水，这个层位水的交换作用最为强烈，再往深处，水的交换作用较弱或至少形式发生了巨变。

洋中脊岩浆活动为热液活动提供可能。新生的洋壳多孔，而且具有很多裂隙、断裂和大型转换断层，海水可以渗透下去，直至几千米。这个过程中，下渗海水与岩浆侵入带内的岩石发生反应，使得这些海水的成分遭受了强烈的变化，形成了所谓的热液（图 2-4）；同时，也导致洋壳发生物理、化学和矿物学改变，这一过程即为海底水–岩反应。

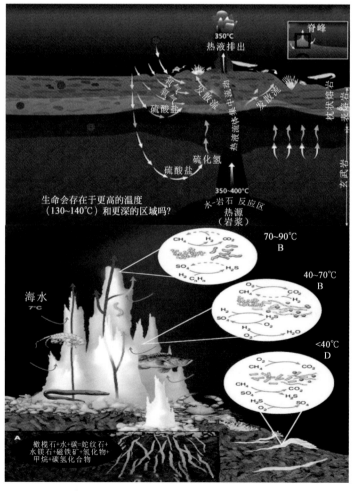

图 2-4　海底热液系统

海底水-岩反应有诸多研究意义：

1）海水岩石化学反应对维持海水化学平衡、保持海水成分恒定具有重要贡献。

2）水-岩反应强烈的热液喷口区生物密度可达其他海底环境的 1000 倍，大约为 $30kg/m^2$。热液生物种类丰富而且活跃，已知有 10 门 490 种，此外还有很多细菌。在完全黑暗的海底，光合作用无法进行，铁细菌和硫细菌的化能合成作用为海底热液生态系统提供初级生产力，形成了地球上最独一无二的生态系统，支撑着海底大型生态系统。

3）水-岩反应在洋中脊附近生成大量多金属矿床。

4）可以更好地了解地幔的化学不均一性。经历水-岩反应后的蚀变洋壳其化学成分发生变化，通过俯冲回返地幔后再度熔融形成的岩浆，不再具有其生成时原生岩浆的特征。由此可知，地幔来源具有多样性，其成分也具有化学不均一性。

2.1.2 地壳深部流体系统

地壳和岩石圈地幔的深部流体可以通过地球物理参数来证实，表现在电阻率和地震波的不均一性上。流体不均一性的分布表现为一些地球物理异常，如高电导率带、地震波低速带和地震波高吸收带，也表现为地壳的分层性，如一系列的反射面。

（1）低速层或波导层

地震波总体在固体地壳中随深度增加而加快。低速层多数分布在 10～15km 和 19～25km，其厚度变化在 1～2km 到 15～17km 或以上。低速层顶板和底板处地震波速突变范围为 0.1～1.0km/s，底板处的速度落差稍高于顶板处。低速层的形成与多种因素有关，包括岩石组成、温压条件、相变、侵位岩浆、深熔作用、岩石流变性质、铲型滑脱断层、逆冲推覆带等。但是，用这些因素尚不能全面解释低速层显示的特征及其在各种构造条件和固定深度范围的广泛分布。低速层也广泛存在于洋-陆转换带下部，该区是热液强烈蚀变地带，因此，低速层也与流体参与的蛇纹石化和去蛇纹石化作用、伸展破裂背景下的岩石松散化、弱化的水饱和带和充水性相关。在一些克拉通区域，低速层也与韧性剪切过程中流体参与的退变作用相关，其顶板温度在 300～400℃，底板温度在 550～650℃。实验研究表明，弹性波速度与岩石微裂隙、孔隙度和渗透率的变化相关，当温度升高时，孔隙和微裂隙张开，这与矿物脱水、水的渗入和水致压裂以及矿物的热膨胀有关。孔隙内压力的增加导致有效应力降低和弹性波速度降低。相反，微裂隙的闭合和压实作用导致速度增加。弹性波速变化与孔隙度和渗透率的变化成反相关关系。

（2）导电层

大陆固结地壳大地电磁剖面显示：电阻率自地壳上部到莫霍面从 $10^4～10^5\Omega\cdot m$ 降低至 $10^3\Omega\cdot m$，远低于相同岩石在相同温度、无水状态下的电阻率值。野外测得如此大的差距，通常解释为地壳中矿化溶液的影响。最大的导电层具有水平产状，埋藏于不同深度，主要在中地壳和下地壳，陆壳内导电层最厚可达20km，电阻率的变化范围可从几个欧姆·米到几百个欧姆·米。近垂直和倾斜的导电带通常解释为深大断裂。

水饱和岩石的电导性主要取决于水的导电性、水的体积含量、孔隙度和微裂缝形态。水溶液的导电性又取决于其成分、浓度、温度和压力。地壳导体的分布与地热条件有关，温度增加、岩石脱水、流体的存在是固结地壳中导电层形成的普遍因素，即使在温度极高的高温带也会存在流体影响，流体会促使岩石部分熔融，出现熔体薄膜，后者也可以提高导电性。

（3）下地壳地震波分层性

一些深反射地震剖面中，中下地壳存在水平或近水平的反射层，反射面上波速落差可达0.5km/s，其主导因素应是流体影响、变质作用和岩石流变，流体的出现会导致能干性强的岩石弱化或出现水平裂隙。流体从软流圈渗入这些裂隙或弱化带，促使辉长岩向榴辉岩过渡，并使岩石变得致密。

（4）地震波高衰减带

这个带总体出现在大陆下地壳和上地幔中，弹性波的衰减与裂隙和孔隙中的流体以及弹性波通过介质时流体产生的反应相关。因为弹性波的能量可转化为热能，且由于振动颗粒的摩擦作用而衰减，在一些不均一的介质中还会产生散射，从而波幅减小而振动减弱。

流体进入地壳深部有三种途径：①自上来自地表或近地表层位，向下渗滤水的渗滤是靠补给区（陆地或海平面升高的地段）与卸载区之间的水头差（即水静压力梯度）来实现，在断裂的高渗透带，水在热对流作用下能够到达深部；②自下来自地幔，流体能从上地幔进入地壳是通过地球脱气作用来实现，水和二氧化碳是地幔挥发分的主要组成，实验表明，在地幔温压条件下硅质成分在水质流体中溶解度很高，因此，高浓度水溶液可能逐渐转变为富含水的硅质熔体，硅质成分可占流体溶解度的50%，此时岩浆作用和流体作用之间就缺乏明显界限，因而，在流体从地幔向地壳迁移的形式中岩浆形式占绝对优势；③来自地壳内部内生流体，中下部地壳的变质脱水或脱碳作用是地壳深部流体的重要来源，这种反应大部分是吸热作用，反应后生成物（固体和流体）的总体积大于反应前原始矿物的总体积，而硬格架的体积在反应过程中通常是缩小的，因而，在岩层中形成孔隙或裂隙，同时又生成流体，如果这样，导电层、地震波高衰减带、低速带就会和等温线一致。

2.1.3 浅部和深部流体系统的关系

根据达西定律，流体的渗滤运动是由压力梯度和渗透率决定，而渗透率又取决于含孔隙-裂隙介质的渗透性和流体的性质——介质的密度和黏度。流体在固体地壳中流动的方向受控于流体压力与水静压力和岩石静压力的梯度之间的关系。在地壳的中下部，这里的流体压力值基本上等于岩石静压力，且随着深度的加大，流体压力和岩石静压力都相应加大，通常产生流体的垂向迁移。可见，浅部和深部流体系统可以发生交换和循环。

在高压条件下，岩石裂隙系统的连通性下降，因而渗透率急剧下降。反之，原有裂隙张开，岩石渗透率会升高，如果流体压力高到超过张力下岩石强度值的最小主应力值，则会发生水致压裂，膨胀变形能引起输导裂隙形成。岩石中的流体渗透率取决于有效压力（岩石中的骨架压力）。在深部条件下，岩石的渗透性很大程度上取决于液体沿粒间空隙的移动，是介质对硬体格架力学性质的一种物理化学作用。温压条件对粒间渗透率的影响主要有以下特征：

1）温度升高使固-液界面上的相间能量减小，使潮湿界面的数量增多，从而提高粒间渗透性；

2）液体的黏度随温度升高而下降，这也使颗粒边界上的流体流增多；

3）张力和剪应力使粒间潮湿界面数量增多，相反，压缩力阻碍浸湿作用的发生。

地壳可被深断裂切割为块状结构，地壳的渗透性因而有水平和垂直变化，这会导致渗滤场的强烈不均一性，可以利用其导电性对这种地壳的总渗透性进行评价。导电性和渗透性之间存在直接相关性，因为连通的孔隙和裂隙网络的发育程度决定了岩石的渗透性。

流体系统的主要结构组成部分为近垂直断裂系统和近水平体系，以及介于这两种产状的倾斜网络系统。流体系统的参数主要有：系统的厚度和长度、顶板的深度（对水平层）、近垂直断裂系统（断裂和弱化带）之间的距离、系统的线性尺度、延伸范围和深度。他们大部分可通过地球物理资料确定，根据导电层和波导层分布可确定流体系统的近水平部分；地球物理资料与脱气条件分析可判断流体系统的储水性；如果水平电阻率和地震波速均匀分布，可判断每个水平层范围内储水性的侧向变化不大，因为渗透率低和流体压力梯度小，因而这些水平层内流体侧向迁移很弱。近垂直部分是流体在地壳不同层位之间以及地壳和地幔之间迁移的通道。在结晶基底的流体系统中，流体的垂直迁移远强于水平运动，因为流体压力和温度的垂向梯度比水平梯度值高。

在块体和断裂之间存在流体压力落差，流体的成分也不一样，他们在块体和断裂的接触面上可能会造成一种地球化学壁垒。矿物质沉淀在接触面上，有可能封堵接触面而使断裂隔绝于块体。但构造活动可消除这种封堵，这取决于构造活动性。在构造活跃期，比如地震，断裂的隔绝状态被打破，断裂与块体之间的流体联系重新恢复，这也是利用流体地球化学特征或井中流体水位变化来做地震预测的主要依据。

结晶基底流体系统与沉积岩含水层之间相互作用的性质取决于这些沉积岩的结

构和发育历史，还取决于沉积岩层和结晶基底之间接触带的流体动力学状态。而结晶基底流体系统与地球更深部的脱气作用也可以发生物质和能量交换。如果深断裂是贯通型的，则脱气作用就以集中式气流发生。如果断裂没有贯通到地表，则脱气作用是弥散的。向地表运移的气流与结晶基底饱和流体层带和沉积岩的含水层相遇，流体系统的近水平部分往往分布在向上运移的气流通道之上，因而起拦截这些气流的作用。此时，他们还起到一种调节容量的作用，近水平层带内的流体与这些气流相互反应、混合并改造。脱气作用的产物，如成矿热液系统的金属矿（流体舱、流体池），沉积层中的油、气、水合物（圈闭），可直接在地壳中生成，也可以由深部进入地幔，再由地幔进入地壳。再如，深部地幔挥发分主要有 CO_2，它可以在深部地壳形成碳酸盐质岩浆（图 2-5，图 2-6）。关于深切地幔的破碎带的构造活动性可通过测量氦、氖、氢等气体同位素组成获得。

地球碳循环可分为地球表层碳循环（大气圈—水圈—生物圈—土壤圈之间的碳循环，周期较短）和地球深部碳循环（地球表层系统—地球壳-幔系统之间的碳循环，周期较长）。板块俯冲与汇聚是典型的长周期碳汇过程，海洋板块的俯冲作用以及陆块的汇聚作用均可将地表附近消耗大气圈 CO_2 所新产生的碳酸盐岩、有机碳等固体物质带入地球内部，这是地表碳元素进入地球内部唯一的方式。从板块构造角度来说，地球表面的含碳物质主要是通过板块俯冲作用被带入到深部地球。俯冲过程中的变质脱碳反应以及各类岩浆作用，又把一部分地球内部的含碳物质（以 CO_2 为主）喷发到地表，直接参与地表碳循环演化过程（图 2-5 和图 2-6）。板块从形成到俯冲消亡过程中，都伴随有碳转换过程的发生。

尽管地球上 90% 以上的碳储藏在地球深部（Dasgupta et al.，2010），但有关地球深部碳的存在方式、分配模式及变化规律等的认识非常有限（Hazen et al.，2013）。深部碳循环不仅影响全球气候变化，同时会影响壳-幔物质组成和演化（Foley，2011），是壳-幔物质循环研究的重要组成部分。一方面，幔源火山作用会向大气释放巨量 CO_2（源），从而显著影响全球气候变化。这不仅被认为导致了地球从新元古代雪球地球寒冷气候恢复升温（Caldeira et al.，1992；Hoffman et al.，1998），而且也可能是形成白垩纪和古新世—始新世暖期的重要因素（Kerrick et al.，2001；Storey et al.，2007）。另一方面，大气中的 CO_2 被海水吸收形成沉积碳酸盐，或者通过玄武岩和橄榄岩的碳酸盐化作用被固定在地壳岩石中（Kelemen et al.，2011）。在漫长的地质历史中，这些沉积碳酸盐岩和蚀变洋壳中的碳酸盐大部分可能随板块俯冲作用循环进入了深部地幔，并引起壳—幔组成物质的物理性质和化学组成变化（Alt et al.，2013）。

俯冲作用作为地球表层碳返回地球深部的唯一方式，在维持地球深部碳循环方面有着不可替代的作用。俯冲带火山活动能够将地球深部的碳输送至大气圈，并已成为深部碳循环机制与规律研究的重要对象。火成碳酸岩主要由碳酸盐矿物组成，是地球内部碳元素含量最高的岩石，因而成为深部碳循环研究的主要对象之一，当前的研究发现，相当一部分火成碳酸岩中的碳来自大气圈的 CO_2，是再循环的碳（刘焰，2012）。CO_2 的源–汇物质交换在宏观碳循环的动态平衡中起到了重要的作用。

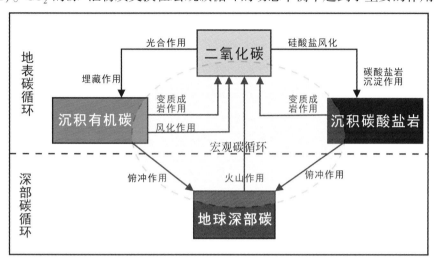

图 2-5 宏观碳循环模式（据 Berner，2003 修改）

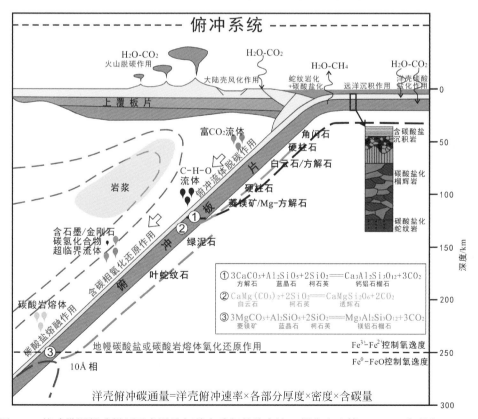

图 2-6 俯冲带深部碳循环示意图及相关含碳相的稳定性（据张立飞等，2017；李曙光，2015）

2.1.4 流体系统与构造过程的关系

流体对地球动力学过程的影响，从微观到宏观，在不同尺度上发生。微观者，如细小的粒间薄膜对形变性质的影响；宏观者，如巨大的流体能决定广阔区域的构造发育剖面（如花岗岩化）。流体对地球动力学过程的作用机制多种多样。这些作用导致应力、应变的发展，还能降低介质的强度。可以列出以下几种主要机制：

1）流体，首先是水，对岩石强度特性和流变性质的力学和物理化学的影响。

2）流体参与以下多种过程的体积和热力效应：岩石压密过程的脱水，溶解物质的溶解、搬运和沉积，变质脱水和水化，硅酸岩化，碳酸盐化，相变，熔岩的形成和结晶，深部还原挥发分的氧化等。所有这些过程都伴随应力的变化，且通常是增强。

3）饱和流体岩石的重力不稳定性，因为饱含流体岩石的密度比无孔隙干岩石的密度小。

反之，构造过程是决定流体动态的强有力因素。构造作用对流体的影响，首先表现在它可能改变介质的应力–应变状态，从而能决定含流体孔隙–裂隙空间的状态和流体迁移的条件。

2.2 岩石圈–生物圈相互作用

"生物圈"（biosphere）这一概念最早出现于 1926 年，由 Vernadsky 提出并沿用至今。生物圈是指包围地球的、由所有生物及与生物之间可进行交换的物质所组成的圈层，它包括大气圈的底层，水圈以及岩石圈的上层（Vernadsky，1989）。由于人与生物圈的密切关系，长期以来，众多地球科学家和生命科学家聚焦于生命的起源、演化，以及生命历史与变化环境之间的相互关系。

生物与环境的相互作用包括两个最基本的过程：一是环境对生命体的影响，也可以说是生命体对环境变化的响应。如固体地球内部的许多动力过程通过地磁场、地热和物质循环等改变地球的气候和环境，并进一步作用于生物圈。如与地幔柱动力学过程密切相关的大规模、快速的火山喷发事件导致大气圈和海洋水圈的环境变化，从而影响生物圈的活动。二是生命过程对地球环境（包括岩石圈、水圈、大气圈）的作用和改造，如生物风化作用和高等植物的光合作用。

地球是人们目前所知的唯一存在生命体的星球。人们普遍认为早期地球生命的起源不能早于 39 亿年，因为地–月系统形成时期及大撞击事件，无法为生命的起源提供适宜的环境。目前最早的生命记录来自于格陵兰地区的一块 38 亿年前的岩石

（Grassineau et al.，2006），主要表现为存在磺基化合物的代谢过程，甚至可能存在厌氧光合作用。而确切的生物化石证据来自于澳大利亚和南非地区约35亿年前包含微生物实体化石和叠层石的硅质岩（Schopf，1993；Allwood et al.，2006）。生命是如何起源的尚未有确切的答案，但作为承载了生命起源和演化的星球，地球必须具备一些不可或缺的条件，比如有机质、水、地磁圈、适宜的大气圈（保护生命不受太空粒子射线的伤害，维持液态水的存在）。

有机质是生命形成的基本条件，在生命起源之前，地球上必须积累足够的有机质为生命起源提供物质基础。目前对于地球早期有机质来源主要分为宇宙起源和本星起源两种。其中宇宙起源指的是地球上最初的有机质是球粒陨石从宇宙中带来的。本星起源则是指有机质来自于地球自身的演化，现代模拟实验给最初有机质的形成提供了思路。模拟实验的结果显示，通过非生物等有机合成产生氨基酸、核酸、蛋白质等生物大分子是可能的（Holm and Andersson，1995），在冰冷的星际尘埃上形成新的复杂有机分子也是可能的（Kwok，2004）。其实，即便是宇宙成因的有机质，也需要在复杂的地球环境中形成更复杂更有生化意义的有机分子，这离不开圈层的相互作用。岩石圈、大气圈与水圈在地球逐渐冷却的过程中发生强烈的化学反应，可以形成大量的黏土矿物、碳酸盐、过渡金属氧化物或硫化物，这些物质为有机质的产生和复杂化提供了催化剂（Russell et al.，2003；Ferris，2006）。在适宜的温压条件下有机分子就可以逐步复杂化和功能化。

早期地球表层水的形成可能与幔源岩浆的元素分异过程有密切关系（Lécuyer et al.，1998）。洋中脊、火山岛链的岩浆脱气过程造成液态水的凝聚，洋中脊形成的玄武岩通过氢化和俯冲过程将氢重新带入地幔。由于太古宙地幔温度较高，发生在地幔浅部的岩浆脱气作用比较充分，只有少量化合态水重返地幔，因此形成了早期的化学形态水。原始海洋是在地表逐渐降温后，由原始大气中的水蒸气凝结降雨形成的。从冥古宙开始直到太古宙晚期，与高温的科马提岩岩浆活动相关的高碱性水–热系统为生命的起源和各种必要的生理元素提供了环境条件，也为大气组分的改变和随后各种生命物理–化学过程所必需的元素提供了多种可能（Arndt and Nisbet，2012）。

海洋大气圈氧含量的变化是重要的演化节点，海洋大气圈的演化可以划分为三个阶段（图2-7）：

1）地球上大气最初是地球从太阳星云中捕获的，以氢气和氦气为主要组成，当时的地球还未形成磁场，这些气体很快被太阳风和地球本身强烈的热对流所损耗（Tian et al.，2005）。在地球形成早期，大量的陨石撞击使得形成地球的物质中的挥发分释放了出来（主要是水和二氧化碳），从而形成一个以水蒸气和二氧化碳为主要成分，以 N_2、H_2S、CO、CH_4 和 H_2 等为次要成分的还原性大气圈。

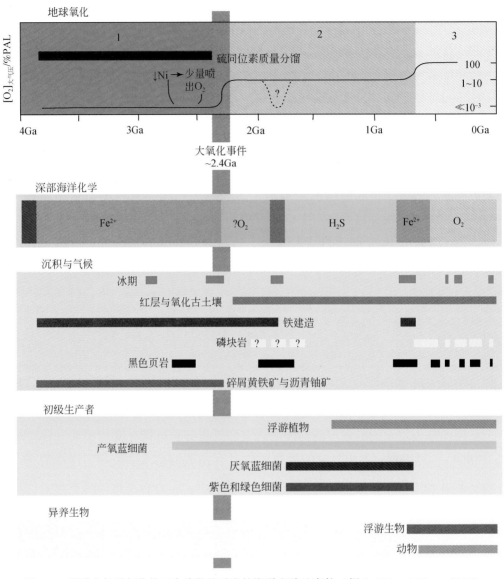

图 2-7 海洋大气圈氧化的三个阶段及对应的海洋和陆地事件（据 Pufahl and Hiatt，2012）

PAL（present atmosphere levels），100% PAL O_2 表示 100% 现代大气 O_2 水平

2）在 2.45～2.35Ga，大气圈的氧含量发生了重大变化，由此前不含自由氧上升到大气圈氧分压为 0.02～0.04 标准大气压（或 1% PAL～10% PAL），被称为地史上的第一次大氧化事件（great oxygenation event，GOE）（Holland，2002）。通过水-气交换，海洋发生变化，出现表层氧化贫铁、底层无氧富铁的永久性分层状态（Anbar and Knoll，2002）。

3）随后在 0.80～0.6Ga，发生了第二次大氧化事件，大气氧含量进一步升高，达到或接近显生宙的水平（Holland，2006）。与第二次大氧化事件相对应，此时海洋环境也完全氧化，可能与显生宙的相近（Anbar and Knoll，2002；Holland，2006）。

古元古代 GOE 发生的时间被确定在 2.45~2.35Ga，故在文献中多引用为约2.4Ga。该事件最明确的地质标志是前寒武纪条带状铁建造或条带状磁铁矿（banded iron formation，BIF）的急剧衰减。BIF 广泛分布于全球，形成年代跨越 3.6~1.8Ga，其中 2.5Ga 为其沉积高峰期，是由硅质矿物（燧石、石英等）及含铁矿物（磁铁矿、赤铁矿）组成的具有韵律的海洋沉积。根据铁组分与硫同位素分析，BIF 形成于还原性海洋环境，即缺氧环境。至于 BIF 的终结到底是因为硫化海洋还是氧化海洋尚无定论，但可以肯定的是无论是硫化海洋还是氧化海洋都是大气氧含量增加的结果，而大气氧全部来自于产氧光合作用这是不争的事实。蓝细菌是目前已知地球上最早出现的光合自养型微生物，也是早期大气自由氧的唯一生产者。蓝细菌以 H_2O 和 CO_2 为食，通过微生物光合作用排出废料 O_2，这就是早期地球大气自由氧的主要来源（Kasting，2004；Holland，2006）。蓝细菌的出现被认为是自地球形成、生命起源之后最重大的生物创新事件（Canfield，1970）。目前大多认为，蓝细菌出现于 GOE 之前，约 2.7Ga。

GOE 启动了海洋化学条件的整体性转化和生命演化的新阶段。这也是生物圈、岩石圈、水圈、大气圈之间协同演化过程的最显著体现（Pufahl and Hiatt，2012）。岩石圈为早期生物提供了化学建构的基本组成，而生物圈为地球提供了氧，后者改变了地球表层的风化作用、营养循环、化学元素的活动性，海洋化学条件也随之发生了整体转变，从而提供了推动生命沿着新的演化路径发展的驱动力。GOE 加速了地球表层系统的演化进程，改变了生命进化的方向。

从生命的诞生为起点，演化到现今所看到的生物圈，其间地球经历了多次生物大爆发和生物大灭绝，这些生命行为都与环境密切相关。在漫长的地质历史时期，生物与环境相互作用，协同演化。通过对深时（Deep Time）环境的研究，科学家已经勾勒出了生物与环境演化的大致轮廓（图 2-8）。从中可见，生命的起源、辐射、灭绝和复苏等重大生命事件的发生，与地球海–陆–气环境过程密切相关，而海–陆–气环境过程又受深部岩石圈过程的控制及影响。

新元古代—寒武纪之交出现了"雪球地球"、第二次大氧化事件、局部硫化海洋等一系列环境事件。当时，至少出现了两次全球性冰期（717~680Ma 和 650~635Ma），冰盖推进到赤道。"雪球地球"结束后，盖帽碳酸盐岩、"甲烷渗漏"型冷泉型碳酸盐岩的沉积，导致了异常的碳循环和气候环境剧变。与此同时，发生了从真核多细胞生物的辐射到生物矿化等一系列生命事件。多细胞动物在"雪球地球"前已有报道（海绵动物），"雪球地球"后，630Ma 的蓝田生物群呈现了疑似的多细胞动物，580Ma 出现以卵和胚胎化石为特征的瓮安生物群，550Ma 栖息以宏体软躯体为特征的埃迪卡拉生物群，540Ma 以骨骼化为特征的生物辐射可能是原始生物矿化事件，525Ma 以澄江动物群为代表的寒武纪生命大爆发的主幕构建了现代最基本的生物多样性框架（袁训来等，2002；戎嘉余，2006；Yin et al.，2007）。

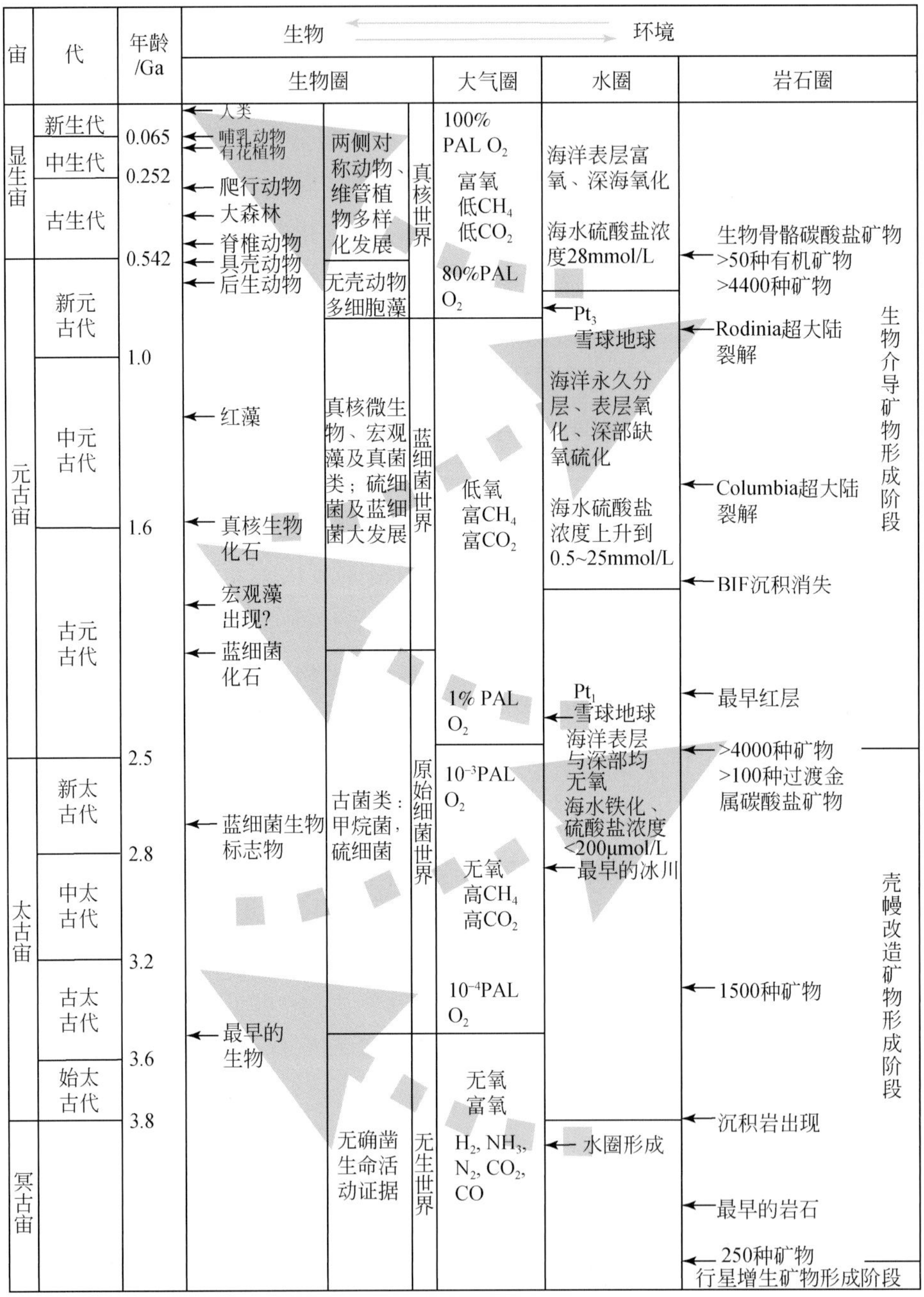

宙	代	年龄/Ga	生物圈		大气圈	水圈	岩石圈	
显生宙	新生代	0.065	←人类 ←哺乳动物 有花植物	两侧对称动物、维管植物多样化发展	100% PAL O₂ 富氧 低CH₄ 低CO₂	海洋表层富氧、深海氧化		生物介导矿物形成阶段
	中生代	0.252	←爬行动物					
	古生代		←大森林 ←脊椎动物 ←具壳动物 ←后生动物	无壳动物 多细胞藻	80%PAL O₂	海水硫酸盐浓度28mmol/L	生物骨骼碳酸盐矿物 >50种有机矿物 >4400种矿物	
		0.542		真核世界				
元古宙	新元古代					←Pt₃ 雪球地球	←Rodinia超大陆裂解	
		1.0	←红藻	真核微生物、宏观藻及真菌类；硫细菌及蓝细菌大发展	低氧 富CH₄ 富CO₂	海洋永久分层、表层氧化、深部缺氧硫化		
	中元古代	1.6	←真核生物化石	蓝细菌世界		海水硫酸盐浓度上升到0.5~25mmol/L	←Columbia超大陆裂解	
	古元古代		←宏观藻出现? ←蓝细菌化石		1% PAL O₂		←BIF沉积消失	
						Pt₁ ←雪球地球 海洋表层与深部均无氧	←最早红层	
		2.5			10⁻³PAL O₂	海水铁化、硫酸盐浓度<200μmol/L	←>4000种矿物 >100种过渡金属碳酸盐矿物	
太古宙	新太古代	2.8	←蓝细菌生物标志物	古菌类：甲烷菌，硫细菌	无氧 高CH₄ 高CO₂	←最早的冰川		壳幔改造矿物形成阶段
	中太古代	3.2		原始细菌世界	10⁻⁴PAL O₂		←1500种矿物	
	古太古代	3.6	←最早的生物					
	始太古代	3.8			无氧 富氧 H₂，NH₃，N₂，CO₂，CO	←沉积岩出现		
冥古宙			无确凿生命活动证据	无生世界		←水圈形成	←最早的岩石	
							←250种矿物 行星增生矿物形成阶段	

图 2-8　地质历史时期生物圈与大气圈、水圈和岩石圈的相互作用与协同演化

（据谢树成和殷鸿福，2014）

图中的箭头表示作用的方向。Pt₃ 表示新元古代；Pt 表示古元古代；BIF 表示条带状铁建造

奥陶纪生物大辐射是继寒武纪生命大爆发后海洋生命过程中最大的一次辐射事件，历经约40Myr，构建了历时逾2亿年的古生代演化动物群。这次生物大辐射的规模和形式在不同的板块、生态类型、门类与分类群间存在很大的差异。二叠纪末大灭绝后，经历早三叠世的复苏，于中三叠世安尼期（Anisian）迎来显生宙的第三次辐射——以双壳类和腹足类为主的"现代演化动物群"的辐射，该时期的科、属总数比前一时期均递增4~5倍，达到三叠纪的最高值。但不同类群的生物的复苏和辐射存在差异，具体表现在复苏和辐射初始时间、持续时长和形式明显不同，菊石、底栖有孔虫、钙藻复苏期较短，约1Myr，而多数门类的复苏期长达5Myr，是历次大灭绝中复苏用时最长的。其主要原因是，许多生态系统在二叠纪—三叠纪之交大灭绝中灭绝，作为所有生态系统基础的一些重要微生物功能群受到重创。在很大程度上由于缺乏微生物对环境的调节功能，早三叠世长期保持类似前寒武纪的沉积环境。生态系统的恢复长期受阻，故复苏期延长。

　　如果说生命的爆发和辐射发生在环境好转时期，大灭绝则出现在环境恶化时期（戎嘉余等，2009）。显生宙数次生物大灭绝及随后的生物复苏与泛大陆的形成、海陆格局重组、洋流改变、海平面变化、火山活动、外星体撞击等环境因子的关系已被人们认识。作为显生宙最大生物危机的二叠纪—三叠纪之交是这方面的最好诠释。同时或稍早发生的一系列重大环境变化导致了灭绝，包括重大的碳、氮、硫循环异常，海平面的显著下降，出现了显著的生境压缩、广泛的海洋缺氧乃至硫化、大规模火山活动、分层海洋的翻转，以及可能的外星体撞击。在晚奥陶世、晚泥盆世弗拉期—法门期之交、二叠纪—三叠纪之交、三叠纪—侏罗纪之交这四大生物集群灭绝期间，碳同位素均出现了两幕式变化。在二叠纪—三叠纪之交、三叠纪—侏罗纪之交均出现两幕式碳同位素的负漂移，同时，这两个时期大气 CO_2 含量均升高约3倍，且温度显著地升高。其中，晚奥陶世、晚泥盆世弗拉期—法门期之交均出现两幕式碳同位素的正漂移，而且均与气候变冷相一致，这可能是由低温气候引起的异养微生物代谢活动降低造成的（Stanley，2010）。科学家通过碳—氮—硫循环的异常，对造成大灭绝的环境因子进行了探究。

　　脊椎动物和陆地植物的起源和演化也是生物与环境作用的结果。澄江生物群中的海口鱼化石和昆明鱼化石提供了最早脊椎动物的记录（Shu et al.，1999）。志留纪潇湘脊椎动物组合是探索硬骨鱼类起源的宝贵化石（Zhu et al.，2009）。早泥盆世出现了最早的软骨鱼类化石（Miller et al.，2003），晚泥盆世发生了鱼类登陆（Daeschler et al.，2006）。热河生物群的发现在鸟类起源（Xu et al.，2003）、早期鸟类的辐射等方面均具有重要意义。在陆地植物方面，635~551Ma 出现了最早的地衣化石，520Ma 出现两栖陆生植物，480Ma 开始有了稳定的陆地生态系统，460Ma 出现苔藓和似苔藓的隐孢子，430Ma 植物成功登陆，385Ma 出现以种子繁殖后代的植物，325Ma 出现陆生维管植物。在新生代，大气 CO_2 浓度降低，气候变冷导致干旱化，从而促使新生代以 C3 植物主导的生态系统向 C4 植物主导的生态系统转变（Gowik and Westhoff，2011）。

对于目前的生物与环境的协同演化研究，人们更多注意到的是动植物等宏观真核生物，但其实除了高等植物之外，宏观真核生物对环境的影响有限。微生物占生物总量的大半，物种数的98%，是生态系统的基础，也是生命构成的主体。微生物也是研究生物圈与其他圈层之间能量传递、物质循环的重点，能够将宏观生命事件与环境事件衔接起来。

微生物也能够直接作用于岩石圈，影响矿物的形成和演化。有氧环境大大丰富了矿物的种类，从 1500 种增加至 4000 种（Hazen and Ferry，2010）。生物控制矿化作用最典型的例子是趋磁细菌体内形成的磁铁矿或胶黄铁矿磁小体，生物利用它在地磁场中定向，并快速游弋到最佳生态位（Pan et al.，2004）。生物诱导的矿化作用是生物活动导致微环境（如 pH、水化学条件等）的改变，进而导致矿物的生成，如生物诱导的碳酸盐、黏土矿物、氧化物等，典型的例子是在微生物诱导下白云石能够在常温环境中形成。另外，在天然半导体矿物参与下，矿物光电子可促进非光合微生物加速生长，并显著改变群落构成，这意味着自然界可能存在除光能营养和化能营养以外的第三种营养途径——光电能营养（Lu et al.，2012）。

2.3 脊-柱相互作用

虽然地幔柱-洋中脊相互作用（简称脊-柱相互作用）主要依据地球化学和同位素资料建立的，但这些相互作用也得到了海底地貌、重力、地震层析成像、实验和流体动力学模拟的检验。当热点形成于洋中脊附近时，它们便与洋中脊相互作用。例如，靠近大西洋洋中脊的 Shona 和 Discovery 热点，它们可以"捕获"一段洋中脊。

脊-柱相互作用的证据表现在，当洋中脊试图重新定位热点位置时，洋中脊朝热点方向明显跃迁。如果洋中脊不是固定的，它们便可能与热点相遇，正如冰岛热点于 15Ma 发生的那样。如果像冰岛一样，热点反映为地幔柱，洋中脊将被地幔柱"捕获"，并且洋中脊连续跃迁才能与热点保持一致。当洋中脊经过一个小地幔柱时，正如大西洋盆地中的大多数热点，它们便不会被捕获。事实上，大多数临近洋中脊的热点多数对应浮力通量相对小的小地幔柱，这种小地幔柱不具有捕获洋中脊的能力（李三忠等，2004；Condie，2001）。

脊-柱相互作用的一个最好实例是大西洋洋中脊和冰岛。研究表明，沿向冰岛南部岸线延伸的雷克雅内斯（Reykjanes）段洋中脊方向，熔岩地球化学成分发生递变。图2-9为其（La/Sm）$_n$值随纬度的变化。（La/Sm）$_n$值的这种变化被解释为洋中脊圈定的亏损地幔和冰岛下部地幔柱源富集地幔混合的结果。研究还证明，一些地幔柱会出现向洋中脊轴偏转的情形，并与洋中脊轴部的亏损地幔发生不同程度的混合。此外，对来源于加拉帕戈斯地幔柱玄武岩氦同位素的研究表明，当加拉帕戈斯地幔柱与加拉帕戈斯扩张中心下部地幔混合时，富集^{3}He的地幔柱氦被富集^{4}He的上地幔氦稀释（Condie，2001）。类似的脊–柱相互作用在大洋中非常普遍（图2-10）。

当洋中脊与地幔柱相遇时，可能出现不同的柱–脊相互作用（图2-11）。在图2-11（a）中，地幔柱与洋中脊不相连；图2-11（b）中地幔柱与洋中脊距离近到足以使一些地幔物质沿岩石圈底部上升到洋中脊；图2-11（c）中地幔柱开始并入扩张中心，地幔柱物质进入扩张中心的通量增加，并沿轴部分布；图2-11（d）地幔柱与洋中脊之间的岩石圈充分受热和软化，以致当扩张中心突然移向地幔柱时有利于洋中脊跃迁，这种情况下，地幔柱物质进入扩张中心的通量要远远大于进入热点岛链的通量，最后，热点停止形成；图2-11（e）中地幔柱位于洋中脊中轴下部，死亡的火山链和废去的洋中脊段裂解而背离扩张中心（Condie，2001）。

数值模拟和实验室模拟对深入认识脊–柱相互作用尤为重要。对于位于洋中脊中心的地幔柱，如冰岛，为了研究地幔柱大小、通量和扩张速率之间的关系，首先进行了沙箱实验，然后进一步发展为数字模拟。对于偏离洋中脊的地幔柱和固定的

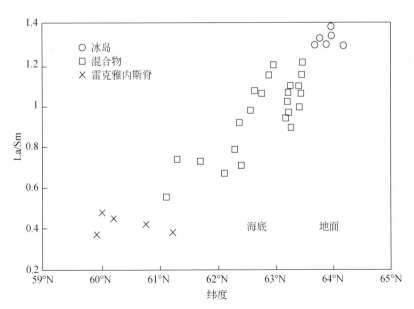

图2-9　大西洋洋中脊向北至冰岛之间连续采集的玄武岩（La/Sm）$_n$值随经纬度变化的图解

反映大洋中脊源与地幔柱源混合的效应，（La/Sm）$_n$采用原始地幔标准化（转引自Condie，2001）

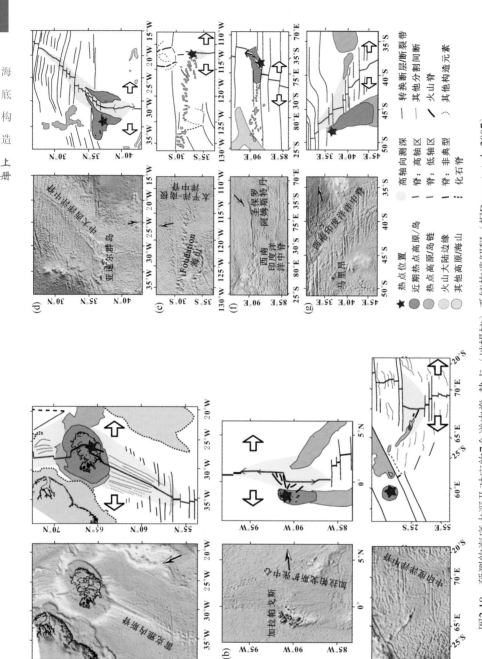

图2-10 预测的海底水深对应的7个洋中脊—热点（地幔柱）系统构造解释（据Dyment et al., 2007）

图伴以斜向墨卡托投影绘制. 所有图伴是相同的比例尺，扩张方向是水平的。每个水深图中都有一个大深图示北向。(a)冰岛热点和雷克雅内斯脊；(b)加拉帕戈斯热点和加拉帕戈斯扩张中心；(c)留尼汪热点和中印度洋中脊；(d)亚速尔热点和大西洋中脊；(e)Foudation海山链和太平洋—南极洲洋中脊；(f)圣保罗—阿姆斯特丹热点和东南印度洋中脊；(g)马里昂热点和西南印度洋中脊

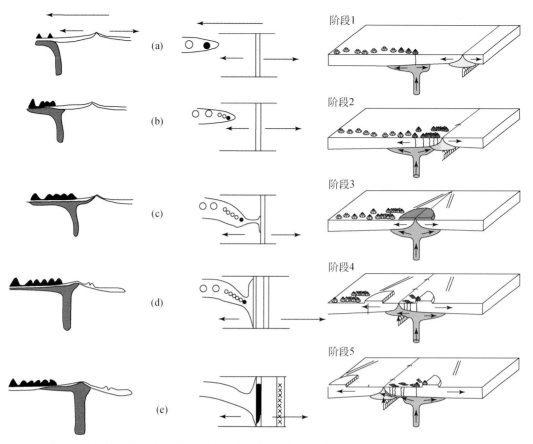

图 2-11 为扩张中心向热点迁移时，洋中脊–地幔柱系统之间相互作用的可能演化情形

(据 Condie，2001；Dyment et al.，2007)

左图为剖面，中图为平面图，右图为立体图，黑圈为热点当前位置，空心圆为热点轨迹，黑箭头为板块运动方向，小箭头为扩张方向。右图中假设洋中脊轴相对于热点参考系向左移动。活动的火山结构以红色（洋中脊）和浅红色（热点）表示。阶段 1：洋中脊靠近热点。阶段 2：洋中脊开始与热点相互作用 [如 Foudation 海山链和太平洋—南极洲洋中脊，图 2-8（e）]。阶段 3：洋中脊跨过热点并形成一个洋底高原 [如冰岛热点和雷克雅内斯脊，图 2-8（a）]。阶段 4：洋中脊通过不对称扩张、分段拓展和洋中脊跃迁在热点附近保存了一段时间 [如加拉帕戈斯热点和加拉帕戈斯扩张中心，图 2-8（b）；亚速尔热点和中大西洋洋中脊，图 2-8（d）；圣保罗—阿姆斯特丹热点和东南印度洋洋中脊，图 2-8（f）；马里昂热点和西南印度洋洋中脊，图 2-8（g）]。阶段 5：洋中脊逐渐摆脱了热点的影响 [如留尼汪热点和中印度洋洋中脊，图 2-8（c）]。这个模型的变化取决于热点的活动性、洋中脊的扩张速度、洋中脊–热点的相对运动以及破碎带的作用区域，这些因素能约束热点影响沿洋中脊的分布

洋中脊，数字模拟建立了地幔柱大小依赖于地幔柱通量、扩张速率、脊–柱距离和随年龄变化的岩石圈厚度等变量的尺度律。这些结果表明，地幔柱直径和脊–柱距离与洋中脊固定时地幔柱通量与扩张速率的比值相关。当洋中脊迁移时，由于板块额外的拉力，洋中脊向地幔柱迁移，脊–柱相互作用的距离减小；相反，洋中脊背离地幔柱迁移时，由于板块拉力减弱，脊–柱相互作用增强。模拟进一步表明，地

幔柱可以沿与洋中脊平行的岩石圈底部扩展，并构成大洋岩石圈的重要部分（Condie，2001）。

2.4 脊–沟相互作用

洋壳形成于洋中脊，消减于俯冲带。两个过程普遍共存于同一洋盆，如太平洋和印度洋。板块生长总体是对称的。然而，洋底的消减往往发生在与生长轴（洋中脊）呈一定角度相交的地带，并引起盆地的不对称消减或斜向俯冲（图2-12）。而且，消减过程一般导致洋中脊进入俯冲带，引发洋中脊–海沟（简称脊–沟）相互作用。脊–沟相互作用涉及活动大陆边缘盆地形成（图2-12）（Bohoyo et al.，2002）、岩浆特征（Scarrow et al.，1997；Osozawa and Yoshida 1997；McCarron and Smellie 1998）、变质变形（Kusky et al.，1997；Kusky and Yong，1999；Underwood et al.，1999）等诸多问题，最近得到广泛重视。

洋中脊–海沟相遇时，离散洋壳板块的后缘俯冲进入热的地幔并被热地幔包绕。即使俯冲接近水平，如晚白垩世美国西部地区，俯冲板片也可能由一楔形软流圈与上驮板块分割。虽然岩浆可以在离散的板块间不断形成，但它将不会冷凝固结而形成板块后缘的边，而是变热并开始熔融。当然，形成的所有岩浆将上升，并穿过板片后缘边界（大洋板片的生长处，即洋中脊称为大洋板片的后缘）之间的软流圈，累积在上驮板块之下或侵入上驮板块内。因此，沿板片后缘的板片生长终止，并且一个间隙或板片窗（slab window）将在它们之间形成（图2-13）。在这个无生长的环境下板片分离导致洋中脊–转换型板片边界逐步拉开。

实验和理论研究表明，随着越来越年轻的大洋岩石圈的俯冲，俯冲角也变小，并且俯冲速率也降低。这样可能出现三种情况：

1）在某些情况下，在洋中脊与海沟相交之前，俯冲作用可能终止，并可能导致海底扩张被动停止。如古近纪中期太平洋海隆向东迁移，某些脊段在快到达北美西部时死亡，形成石化扩张脊（fossil spreading ridges），这些石化扩张脊保存在加利福尼亚和墨西哥岸外的洋壳内。因此，洋中脊–海沟相互作用在这些地区并未发生。

2）与第一种情况相反，洋中脊扩张主动中止，消减板块的浮起部分向上破裂并形成具统一运动的未消减的微板块。

3）洋中脊俯冲未中断，甚至相当年轻的洋壳板块也被拖入海沟，这就是常指的"洋中脊俯冲"，即洋中脊–侧或两侧新形成的离散大洋板块发生后缘俯冲进入软流圈。若第三种情况发生，脊推（ridge push）和板拉的合力必然超过近洋中脊侧的板块浮力，此外，板块强度大到足以使板片内部不发生裂解的同时发生俯冲。显然，

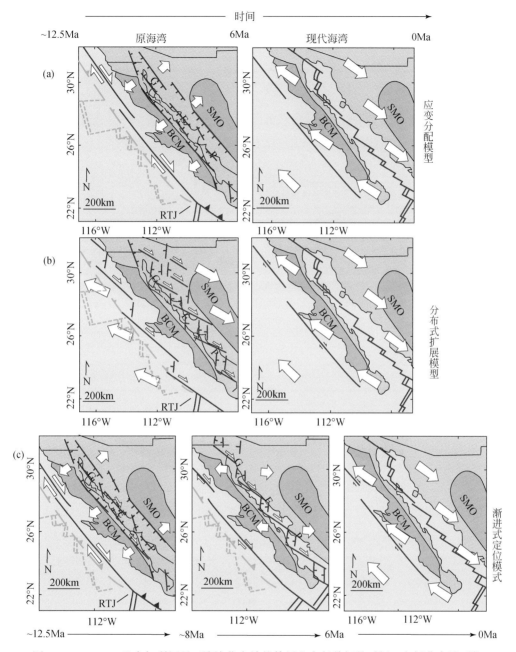

图 2-12　12.5Ma 以来加利福尼亚湾演化有关的伸展和右行剪切的时间、空间分布及可能的动力学模型（据 Darin et al.，2016）

每个阶段的活动断层以红色表示。12.5Ma 之前的俯冲边界以绿色虚线表示。BCM. 下加利福尼亚微板块；GEP. 海湾伸展域；RTJ. 里维拉三节点；SMO. Sierra Madre Occidental。6~0Ma（现今海湾）一列在每个模型中是相同的：自 6Ma 开始的张扭几乎发生在整个斜向的加利福尼亚湾裂谷内。（a）"变形分解"模型，原加利福尼亚湾（12.5~6Ma）的应变被分解成离岸的斜向剪切和 GEP 内垂直方向的伸展（Stock and Hodges，1989）。（b）"分布式伸展"模型，提出了一个自 12Ma 开始的单阶段弥散和整体的张扭应变，应变从下加利福尼亚西部的离岸区一直到 GEP 内北美大陆的内部（Fletcher et al.，2007）。（c）"渐进式局部化"模型（Seiler et al.，2011；Bennett et al.，2013；Bennett and Oskin，2014），早期的原加利福尼亚湾应变（12.5~9Ma）根据应变分解模型进行了分解，之后在晚中新世期间（~9~6Ma）右行剪切逐渐局部化到原加利福尼亚湾中

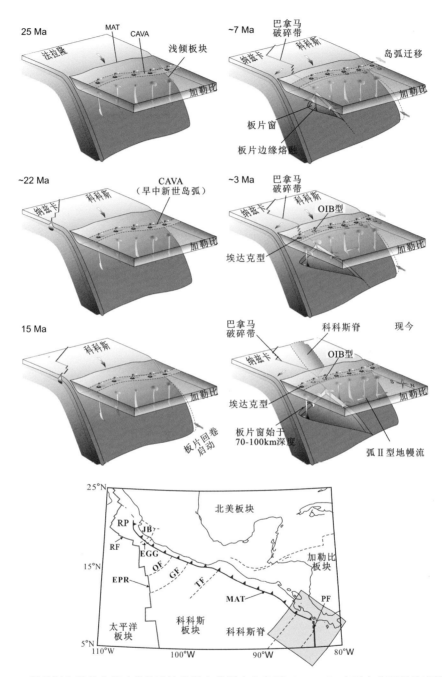

图 2-13　科科斯和纳兹卡俯冲带构造演化及中美洲火山岛弧（CAVA）之下中美洲板片窗演化的

西南向视图（据 Manea et al.，2013）

EPR. 东太平洋海隆；MAT. 中美洲海沟；CAVA. Central American Volcanic Arc（中美洲火山岛弧）；

JB. Jalisco Block（哈利斯科地块）；EGG. El Gordo Graben（戈多地堑）；TF. 特旺特佩克地峡破碎带；GF. O'Gonman

破碎带；OF. 奥罗斯科破碎带；PF. 巴拿马破碎带；RF. 里维拉破碎带；RP. 里维拉板块

沿北美、智利、所罗门群岛和日本海岸，几个新生代洋中脊与海沟相遇的地方都满足这些条件。因此，在这些地区洋中脊–海沟相互作用较普遍。

板片窗与特定的三节点（RFF）有关，该三节点是板片窗末端在海沟处的显示，是洋中脊–海沟相互作用的端点。该三节点可以发生迁移、跳跃等构造过程，从而导致脊–沟相互作用的复杂性。脊–沟相互作用的类型可以根据洋中脊–转换断层系统与海沟的初始组合关系来划分，可以分为：扩张中心与海沟平行、分段的洋中脊–转换断层系统垂直和洋中脊与海沟不垂直的相互作用三种类型。

脊–沟相互作用与板片窗一样出现在活动大陆边缘，只不过后者相对在浅部和靠海一侧，该处软流圈、岩石圈、大气圈、水圈同样会发生独特的多圈层相互作用，是地球系统最为活跃的地带。该地带的洋底消减往往以一定角度与生长轴相交，不仅引起盆地的不对称消减以及沉积类型与沉积沉降中心的迁移，而且使得不同类型脊–沟相互作用的活动大陆边缘侧构造、岩浆、成矿和热效应的时空演化明显不同于洋中脊平行于俯冲带的消减作用产生的构造、岩浆、成矿和热效应。

2.5 柱–沟相互作用

目前认为，俯冲板片的最大下插深度可以超过 670km，而地幔柱常起源于 2800km 深度的核幔边界，所以地幔柱的上升位置对上覆岩石圈的位置没有选择性，除可以出现于洋中脊和板内之外，还可以在俯冲带上侵并产生作用（图 2-14，图 2-15）。由此，本章提出了地幔柱与俯冲带相互作用的问题，这为阐明活动大陆边缘的复杂性、板块俯冲过程提供一些新的解决方案。而且目前认为地幔柱的形成除可以起源于核幔边界外，还可以起源于 670km，并且常认为后者可以随板块运动发生迁移，所以地幔柱可以随板块迁移到海沟而进入俯冲带，并出现地幔柱–海沟相互作用（简称柱–沟相互作用）。地幔柱在俯冲带出现的位置不同，其对俯冲过程的影响和作用效果也相应不同。由此，高明等（2000）提出六种地幔柱与俯冲带相互作用的可能模式(图 2-16)，这对传统的板块俯冲作用过程是个重要突破。

1）若地幔柱形成于向大陆岩石圈下俯冲的洋壳板块底部，其加热作用降低了大洋岩石圈的密度，从而加大了洋壳的净浮力，阻止了洋壳俯冲，最后导致老的俯冲带活动停止。同时，受俯冲驱动力作用和本身的惯性影响，洋壳常常沿原方向运动，在远离老俯冲带的地幔柱边缘形成一新的俯冲带，从而发生俯冲后撤，老的俯冲带被堵塞 ［图 2-16（a）］。若地幔柱对洋壳的上托力大到使洋壳所受负浮力小于陆壳的负浮力时，洋壳有可能仰冲于陆壳之上。这可以解释板块构造理论所无法解释的仰冲型蛇绿岩套冷就位的现象 ［图 2-16（a）］。

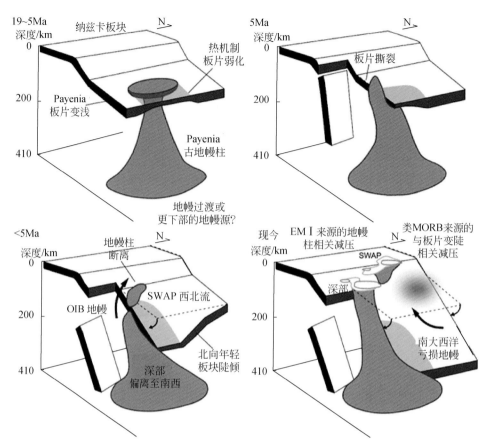

图 2-14　将 Payenia 地幔柱俯冲、板片变浅、后期大洋板块撕裂、变陡及地幔柱头断离
联系在一起的构造模型（据 Gianni et al.，2017）

19 ~ 5Ma：纳兹卡板块的 Payenia 地幔柱俯冲和变浅。5Ma：由于与地幔柱有关的热机制，岩石圈减薄而造成纳兹卡板片撕裂。<5Ma：板片在撕裂区之下变陡，期间 Payenia 地幔柱引发上升流。在这个过程中，地幔柱被分离成 SWAP 和深部地幔异常。现今：正常俯冲，在安第斯弧后形成两个地幔异常

2）当洋-陆俯冲时，地幔柱聚集在下插的大洋岩石圈下面 [图 2-16（b）]，且地幔柱对洋壳的上托力未超过洋壳所受的负浮力时，地幔柱可以随洋壳板块一同俯冲。由于地幔柱的加热和上托作用，洋壳的俯冲力度和速度逐渐变小，这时上覆于地幔柱上的板片俯冲角度变得很小，如美国西部拉勒米（Laramide）造山带向东推进的平缓板片就是如此形成的。

3）当洋-洋俯冲时，地幔柱聚集在大洋岩石圈下面，这时除在远离老俯冲带的地幔柱边缘产生一新的俯冲带外，老俯冲带同时将发生俯冲的极性反转，整体上形成双俯冲带 [图 2-16（c）]。陆-陆俯冲也可出现此情形。

4）洋-陆俯冲过程中，地幔柱聚集在大洋岩石圈俯冲转折部位时 [图 2-16（d）]，下插洋壳底部除受到地幔柱的上托力外，同时该洋壳的受热熔融"润滑"

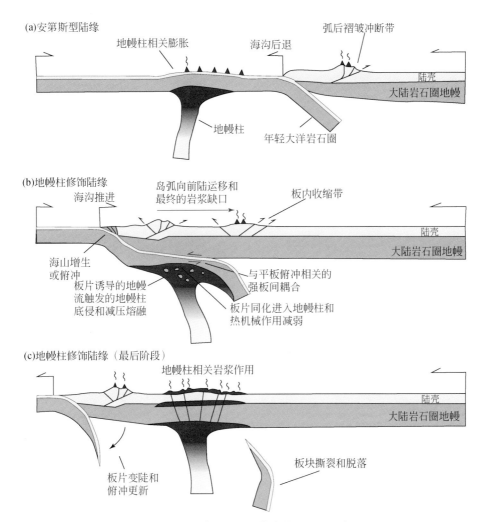

(a)安第斯型陆缘

地幔柱相关膨胀　　海沟后退　　弧后褶皱冲断带

陆壳

大陆岩石圈地幔

地幔柱　　年轻大洋岩石圈

(b)地幔柱修饰陆缘

海沟推进　　岛弧向前陆运移和　　板内收缩带
　　　　　最终的岩浆缺口

陆壳

大陆岩石圈地幔

海山增生
或俯冲
板片诱导的地幔
流触发的地幔柱
底侵和减压熔融

与平板俯冲相关的
强板间耦合

板片同化进入地幔柱和
热机械作用减弱

(c)地幔柱修饰陆缘（最后阶段）

地幔柱相关岩浆作用

陆壳

大陆岩石圈地幔

板片变陡和
俯冲更新

板块撕裂和脱落

图 2-15　安第斯型陆缘被地幔柱修饰的造山带演化过程图（据 Gianni et al.，2017）

各阶段基于 Murphy 等（1998，1999）和 Betts 等（2012，2015）的概念和数值模型。（a）当上覆板块速度高于海沟后撤速度时，安第斯型陆缘就形成了。其以相对固定的岩浆弧和弧后褶皱带及逆冲带为特征。临近的地幔柱影响到大洋岩石圈，产生了一个地形隆起和海山，其之后增生或俯冲到活动大陆边缘之下。（b）地幔柱被大陆侧触发的海沟前进及平板俯冲所叠加，其反过来又导致了岛弧岩浆活动的迁移/停止及板内收缩。在这个阶段，地幔的减压熔融被抑制，地幔柱进入一个潜伏阶段，导致了俯冲板片的同化作用和/或热侵蚀。（c）板片断离后，俯冲过程重新建立起来，破坏并重新开始地幔柱头中的减压熔融

着俯冲的洋壳。这两种相反的力，一方阻碍俯冲，一方有利于俯冲，其总效应则要看谁占主导。当俯冲洋壳到达榴辉岩相深度时，形成的榴辉岩温度低且密度大于软流圈，必然发生拆沉作用，而强大的地幔柱上侵力会促使拆沉板片的断离。如果拆沉板片贴近或混入地幔柱，将可能随快速上升的地幔柱向地表折返（高明等，2000）。

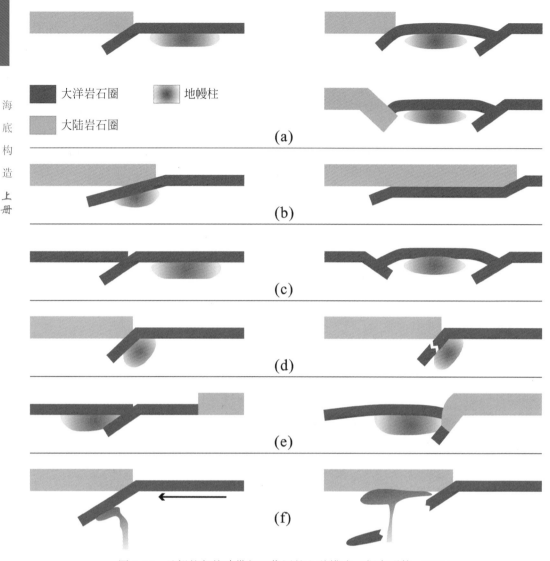

图 2-16　地幔柱与俯冲带相互作用的六种模式（据高明等，2000）

5）在洋–洋型俯冲带［图 2-16（e）］，上覆板块受地幔柱上托力而与俯冲板片之间的阻力减弱，因而俯冲板片将彻底俯冲，甚至使得后缘的部分大陆岩石圈随之俯冲下去，且俯冲板片的物质很少被刮下来。这可以解释许多缝合带缺少洋壳残片的原因（高明等，2000）。

6）当洋–陆俯冲时，地幔柱在大洋岩石圈的转折端下端聚集［图 2-16（f）］，由于热地幔柱的穿透力很强，它可能穿透洋壳从而在仰冲的大陆岩石圈下面聚集；或地幔柱出现在板片窗（slab window）处时，地幔柱都可以对活动大陆边缘产生异常的岩浆作用，如在海沟处可以出现洋中脊型或洋岛型玄武岩（即 MORB 或 OIB）。

2.6 洋-陆系统耦合

中国边缘海介于东亚大陆与太平洋、印度洋之间，其中冲绳海槽和南海是西太平洋边缘海系列的主要组成，构成了中国东南大陆边缘海域的深洼部分。它既是中国大陆岩石圈与海洋岩石圈相互交接变换地带，又是中国大陆环境与海洋相互交接转换地带。中国大陆是通过半深水与半封闭的边缘海和大洋发生相互作用，不同于欧美大陆通过陆架直接与深水大洋发生相互作用。因此，洋-陆相互作用更多的是发生在半深水、半封闭的边缘海中(图2-17)。

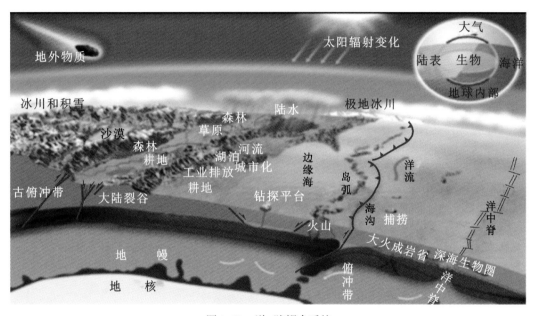

图 2-17　洋-陆耦合系统

就冲绳海槽而言，浅表和深部的洋陆耦合过程分别涉及一些沉积动力学和洋底动力学问题，比如古黑潮演变，黄河、长江贯通演化与入海，跨陆架沉积物输送过程，源-汇问题，以及构造跃迁、俯冲后撤、沉积沉降中心迁移、岩浆演变等；对南海而言，浅表和深部的洋-陆耦合过程则应关注解决其海盆打开、扩张终止、形成过程、演化机制、东亚季风成因与古气候古环境、青藏高原-南海的盆山耦合、海啸地震、走滑拉分和含油气盆地成因及天然气水合物成藏等问题。边缘海的形成与青藏高原的隆升是亚洲中新生代地质发展史上的重大事件，它们构成了地球上一对独特的构造格局，既改变了中国的自然景观与资源配置，也改变了人类赖以生存的自然环境。前人曾认为南海海盆的成因与青藏高原的碰撞挤出构造密切相关，但现今研究倾向认为其与太平洋板块俯冲相关，可见洋-陆耦合关系还值得深入探索。

中国边缘海的地质过程与青藏高原的研究一样，是地球系统、全球变化研究中的重要一环。

2.6.1 青藏高原隆升

深海大洋的沉积层，能够为陆地环境变迁提供连续记录。印度洋的两大深海沉积扇——孟加拉扇与印度河扇（总面积 $4 \times 10^6 \mathrm{km}^2$）便是古近纪中期以来青藏高原隆升剥蚀的产物（图 2-18）。南海北部陆架的莺歌海盆中巨厚的海相沉积物（仅第四系便达 2000m）来自红河三角洲，也应是青藏高原隆升的结果。另外，青藏高原隆升可能是全球新生代气候变冷和东亚季风兴起的原因，也是世界大洋化学成分和沉积速率显著变化的原因之一。上述种种，都有 DSDP 和 ODP 的发现作为根据。

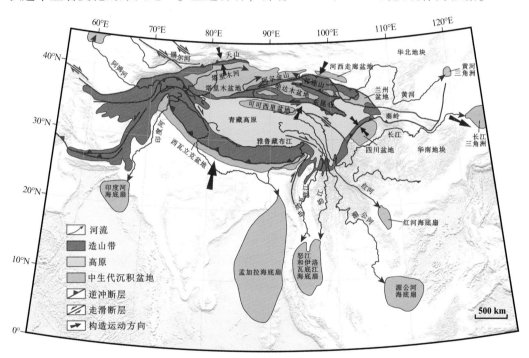

图 2-18　青藏高原地质构造简图（据 Wang et al.，2014 修改）

认识青藏高原当然要深入高原进行调查研究，然而从海洋看高原却增加了一种新视角，特别是深海钻探和大洋钻探的成果提供了许多在高原内部难以获取的信息。例如，通过一些地球化学替代性指标（图 2-19）同时揭示陆地物源区的风化、剥蚀强度和沉积物汇聚区的海洋中的化学成分变化（图 2-20），进而揭示短时间尺度的洋陆过渡带构造过程，是精细构建和研究构造尺度-气候尺度洋-陆耦合的新领域。因此，如能将青藏高原的调查研究与大洋钻探结合起来，将为揭示洋-陆耦合过程及全球环境变迁的机理做出突破性的贡献。

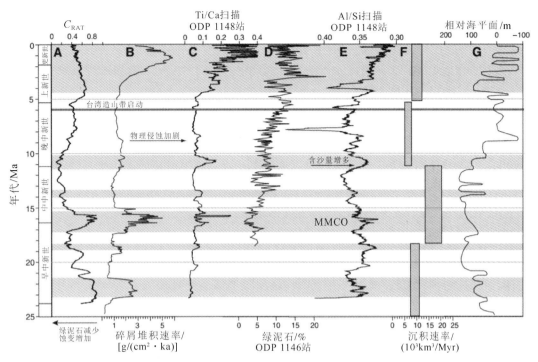

图 2-19　构造运动–物理侵蚀强度–海洋水体效应（据 Cliff et al.，2014）

MMCO–中中新世气候适宜期

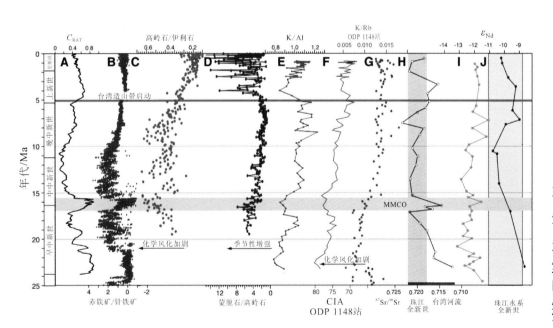

图 2-20　构造运动–化学风化强度–海洋水体效应（据 Clift et al.，2014）

2.6.1.1 高原隆升的海洋记录

青藏高原，特别是喜马拉雅山的隆升，在印度一侧留下了大量因剥蚀产生的陆源碎屑沉积（图 2-18）。除就近形成的山麓和河谷堆积物外，陆源碎屑沉积还有近海的大型三角洲以及最容易被忽略的深海沉积扇。印度洋北部的孟加拉扇和印度河扇就是喜马拉雅山脉隆升的产物和历史档案。

孟加拉扇位于孟加拉湾，是世界上最大的长条形深海沉积扇，长近 3000km，宽近 1500km，面积约 $3 \times 10^6 km^2$，近端厚度可逾万米。青藏高原或喜马拉雅山剥蚀产生的陆源碎屑物通过恒河和雅鲁藏布江（布拉马普特拉河）输送到恒河三角洲，再经过陆架、陆坡输入深海形成深海扇。ODP 第 116 航次在孟加拉扇的远端水深 4000 多米处的 717 和 718 站位钻井将全厚 2000m 的沉积扇钻穿了 1300m，均由细粒浊流沉积组成，底部年龄为 17Ma，说明中新世早期喜马拉雅山快速隆升使孟加拉扇沉积达到此区；约 6Ma，沉积物变细，近百万年内再变粗，这反映了喜马拉雅山隆升与海平面升降相互叠加的结果。后来 ODP 第 121 航次在 758 站位的钻探，进一步揭示了青藏高原与喜马拉雅山在 17.5Ma 和 5.4 ~ 5.1Ma 也曾加速抬升使沉积速率加大。

阿拉伯海的印度河扇较孟加拉扇小（图 2-18），长 1500km、宽近 1000km，面积 $1.1 \times 10^6 km^2$，其海底扇地形特征在阿拉伯海域表现最为突出。印度河扇沉积物源自印度河，而印度河的集水区是喜马拉雅山区并穿越巴基斯坦低地。1972 年 DSDP 第 23 航次在印度河扇西北部钻探的 222 站，沉积层总厚 2500m，钻穿了 1300m，年龄达 6Ma，中新世末期沉积速率超过 600m/Myr，上新世降到 135 ~ 300m/Myr，第四纪更降到 40 ~ 50m/Myr。印度河扇开始形成于渐新世最晚期至中新世初期，到上新世以后沉积速率下降。由于孟加拉扇的集水区在喜马拉雅山东部，而印度河扇集水区在其西部，两处沉积速率变化历史的不同趋势很可能说明喜马拉雅山西部抬升在先，后期向东部迁移，或者是水系发生变化所致。

以上所述都是印度洋的沉积。在太平洋边缘海，青藏高原隆升也有所反映。值得注意的是南海北部陆架的莺歌海盆地，沉积速率在近 3Ma 前突然增高，其中乐东 30-1-1 井揭示的海相第四系厚逾 2000m。地球物理探测表明，莺歌海盆海相地层属红河三角洲，而现代红河集水盆地不大，难以提供莺歌海盆地的巨厚沉积体，因此推测红河集水盆地原来曾在青藏高原，约 3Ma 的沉积速率增大可能是青藏高原隆升区向东延伸的结果。

2.6.1.2 高原隆升与全球变化

青藏高原隆升是新生代晚期亚洲和全球重大的地质事件之一，无论大江大河、海洋沉积、海水化学成分还是大气环流，甚至可能大气成分，都随之发生相应的变化（图 2-21）。

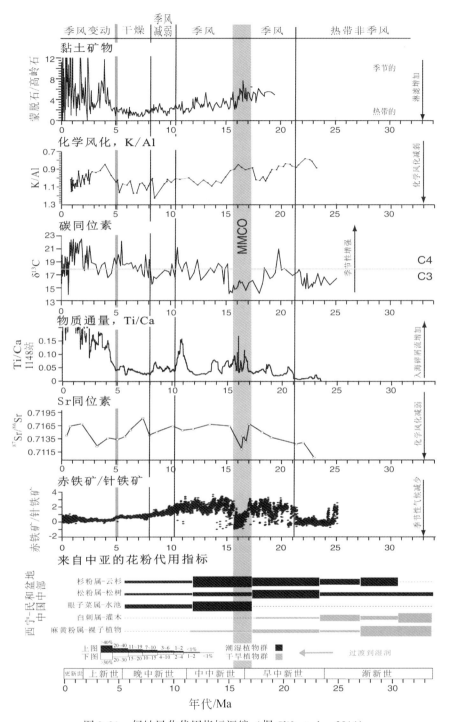

图 2-21　侵蚀风化代用指标汇编（据 Clift et al.，2014）

由于隆升剥蚀而形成的海洋沉积，体积巨大。仅印度洋的两个深海沉积扇，总体积达 $1 \times 10^7 \sim 2 \times 10^7 \, km^3$，相当于四五个现代南海的容积。其实，高原隆升对大洋沉积速率的影响不以印度洋为限。据 DSDP 334 个钻孔的统计，新生代大洋沉积速率在大约 17Ma 突然上升，应当是青藏高原快速隆升的结果。

高原隆升使剥蚀作用加强，同样也能影响海水的化学成分。海水化学成分一方面靠陆地风化剥蚀提供溶解质，另一方面又受洋中脊热液活动的控制。以 Sr 同位素为例，大陆风化剥蚀提供给海水的$^{87}Sr/^{86}Sr$ 值为 0.72±0.005，而洋底热液作用产生的值为 0.704±0.002，地史上两种作用消长的结果使$^{87}Sr/^{86}Sr$ 发生变化，形成了同位素地层学的基础。世界海洋的$^{87}Sr/^{86}Sr$ 值自古近纪以来急剧上升，其中尤以距今 20～16Ma 和 12～9Ma 增长最为剧烈（图 2-21），这正反映了青藏高原急剧隆升期对海水化学成分的影响。陆地风化剥蚀加剧，带给海水的不仅有 Sr，还有其他各种元素，包括 P、C 等与生产力直接相关的元素在内。因此，青藏高原隆升应当对于全球海洋生产力以致全球碳循环、大气 CO_2 含量都会有一定影响，它是在地质时间尺度上研究全球变化或者地球系统演化的重要课题。

青藏高原隆升对气候的影响，已经成为当前地学界的热门话题。深海钻探和大洋钻探详细地揭示了新生代地表温度下降的过程。有孔虫壳体的氧同位素，反映了当时所生活的海水古温度；而深水底栖有孔虫所生活的底层海水，又反映了当时极地的水温，深海钻探各个航次研究的结果，表明新生代以来极地水温下降达 15℃。可见，通过对南海海底沉积层的综合多学科研究还可以构建起青藏高原、南极、北极这地球三极之间的内在联系，从而达到以一域看全球变化之目的。

是什么因素导致新生代全球变冷？Shackleton（1976）根据 DSDP 第 29 航次结果研究提出，渐新世末期塔斯曼海道和德雷克海峡的相继打开，使南极洲与澳洲、南美洲先后脱离，环南极洋流得以形成，由此产生的热隔离使南极出现冰川；接着，中新世中期北大西洋冰岛—法罗海岭沉没导致北大西洋深层水南流，促使南极东部冰盖形成；300 余万年前，巴拿马海峡关闭，强大的墨西哥湾湾流将水分带到北极，导致北极冰盖出现。这种构造运动→洋流改组→气候变化的"洋流说"，为新生代变冷提供了一种解释。

然而，也出现了另一种解释——"高原说"。Ruddiman 和 Kutzbach（1989）提出，主要是亚洲、美洲和非洲的高原隆升，引起新生代全球变冷，而其中青藏高原起着主导作用。他们通过大气环流模式数值模拟，探索高原隆升对不同区域带来的气候影响，发现虽然高纬度区的变化强度尚不足以解释地质记录中的巨大规模，还需要其他驱动力作补充，但这确实是北半球新生代气候变冷的原因。

青藏高原隆升引发的另一种可能的气候后果是亚洲季风系统的兴起。仅以中国新生代气候分带格局的变化来看，古新世继承了白垩纪的气候格局，中国有一个横贯东西的干旱带；中新世开始，干旱带移向西北，中国东部变为潮湿。这种变化，正是行星风系被季风风系取代的结果。古近纪中期中国气候带的改组，其实是东亚气候格局变化的一部分，其起因可能有二：一是亚洲面积的扩大，二是青藏高原的隆升。

新生代的全球变化和亚洲季风系统的建立，究竟是不是青藏高原隆升起了主导作用，这些问题的阐明，不仅对于中国，而且对于全球环境演变的机理是一个关键。青藏高原是中国地球科学最具特色的研究对象，大洋钻探又是全球地球科学最为集中的研究计划。如果中国能够组织力量，把陆地上青藏高原演变及其环境后果与海洋上以大洋钻探为代表的工作结合起来，从海洋、从全球角度研究青藏高原，相信在不远的将来可以取得东亚甚至全球环境演变趋势研究的突破，为全球环境变化的预测做出贡献。

2.6.1.3　高原隆升与季风系统

东亚季风是亚洲季风的重要组成部分，它的移动和变化影响着东亚的天气和气候。东亚季风从成因上看是由海陆热力性质差异引起（图 2-22）。夏季陆地温度较高形成低压，故夏季风从副热带海洋吹向陆地（偏南风）；冬季陆地寒冷形成高压，故冬季风从高纬大陆吹向海洋（偏北风），冬季风力较强。其范围大致包括中国东部、朝鲜半岛、日本等地区。

东亚季风各地所处的冷高压位置不同，盛行风向也不尽相同。中国华北、日本等大致为西北风，中国华中、华南地区为东北风。而夏季亚洲大陆为热低压控制，同时太平洋高压北进，以致形成由海洋吹向大陆的偏南风系，即亚洲东部夏季风。东亚季风与南亚季风的成因不同，天气气候特点也有差别，如冬季风盛行时，东亚地区的气候特征为低温、干燥、少雨；夏季风盛行时则为高温、湿润多雨。

亚洲大陆与太平洋之间存在明显的海陆热力差异，冬季在蒙古、西伯利亚一带形成冷高压，切断了副极地低气压带。蒙古高压与太平洋低压、赤道低压之间存在气压梯度力，并且受地转偏向力影响形成反气旋，其中的偏北风南下影响亚洲东部大面积地区，这就是东亚的冬季风。夏季在印度一带形成热低压，切断了副热带高压，副热带高压带断裂并保留在海洋上，北太平洋上存在一个高压中心，北太平洋高压中偏南气流影响东亚地区，这就是东亚地区的夏季风。

东亚季风异常对中国旱涝和冷害的发生有很大影响。亚洲季风中存在一个东亚冬夏季风环流系统，该系统和印度季风系统既相互独立又相互作用，东亚旱涝和冷害主要受东亚季风指数变化的影响，这纠正了过去认为中国季风单纯是印度季风向东延续的概念，为东亚季风的研究建立了新的科学基础。此外，夏季风暴发最早起源于东亚季风系统中的南海；亚洲大气热源中心主要在孟加拉湾、南海和印度西岸，不在青藏高原上空，东亚季风存在 30～60 天低频振荡和年际振荡，东亚副热带低频振荡传播是由东向西且由南向北的，并与中高纬向南的振荡汇合于 30°N 左右。

东亚季风与南亚季风的主要区别有以下几个方面。

1）季风环流结构不同，形成降水的天气系统不同（图 2-22）。南亚季风是方向完全相反的哈德利（Hadley）环流季节性转变的结果，其季风雨为热带的扰动；而东亚季风随着全球环流的季节性转变，主要由因海陆热力性质差异造成两种不同气团发生季节性交替控制，其降雨以锋面降水为主。

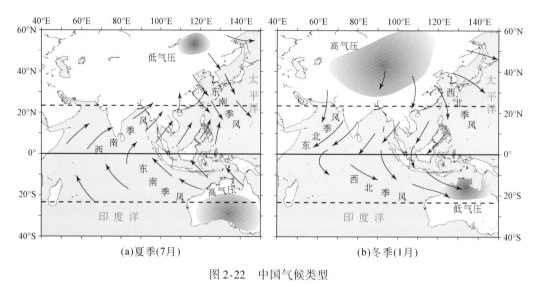

图 2-22　中国气候类型

东亚季风盛行风为东南季风和西北季风；南亚季风盛行风为西南季风和东北季风

2）气团源地不同。南亚季风来源于印度洋和阿拉伯海，东亚季风则来源于印度洋、太平洋和澳洲北部的穿越赤道气流。

3）组成季风系数的主要成员不同。南亚季风系统的主要成员为印度洋季风槽、马斯克林冷高压、索马里低空系统、北半球高空东风急流及其南半球的穿越赤道气流和青藏高原高空高压系统；东亚季风环流的主要成员为南海—西太平洋的季风槽、热带辐合带（ITCZ）、西太平洋副热带高压、澳大利亚冷高压、105°E～125°E 的穿越赤道气流和高空南支东风急流及其在 100°E 附近的穿越赤道气流。

4）分布位置。东亚季风主要在亚洲东部和东南部，包括温带季风、亚热带季风和热带季风；南亚季风主要在我国西南地区和印度附近。

5）成因区别。东亚季风是海陆热力性质差异形成的；南亚季风除受海陆热力性质差异影响外，还主要与气压带风带的移动有关。

6）风向及源地。在东亚，冬季偏北风、西北风；在亚欧大陆内部，夏季偏南风、东南风；在太平洋，南亚冬季为东北风；在亚欧大陆，夏季为西南风。

2.6.2 水合物动态变化与陆坡稳定性

全球海域天然气水合物资源十分丰富，并且海洋天然气水合物系统与全球碳循环、海底生物、滑坡之间也有密切关系。因此，海洋天然气水合物的研究对资源、环境和全球变化都具有重要的意义。

2007 年 4~6 月中国在南海北部陆坡神狐海域首次组织实施了天然气水合物钻探工程（GMGS-1），成功钻取了天然气水合物实物样品，中国因此成为继美国、日本、印度之后第 4 个通过国家级研发计划采到天然气水合物实物样品的国家，也是在南海海域首次获取天然气水合物实物样品的国家。

神狐海域位于南海北部陆坡中段的神狐暗沙东南海域附近，为南海被动大陆边缘。钻探目标区位于珠江口盆地珠二凹陷南翼，距深圳 300 多千米（图 2-23）。南海北部神狐海域取芯发现天然气水合物的成功率高达 60%。通过钻探、电缆测井、取芯、原位温度测量和孔隙水取样、现场测试分析等表明，该海区含天然气水合物层段位于海底以下 153~225m，厚度为 18~34m，水合物饱和度为 20%~43%，最高达 48%。水合物以分散状均匀分布在细粒的有孔虫黏土或有孔虫粉沙质黏土内。

众多学者通过研究，对南海北部陆坡水合物形成的物理化学条件、空间分布等有了很深的认知，但是对该区域水合物成藏机理和未来动态变化仍然不是很清楚。除了南海北部陆坡外，西沙海槽、台湾西南陆坡、冲绳海槽等也都可能存在天然气水合物，但是这些地区的天然气水合物成因和南海北部陆坡的是否一致？它们之间有无联系？还是孤立地按各自条件成藏？海洋沉积、气候环境变化对它们成藏的影响在哪里？长江、黄河、青藏高原对它们的形成和稳定分布有无影响？这些问题都需要借助深海钻探才能解答。

此外，天然气水合物能稳定存在于海底或海底以下沉积地层中需要合适的水深、地温梯度、气源以及孔隙水盐度。然而，全球气候、海洋环境和地质构造过程（图 2-24）都会影响这些条件，导致水合物分解，进而引发海底及其以下地质和生态环境的动态变化。只有通过长期监测海底水合物区域内随时间和空间变化的多种参数才能了解和掌握这种动态变化及其影响规律。有的水合物就出露在海底或有渗漏气体冒出的地方，而更多的水合物埋藏在海底以下几十米到几百米深度的沉积物中，需要进行钻孔。因此，布设一个综合海底和钻孔内水合物观测系统是全面掌握水合物动态变化与海底地质和生态环境动态变化之间关系的有效手段。以发达国家为核心的国际大洋钻探计划（IODP）曾讨论过实施海底和孔内联合的海洋天然气水合物观测网络，而要实施这个耦合观测计划又需要具备深海钻探取样技术和原位钻孔内长期监测技术，才能获取相应位置处的物理、化学、微生物等数据。

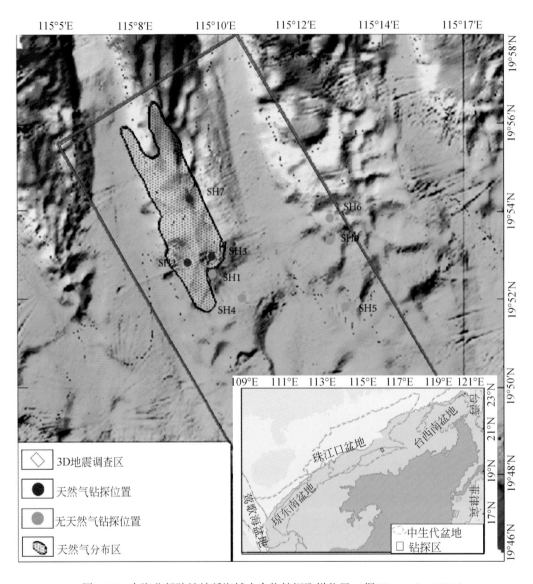

图 2-23　南海北部陆坡神狐海域水合物钻探取样位置（据 Wu et al.，2011）

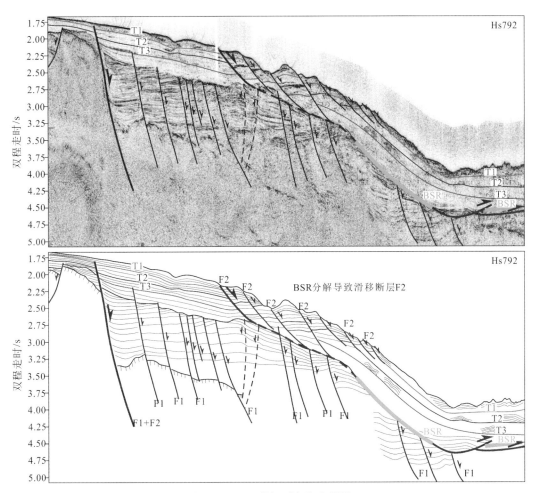

图 2-24　BSR 分解引起海底滑坡

BSR 为天然气水合物通常出现的一强反射层，大致与海底平行

2.6.3　古环境与全球变化

以南海和东海冲绳海槽为核心的西太平洋边缘海以及"西太平洋暖池区"的深海记录和现代深海过程的研究，有助于追溯该区物质与能量的交换，认识岩石圈、水圈和生物圈在不同时间尺度（构造尺度、轨道尺度、海洋尺度）上的相互作用，揭示其在全球宏观环境变迁中的作用。同时，与陆地和浅海陆架工作相结合，可增进中国开发利用深海海底资源和对我国环境变化中海洋因素的认识，同时促进我国地球科学的海陆结合，向跨圈层跨学科的方向发展。有必要侧重研究以下内容。

（1）热带海洋在地球系统中的作用

以北大西洋高纬区为中心的现行冰期气候模式，近年来受到严重挑战，日益增多的发现表明，热带海区尤其是西太平洋暖池区是地球表面接受辐射能的中心，在全球气候变迁中起着关键作用；气候演变的因素也不只是物理过程，以碳循环为核心的生物地球化学作用显得愈发重要。中国应利用地理优势和南海的研究基础，为揭示热带海洋的作用做出了贡献。

（2）构造运动和气候系统演变的关系

海峡通道闭启和陆地升降分别改变着洋流与气流的格局，影响岩石风化和剥蚀速率与海水成分，导致区域和全球的气候变迁。青藏高原隆升和边缘海张裂引起的东亚宏观环境演变，是全球晚新生代气候环境变化的重大因素，中国应加强深海记录的采集和研究，发扬现有优势，通过海陆结合探索构造运动和气候演变的相互关系（图2-25）。

构造运动对环境的巨大影响备受社会和学界关注，例如，青藏高原隆升对东亚季风的形成与影响，是陆地界构造–环境交叉研究的前沿。相比之下，海洋界构造–环境交叉研究略显不足，尽管也有强调海峡通道对环流的影响或控制。构造–环境交叉研究的领域极其广泛，海底构造地貌不仅控制海底地形，还调控海洋三维对流循环样式。但这类研究面临要突破时间尺度的巨大差异，百年千年尺度的环境变化与长期的构造运动之间如何关联？短期的构造运动（如地震）与百年千年尺度的环境变化有无关系？等等。这里，选择热带海洋的珊瑚礁存亡与构造的关系做个简介，或许可以开启这方面的研究，进而拓展构造地质学和环境地质学的研究内涵。

人口稠密的沿海地区，极易受到全球海平面上升以及火山喷发、飓风、地震和海岸侵蚀等引起的相对海平面变化的影响（Yu et al.，2009）。在全球变暖的背景下，对气候和长期构造运动引起的相对海平面变化评估成为一个紧迫的任务。

热带海域普遍存在的微环礁，由生长在珊瑚礁礁坪上呈环带状结构的造礁珊瑚构成，通常顶面珊瑚死亡、周缘珊瑚存活，是在海平面作用下形成的一种特殊的珊瑚结构。微环礁的生长上限严格受到潮汐的控制，是理想的海平面标志物（图2-25）。此外，珊瑚礁还可以判断板块的垂向与水平运动变化，死亡的和活动的珊瑚礁联合研究，还可以揭示百年尺度到千年、万年尺度的构造与环境变化关系，弥补以往对百年与百万年尺度之间地壳变形研究的缺失环节。

最初的块状珊瑚向上生长到海平面附近，当相对海平面保持稳定时，珊瑚横向生长，发育成平面状；地表发生沉降时，珊瑚以向上生长为主，直至海平面，发育成杯状；当珊瑚经历海平面下降，暴露海面的珊瑚虫死亡，而接触海面的部分重新生长，形成一个帽子的形状。死亡珊瑚与新生珊瑚之间的高差，即为微环礁当时垂直升降的高度，可以判定构造运动导致的地表升降幅度，对死亡顶面准确定年可以确定构造活动发生的时间，这在研究史前地震或者是缺乏器测记录的偏远岛礁有着重要的意义。在地震平静期，地壳形变是在应力长期积累下的缓慢变形，借助珊瑚骨骼 X 光照片可以清晰地辨别每年的生长轮次，而每个生长轮次记录着地表缓慢抬升或下降的幅度，因而，直径巨大的微环礁可以记录地壳长期缓慢的变形。

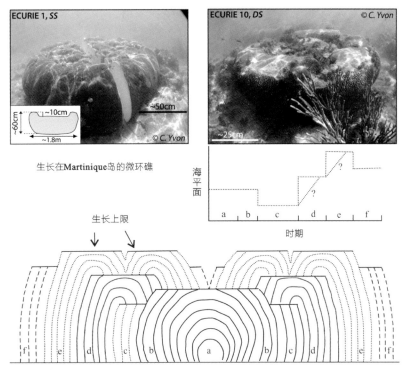

图 2-25　微环礁的生长纹层和海平面波动（地表升降）之间的关系（据 Yu et al.，2009）

由于微环礁准确的海平面指示意义，一些学者利用印度洋和太平洋的微环礁分析了年际间–千年尺度的海平面变化。在南太平洋阿努瓦图，Taylor 等（1980）应用礁坪上出露的珊瑚块绘制了 Malekula 岛在 1965 年地震中地表上升幅度的等值线图。位于印度–澳大利亚板块和巽他板块俯冲带的苏门答腊岛附近频繁发生的大地震引起科学家的广泛关注，他们利用微环礁恢复了近 200 年与俯冲带相关的地表升降达 3m。位于美洲板块向加勒比板块俯冲带之上的卡拉维尔半岛多次发生 6 级以上地震，附近的 Martinique 岛东部的珊瑚微环礁呈现杯状形态，指示该区域经历了地表沉降。Jennifer 等（2016）根据珊瑚切片 X 射线分析及生长上限曲线估算出以每年几毫米的速率沉降。而该地区验潮站数据显示海平面以每年 1.1±0.8mm 的速率上升，两者之间的差异指示了构造运动引起的地表沉降。持续的地震活动使 Martinique 岛前缘地幔楔位置板块交界面破裂，微环礁长期沉降指示了震期大型逆冲带的深部可能锁定在 60km 位置。微环礁高程和年代的准确测定，进一步增强了其海平面记录价值，将在时间和空间上弥补器测数据记录的不足。

（3）环境变化及其对人类的影响

研究环境演变的目的在于为预测人类生存环境变化服务，而只有认识环境自然变迁的机理后才能进行预测，才能正确评价人类活动的气候环境后果（图2-26）。深海沉积和珊瑚礁等提供的长期和高分辨率的记录，为探索自然环境演变的机理提供了物质依据；地质时期的"温室"环境和气候突变时间，又为预测人类活动可能引起的后果提供了天然"试验"，是当前国际研究的重点所在。

例如，图2-26表示了分子氮转化为活性氮的主要过程，也表示了洋-陆耦合的氮循环（nitrogen cycles）与碳（carbon）和磷（phosphorus）循环。

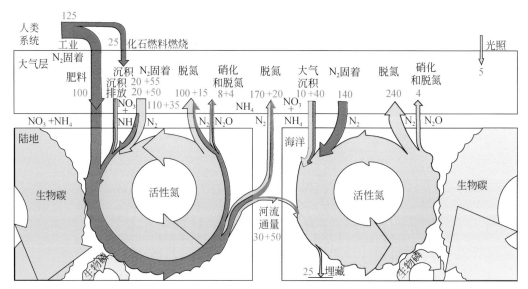

图 2-26　海-陆全球氮循环的地球系统模式示意（据 Gruker and Galloway，2008）
蓝色表示氮循环中自然的（即未受人为扰动）氮排放通量；橙色表示人类扰动（anthropogenic perturbation）的氮排放通量。该图阐明与活性氮生产有关的主要来源和过程以及氮循环与碳和磷的耦合。数值为20世纪90年代的数据（单位：Tg N/a）。少数通量的估计值要优于±20%，多数具有±50%甚至更大的不确定性

气候系统模式的发展最终将走向地球系统模式，这已经不是概念上的炒作。Blackmon 于2003年在汉堡召开的地球系统模拟（earth system modelling）会议上提议发展 Community Earth System Model（CESM）作为工作的最高优先级。一些国际机构已经推出了地球系统模式的初始版本。那么，实质意义上的地球系统模式，应该包括哪些组成部分？

图2-27是德国马普气象研究所 Guy Brasseur 教授团队（2005）构建的地球系统模式，主要包括物理气候系统（蓝色）、生物地球化学系统（橙色）和与人类活动影响相关联的社会系统（绿色）三个组成部分。国内目前的耦合模式发展基本上集中在物理气候系统（蓝色）部分，处于引进一个国外先进的耦合框架或改进其中某一个组成部分（如大气模式、海洋模式或陆面模式等）的水平。而生物地球化学部

分，国内在某些方面虽有涉及（如碳循环），但似乎没有和地球系统模式的发展联系到一起。

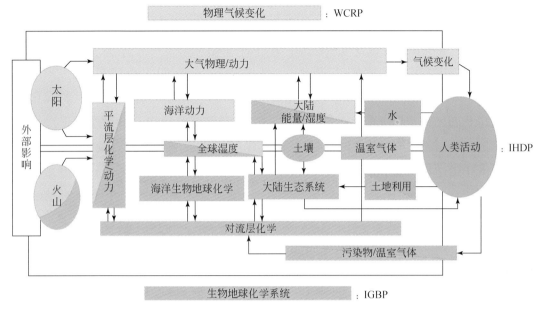

图 2-27　地球系统模式示意（据 Brasseur et al.，2005）

2.7　地表系统—地幔动力耦合

迄今，构造地质学研究已不再是单纯的几何学、运动学和动力学探索，而是"物质的运动"和"运动的物质"研究并举。由此，在深部构造的探索过程中，提出了深部过程和浅部响应的重要科学命题。从此，构造地质学走出了 20 世纪前半叶主要侧重地表构造形迹和几何学调查的研究范畴；且 20 世纪后半叶，在板块构造理论指导下，开始大量构造运动学和动力学研究，几何学研究也主要侧重岩石圈尺度构造的探讨，实施了全球地学断面（GGT）计划，且在陆地上持续开展了大陆钻探国际计划（ICDP），在大洋中继续开展着 IODP 计划，目标都是围绕多圈层相互作用，揭示地球深部过程与地表系统响应的关联。但至今，对岩石圈结构依然不清楚，对软流圈组成、内部结构依然茫然。特别是，发现越来越多的浅部构造和深部构造的联系不甚明了。可喜的是，海底构造、大陆构造研究的深入，以及层析成像技术分辨率的提高，使得人们可以窥见深部结构构造；各种地球化学示踪和地质年代学定年技术，使得可以把握和约束深部不均一性、深部过程和事件的时限，揭示出不同构造背景下，岩石圈深部的底侵（underplating）、拆沉、板片窗、地幔柱、地幔崩塌（mantle avalanche）、挤出（extrusion）、块体化（blocking）等复杂过程。

2.7.1　深、浅部构造耦合

大陆裂解过程中，深部动力因素占有主导地位，如地幔柱的冲击、基性岩浆的底侵作用、岩石圈的化学侵蚀或机械移离、岩石圈的减薄和破坏等。受此影响，浅部断裂的成核（nucleation）、生长（growth）、拓展（propagation）、叠接（overlapping）、死亡（death 或 termination）和活化（reactivation）的过程多数有由深而浅的演化特点，这也是新生构造继承先存老构造的原因，如渤海湾盆地中大量新生代盖层中较大级别的正断层都是在老断裂基础上发育起来的，新老构造表现出良好的耦合性，盆地研究中的盖层构造和基底构造耦合研究因此也成为重要的研究内容。但是也有一些深部和浅部脱耦的现象，部分层析成像揭示，在东非大裂谷下面就没有地幔柱存在或至少地幔柱不是在裂谷正下方发育，因此，大陆裂解机制也可能与传统的地幔柱导致三叉裂谷启动的认识不同。

随后，持续的大陆裂解导致洋盆的形成。洋中脊的大量研究表明，洋中脊具有分段性，这种分段性不仅表现在洋中脊被转换断层、叠接中心、非转换断层错断、火山中心等分割为不同长度的洋中脊段，还表现在地貌结构、地质现象、地球化学环境、地球物理异常、生物生态系统的分段性等方面。这种洋底表层到水圈的分段与洋中脊深部岩浆房对应尺度的分段性存在密切的关系。洋中脊不同级别段落存在寿命也不同，表明存在洋中脊的生长、拓展、跃迁（jumping）和叠接等过程，这种过程也可能受深部岩浆供应量、岩浆房深浅和位置等制约。

在深海盆地中，洋盆也不像板块构造理论所言是铁板一块，从浅部构造圈层表现的热点、大火成岩省、磁条带的复杂形态到三节点，都和深部隐秘的地幔柱活动密切相关，深部地幔柱不仅导致洋盆构造格局的变化（图 2-28），而且导致洋中脊的跃迁、死亡、不对称扩张；洋底岩石圈的热致弱化、超基性地幔岩的水化等深部过程，都会导致洋底结构的复杂，如出现海洋核杂岩（oceanic core complex）等。

随着洋盆的老化，洋盆的消亡也不像经典板块构造理论所简化的对称扩张、对称等量消减。多数情况是，洋中脊斜交大陆边缘俯冲，导致大陆边缘三节点的迁移和板片窗的形成，从而决定大陆边缘构造和大陆边缘动力学的复杂性，如大陆边缘的分段、地震—火山—岩浆—成矿分段性、板片俯冲角度和形态差异、板片回卷（rollback）过程差异等。这种复杂性正是不断涌现创新认识的源泉。例如，在边缘海研究中提出了一系列新的认识，对西太平洋边缘海的形成，有人提出南海、苏拉威西海、苏禄海、班达海的形成与印度洋洋中脊沿巽他海沟俯冲、迁移导致的板片窗形成有关；而菲律宾海、四国—帕里西维纳海、马里亚纳海槽的形成与俯冲后退回卷、迁移、跃迁导致的地幔楔深部复杂的对流环变化有关；也有人强调南海、冲

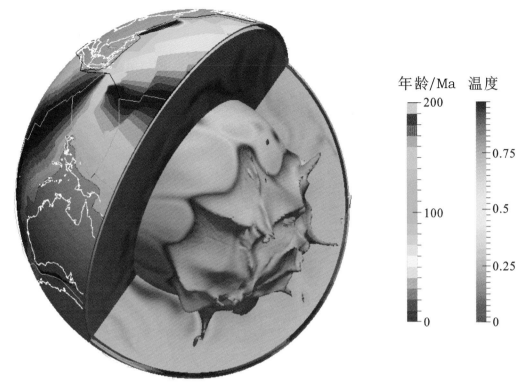

图 2-28　浅层板块系统重组与地幔动力系统关联模拟结果

（据 http：//web. gps. caltech. edu/ ~ gurnis//Old/deep. html）

绳海槽、日本海的打开与大陆边缘走滑拉分有关（李三忠等，2012；Xu et al.，2014；Yin et al.，2010）。

　　而在碰撞造山带中，随着陆块与陆块的紧密接触，深部出现拆沉、底侵、垂向或侧向挤出也非常普遍，然而不同造山带拆沉、底侵的样式也存在巨大的差异，从而导致浅部构造具有不同的响应特征，乃至造山带的分段差异。高压-超高压岩石（包括榴辉岩和高压麻粒岩等）深俯冲机制和其剥露机制研究也揭示出造山带复杂的深部过程，如渠道流（channel flow）。

　　在板块围限下的板块内部，深部和浅部变形也存在脱耦现象，如华南浅部构造变形和深部构造运动学完全相反的情况于很多地震剖面常见。大陆动力学中的板内变形机制可能是复杂的，其机制甚至可能是与岩石圈无接触的深部地幔；另外，大陆内部层型流变动力学的探讨将再次激起"新大陆漂移说"，特别是大陆不同深度、尺度和级别的分层流变学结构，这是以前地球物理学家 Harold Jefferys 反对魏格纳时所没有意识到的，现代研究揭示硅铝壳完全可以在硅镁壳上"漂移"（流动），现在大量的构造观察也发现，大陆内部中下地壳运动和上地壳运动的分离性，如渠道流、各级尺度滑脱层的作用、深浅部圈层伸展因子的差异。但是，在板内深部和浅部构造也可能是息息相关的，如美国大盆地（Great Basin）地区的沉降可能就与深部泪滴状岩石圈（lithospheric drip）下沉有关，这个例子也改变了以往认为冷幔柱仅为帘状的认识。

全球构造域交接部位的稳定克拉通在强烈多期构造作用下甚至也可以发生破坏，如1.8Ga左右克拉通化的华北克拉通，其东部岩石圈大规模伸展减薄（克拉通破坏），是晚侏罗世—早白垩世以来其周缘不同板块多向汇聚构造背景下发生陆内俯冲和陆内造山的必然结果，早期形成的深部结构对后期浅部构造破坏范围可能有控制作用。未来将逐步揭示地幔热状态、化学成分（它们是各种深部过程的端元要素），详细的上地幔结构及地球动力学过程模拟研究将有利于揭示克拉通岩石圈显生宙被改造和破坏的深部诱因、过程和动力学机制。高分辨率的地震层析成像结果揭示了在华北克拉通东部现今岩石圈减薄区域（<100km）之下，410km界面上有厚约100km的高速异常体堆积，这一高速体是拆沉的岩石圈，而且仅发生在局部而非整个华北克拉通，因此，华北克拉通东部的岩石圈减薄可能与拆沉机制密切相关，这为华北克拉通地幔动力学及拆沉机制研究提供了地球物理学约束。上地幔深部结构与地表地形、重力场、地壳和岩石圈结构之间也存在明显的耦合变化，据此，华北克拉通西部和东部两个区域的上地幔整体可能在显生宙克拉通破坏过程中经历了不同的构造变形。当然，从地球化学和构造地质学角度，还揭示出该区深部过程的复杂性，有可能与热侵蚀化学侵蚀、地幔柱、底侵、拆沉、地幔水化等过程有关。

由此可见，当构造地质学再进一步向纵深发展时，新揭示的现象将逐步和传统认识相左，这给构造地质学发展带来巨大创新机会和空间。同时，随着TOPO-EUROPE以及TOPO-ASIA等的全球计划逐步实施，采用多学科综合手段分析构造能力逐步加强，人们可以将岩石圈和地幔深部的过程和其地表的运动、变形、侵蚀、气候和海平面变化等联系起来，不仅可以提高和加强对塑造地球表面地形的综合过程的认识，可以通过测量新构造变形速率，合理评估地震、洪涝、滑坡、岩崩和火山等地质风险（geo-risks）。

2.7.2　深、浅部物质循环

板块或板片三维几何形态随时间的变化、空间的变位和变形不仅导致从岩石圈尺度到区域，乃至露头尺度构造形式的多样性、运动的复杂性，而且运动的物质也随着时空变化而变化。从岩石圈组成、岩石建造、矿物组合到元素含量，不同构造背景、不同构造形式的物质在改造程度不同、运动方式不同、动力环境不同的情况下，都表现出了巨大的差异。地球系统中物质循环的复杂性和机制的复杂性也因此表现在不同尺度、不同介质、不同圈层内部和圈层间。

虽然底侵可以发生在多种环境，如大陆碰撞带、活动陆缘俯冲带、大陆裂谷带、热点区或热幔柱上方、被动陆缘及稳定地台等，但底侵无疑是大陆裂解的一种重要深部过程和类型。底侵是指来自上地幔部分熔融产生的基性岩浆（玄武质熔体）侵入或添加到下地壳底部的过程或作用，也包括下地壳岩石部分熔融形成的岩浆（主要与基性岩浆侵入提供大量热和 CO_2 流体诱发熔融有关）向中上地壳侵位和添加过程。一般认为，几何学、运动学的不对称性取决于动力学的不对称性。底侵的对称性和方式不仅导致地壳上部沉积格架、沉积相分布、源和汇（source to sink）的不同，也导致地壳内热结构的分异，从而决定盆地内不同空间上变质作用类型的差异，因而产生区域性变质矿物组合、变质成矿类型的空间变化。而且，根据一系列 P-T-t 轨迹研究可揭示这种裂谷盆地初始热结构的空间变异过程。

在洋脊增生系统中，洋中脊岩浆房的岩浆分离、分异、混合、结晶、成岩等过程导致的周围海水复杂的地球化学成分变化，也导致了不同洋中脊段的生物多样性，岩浆系统的持续时限决定了生态系统存留时间，岩浆的多寡也决定世界三大洋洋中脊地貌的不同，如慢速–超慢速扩张脊具有中央裂谷，而快速–超快速扩张脊为宽阔的海隆，而这种海底地貌决定了海底洋流循环，洋流循环又决定海底不同区域营养化程度不同，从而决定生物的初级生产力。

俯冲消减系统也称为俯冲工厂。板块构造学说提出初期，人们只是认识到岛弧型火山岩以中性岩的安山岩为特征。而今，随着洋中脊俯冲的深入研究，人们识别出埃达克岩，使得对俯冲消减系统的认识再次深入，发现岛弧的复杂性。在多圈层物质循环中，这个地带是物质增生、再造、重建的重要场所。从双变质带成因的重新解读，到理解火山作用的时空迁移和板片窗形态密切相关；从单一的俯冲原料，到产品的多样性（沉积、岩浆、变质、成矿、热液、挥发分、地震等），各种物质成分的重建、元素的迁移与交换取决于加工过程的深度（俯冲深度、岩浆生成深度等）、添加剂的不同（含水的多少、同化围岩的多寡等），同时，引起的水圈和大气圈成分变化和全球变化，如岛弧地区大量的大型火山喷发，导致大气圈 CO_2 含量增高，引发温室效应，并由此引起的生物灭绝、生物链破坏、生态环境变换。这些都体现了思想观念的巨大变化，促进了学科交叉融合。对应的陆内俯冲系统，可以导致大陆岩石圈的深俯冲、深熔，如全球规模最大的超高压–高压变质带：大别—苏鲁造山带存在巨大的物质再造和循环，是研究物质循环的重要对象。

地幔柱则作为全球范围分布和源于全地幔深度的板内物质增生循环的重要方式，无疑具有重要意义。现今的浅地幔对流模型、深地幔（或全地幔）对流模型、双层对流模型、热幔柱相连的双层对流模型、混合对流五种模式哪个最现实？这些都涉及洋底动力学的本质问题，因此最好的动力学模型应当包括目前科学家已经识别出的、地幔中可能存在的五种对流方式：全地幔大尺度地幔对流、上地幔小尺度对流、层状对流、D″层中极小尺度对流和热幔柱形态对流，前四者也称为环状形态对流。若超级大陆形成相关的超级汇聚和超级地幔柱相关的超级离散是对应存在的话，它们持续时限上应当相同，已知超级大陆可以稳定存在 2 亿年以上，但现实地幔柱活动期限只有 1~2Myr。理论和现实的矛盾还存在很大差距，所以需要完善的问题还非常多，因此，一些地质过程之间的协同机制尚需探讨。也有人提出地幔柱活动的多幕活动性（旋回性）和周期增生性来弥补这种不足。虽然如此，有研究揭示目前地球的两个"超级热幔柱"、化学异常区或横波低速异常区（南大西洋的 TUZO 和南太平洋的 JASON）可能已经存在至少 3 亿年，乃至 7 亿年，且始终如此，没有发生相对运动，现今地表的多数热点、大火成岩省（LIPs）、金伯利岩都位于这两者对应的浅部边缘（图 2-29），因此，这个边缘对应的深部也称作地幔柱生成带（plume generation zone，PGZ），而不是前人认为的整个热边界层 D″层都可生成地幔柱，而且这个 PGZ 与目前全球发现的约 1400 个金伯利岩点的分布一致，这些金伯利岩尽乎都形成于 550Ma 以来，进一步说明这两个"超级热幔柱"可能此时就已存在。

地幔柱包括冷幔柱和热幔柱，冷幔柱作为下降流，将浅部圈层物质循环带入深部，而热幔柱将深部圈层物质提升到浅部，构成全球一级尺度的物质平衡和循环。热幔柱导致陆壳板内物质的重新分布，如放射状基性岩墙的分布、成矿省的分布，不同级别的地幔柱、幔枝对应不同尺度的物质重组。海山的形成、热点的变迁、脊－柱相互作用都存在着地幔柱活动相关的物质循环，有效的地球化学方法越来越多地揭示这种深部过程对浅部响应的制约。

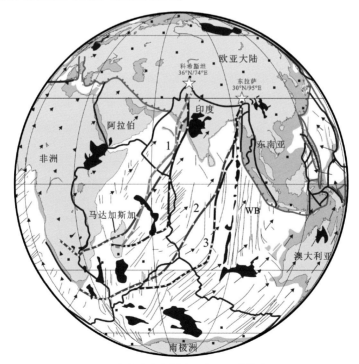

(a)大火成岩省现今分布及迁移轨迹

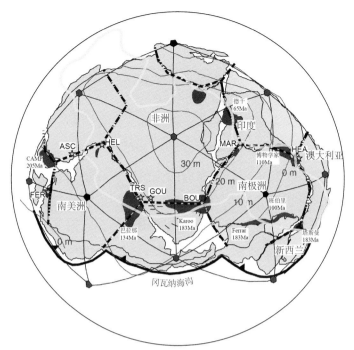

(b)板块重建后的冈瓦纳大陆、大火成岩省和地幔柱生成带对应性

图2-29 大火成岩省与地慢柱生成带关系

图（a）中1、2、3代表三种不同的重建方案，WB：沃顿盆地（Wharton basin）；图（b）据 http：//
fotos. etrr. com. br/pangaea-gondwana 修改，黄色线条代表超级地幔柱 JASON 的轮廓，红色线条为大地水准面异
常高程；TRS-特里斯坦热点；GOU-高夫热点；FER-费尔南多热点；BOU-布韦热点；MAR-马里昂热点；
HEL-圣赫勒拿热点；ASC-阿森松热点；HEA-赫德热点；CAMP-中大西洋火成岩省

在碰撞造山带或碰撞造山系统中的拆沉作用同样可导致复杂的物质循环。拆沉泛指重力的不稳定性导致岩石圈地幔、大陆下地壳或大洋地壳沉入下伏软流圈或地幔的过程。拆沉也有多种方式，如板片脆性断离、岩石圈地幔对流减薄、底侵引起的岩石圈地幔拆沉、壳下地幔旋卷式拆沉、单剪型或纯剪型板片拆沉，等等。不同的方式对拆沉上方的地壳也会产生不同的物理和化学效应。许多造山带拆沉的准确方式和过程尚存争论，特别还要考虑拆沉是以小规模板片断离还是以增厚岩石圈地幔循环减薄的方式，拆沉的对称性如何，等等。这些拆沉的差异性，必然导致成矿系统、岩浆系统、造山带隆升冷却早晚的区域差异等。板块构造启动的时间和机制是地球科学研究中悬而未决的重大问题之一，因此，古老的克拉通内老造山带深部是寻找早期俯冲作用残留在深部的构造痕迹的最理想研究对象。

物质循环的多样性还表现在地史不同阶段具有不同的特点。例如，古元古代是地史中一个重大的动力学与热力学转折期，其构造变形受同等重要的垂向与水平构造体制制约，可能受深部底侵、拆沉及壳–幔再循环机制控制，相应的变质作用类型也由早期拉张变质向与收缩挤压有关的变质类型转变，变质带也出现垂向递增向侧向递增的转变。酸性岩浆作用也经历了裂谷型二长花岗岩向碰撞型花岗岩及非造山环斑花岗岩的演化，等等。目前深部过程与壳内响应尚无系统深入研究，因而不可避免地存在许多有待深入研究的大陆动力学和洋底动力学前沿课题，更需要从地球系统科学的角度全面开展研究。

　　洋底动力学以传统地质学理论和板块构造理论为基础，在地球系统科学思想的指导下，以海洋科学、海洋地质、海洋地球化学与海洋地球物理、数值模拟等高新探测和处理技术为依托，侧重研究伸展裂解系统、洋脊增生系统、深海盆地系统和俯冲消减系统的动力学过程，以及不同关键地带、圈层关键界面和跨圈层的物质和能量交换、传输、转变、循环等相互作用的过程，为探索海底起源和演化、保障人类开发海底资源等各种海洋活动、维护海洋权益和服务海洋环境保护的学科。可见，洋底动力学旨在研究洋底固态多圈层的结构构造、物质组成和时空演化规律，研究洋底固态圈层与其他相关圈层，如软流圈、水圈、大气圈和生物圈之间相互作用和耦合机理，以及由此产生的资源、灾害和环境效应。

太平洋是全球第一大洋。其前身为古太平洋或泛大洋，历史悠久，甚至始于15亿年前的哥伦比亚超大陆裂解事件。地质构造上，现今太平洋位于欧亚板块、印度–澳大利亚板块、南极洲板块和北美–南美板块之间。太平洋可分为中部深水区域、边缘浅水区域和大陆架三大部分，大致以2000m为界，2000m以下的深海盆地约占总面积的87%，200~2000m的边缘部分约占7.4%，200m以内的大陆架约占5.6%。北半部有巨大海盆，西部有多条岛弧，岛弧外侧有深海沟。北部和西部边缘海有宽阔的大陆架，中部深水域水深多超过5000m。

现今的太平洋海盆涉及10个板块，包括太平洋板块、南极洲板块、菲律宾海板块、纳兹卡板块、科科斯板块、胡安·德富卡板块六个板块，以及沿东太平洋海隆分布的较小的里维拉（Rivera）微板块、加拉帕戈斯微板块、复活节（Easter）微板块和胡安·费尔南德斯微板块四个微板块（图3-1）。此外，太平洋海盆的海底扩张记录中保存了清晰的证据，证明自侏罗纪/白垩纪开始，在太平洋和古太平洋盆地中（泛大洋）还存在几个板块，如法拉隆、菲尼克斯、依泽奈崎、库拉、阿鲁克（Aluk）和鲍尔（Bauer）板块，这些板块现今已经消失。

传统观点认为，太平洋板块是地球上洋内生长壮大的最大板块，但实质上它是一个复合板块，否则难以解释坎贝尔（Campbell）陆块如何进入现今的太平洋板块中（图3-1中下部）。太平洋板块形成于东太平洋海隆和太平洋–南极洲洋中脊处，沿北美边缘发生走滑，在其他地方均是俯冲。太平洋板块的年龄在西北太平洋处最老，可达180Ma，在东太平洋海隆和太平洋–南极洲洋中脊处最为年轻，至今仍在生成新的洋壳（图3-1）。此外，太平洋内还存在大量海山和16个热点，热点包括位于板块内部的卡罗琳、夏威夷、马克萨斯、麦当劳、塔希提、皮特凯恩、萨摩亚、胡安·费尔南德斯和圣·菲尼克斯热点，位于板块边界的巴哈、鲍伊和科布热点，位于洋中脊附近的复活节、加拉帕戈斯、路易斯维尔和索科罗热点（图3-1）。

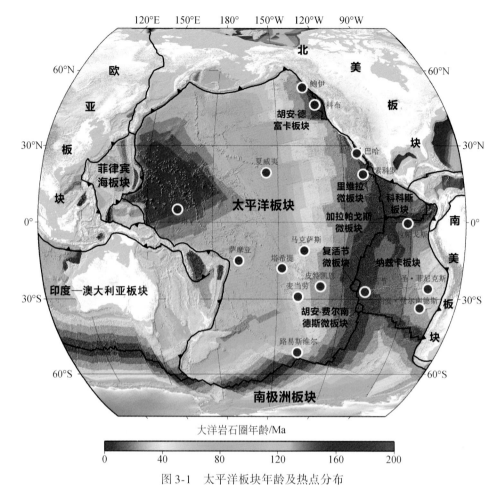

图 3-1　太平洋板块年龄及热点分布

巴哈（Baja），鲍伊（Bowie），卡罗琳（Caroline），科布（Cobb），复活节（Easter），加拉帕戈斯（Galápagos），夏威夷（Hawaii），胡安·费尔南德斯（Juan Fernandez），路易斯维尔（Louisville），麦当劳（MacDonald），马克萨斯（Marquesas），塔希提（Tahiti），皮特凯恩（Pitcairn），萨摩亚（Samoa），索科罗（Socorro），圣·菲尼克斯（San Fevix）

3.1　构造单元划分

太平洋是古老的大洋，其中海水水团的年龄也存在差异。现今的太平洋是中生代早期的泛大洋（古太平洋）收缩的产物。在大洋岩石圈板块与大陆岩石圈板块的长期相互作用及海底扩张运动等复杂地质构造活动中形成了现今洋底的复杂地形，主要包括洋中脊、深海盆、微板块、破碎带、俯冲带及边缘海六种宏观构造单元（图 3-2）。

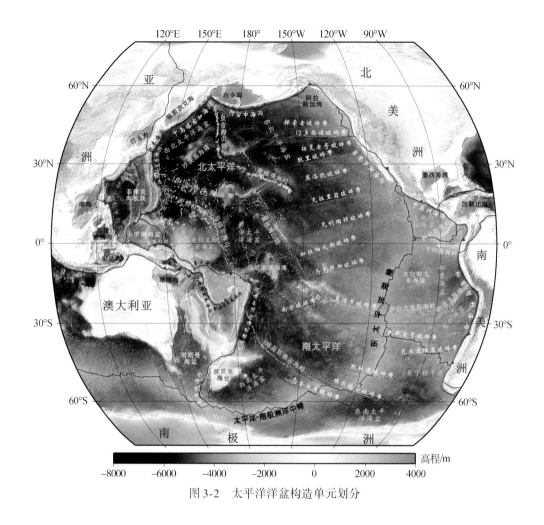

图 3-2 太平洋洋盆构造单元划分

3.1.1 洋中脊

　　太平洋洋中脊是洋底突出的地形结构，位置偏于大洋东部，是世界大洋洋中脊的组成部分。太平洋洋中脊仅在太平洋东南出现，因此又称为东太平洋海隆，这使得太平洋洋底构造具有非常明显的不对称性。东太平洋海隆南端始于 60°S 附近的太平洋–南极洲洋中脊，向东在 120°W 附近转向北，以大致平行于美洲海岸的方向向北延伸，直到阿拉斯加湾，长约 1.5 万 km，宽度于 2000~4000km 变化，面积约占太平洋总面积的 11%，整体呈弯月形展布。太平洋洋中脊的中央裂谷不太发育，其高度比较低，一般高出海底面 2~3km，在大洋南部比较高，越向北越低，到阿留申海盆几乎与海盆相近，潜没于北美大陆之下。洋中脊被一系列大致呈近东西走向的转换断层所切割。转换断层的延伸段称为破碎带，其中巨型破碎带自北向南主要有：探索者破碎带、门多西诺破碎带（40°40′N）、拓荒者号破碎带、默里破碎带（38°N）、莫洛凯破碎带（26°N 左右）、克拉里翁破碎带、克利珀顿破碎带（11°30′N）、加拉帕戈斯破碎带（赤道附近）、马克萨斯破碎带、复活节破碎带、挑战者号破碎带、瓦尔迪维亚破碎带、默纳德破碎带、埃尔塔宁破碎带、乌金采夫破碎带等（图3-2）。相邻两个巨型破碎带的间距为2200~9000km，大体上以纬度每隔8°出现一条，在每两条巨型破碎带之间，还有规律地分布着许多次一级的平行破碎带。破碎带一般东西绵延2000km以上，宽100~200km，在洋底地形上表现为洋底地壳规模的断错形式，在地貌上表现为狭窄的槽沟。相邻两条大的破碎带之间，地堑和地垒往往相间出现，如门多西诺破碎带东段是崖面向南的断层，它以南的默里破碎带东段的崖面却向北，两条大破碎带之间形成一个巨大的地堑；再往南，从默里破碎带到莫洛凯破碎带则是一个大地垒，从莫洛凯破碎带到克利珀顿破碎带，又是一个大地堑。这些破碎带上断崖的垂直断距可以达到3km以上。

3.1.2 深海洋盆

在太平洋中，远离东太平洋海隆的洋盆内还发育一些主要隆起或海山。前者如沙茨基海隆、翁通—爪哇海隆和马尼希基海隆等巨大隆起，这些洋底隆起或洋底高原常常是由大规模玄武质岩浆喷发形成的大火成岩省；后者如皇帝-夏威夷海山链、中太平洋海山群、路易斯维尔海岭、科科斯—卡内基海岭等。目前所知，全球超过50%的海山分布于太平洋中（White, 2005）。以东太平洋海隆西部的北太平洋区域为例，其主要由一系列海底隆起、山脉及深海盆组成。其中，中部主要为一系列呈北西-南东走向的海底山脉，它北起堪察加半岛，经皇帝海山链、夏威夷海岭、莱恩海山链，向南直抵土阿莫土群岛，绵延1万多千米，是太平洋板块内部形成的火山群，也是太平洋洋底最雄伟的地形之一。这些海底山脉与洋中脊不同，多由无地震活动的海底火山构成，也有少数是活火山，如马里亚纳群岛北部的海底山脉，还有少数是由一些珊瑚岛沉没在大洋深处所形成，它们具有比较平坦的顶峰，称海底平顶山。一些高耸的海山突出海面成为岛屿，如夏威夷群岛、莱恩群岛等。

中太平洋海山群位于北太平洋中部区域，其地理位置为17°N~23°N、165°E~170°E，恰好位于太平洋海山密集区的中心部位，其四周中分布着一系列北西走向的线性列岛及规模巨大的水下海山链，它们以特定的地理位置及岩石类型构成了相对独特的海山区，如皇帝-夏威夷海山区、麦哲伦海山区、马绍尔海山区和莱恩海山区等。中太平洋海山群位于明显属于海山链构造的夏威夷群岛和马绍尔群岛之间，处于莱恩群岛的北西向延伸方向。其无论是在海山排列形态上还是走向上都与上述海山区有着显著的差异，海山主要呈簇状分布，且近东西向展布，多为孤立状、双峰状、多顶状平顶海山，是太平洋海山呈簇状分布密度最高的一个区域。该区海山的同位素年龄在 65～120Ma，基底岩石主要由中白垩世的拉斑玄武岩及橄榄玄武岩组成，局部海山还见有新生代的碱性火山岩（赵俐红等，2005）。

水的冷却作用会导致大洋中比陆地上形成更陡的地形，所以大部分海山都具有较陡的侧面（10°～30°），但顶部较平，这与低倾角的盾状火山（5°～10°）是相反的。随着海山的生长，由于受到更复杂的力的作用，海山也会演化成更复杂的形态，它可以从近圆形的小海山演化成更复杂的星形大火山和洋岛。当海山长得更大时，重力不稳定性导致的物质坡移或波浪侵蚀在改变地形方面起到更重要的作用。

太平洋大致以赤道为界，划分为北太平洋和南太平洋，其中，在远离东太平洋海隆的大洋内部，除了洋底隆起和海山，还存在多个深海盆地；在东太平洋海隆东部存在着与东太平洋海隆成因无关的深海盆，如危地马拉海盆、秘鲁海盆、智利海盆，它们之间被科科斯–卡内基海岭和纳兹卡海岭所分隔。在太平洋北部，皇帝–夏威夷海山链、莱恩海山链和中太平洋海山群将中部深水区分隔成东北太平洋海盆、西北太平洋海盆和中太平洋海盆，其中以麦哲伦–马绍尔海山为界，西部为美拉尼西亚海盆。在太平洋西南部，以太平洋–南极洲洋中脊和路易斯维尔海岭为界所包围的区域是西南太平洋海盆。

3.1.3 俯冲系统

在全球板块构造格架中，俯冲带是主要的构造单元之一。环太平洋是现今地球上超巨型俯冲带发育区，该俯冲带在太平洋的北部和西部边缘，从北太平洋的阿留申海沟，向南过西太平洋的日本海沟、马里亚纳海沟，并一直延伸到南太平洋的汤加–克马德克海沟。在太平洋的东部边缘，除了北部的圣·安德烈斯断层为大陆转换断层的陆缘外，其他地区也被俯冲带所包围，自北向南分别为北美的塞德罗斯海沟、中美洲海沟和南美的秘鲁–智利海沟（图3-2）。

环太平洋俯冲系统长约 35 000km，Rosenbaum 和 Mo（2011）将这个俯冲带系统分成9段（表3-1，图3-3），每段确定了一个半连续的俯冲边界，如千岛–堪察加俯冲带、日本俯冲带、伊豆–小笠原俯冲带和马里亚纳俯冲带被划分为一段，它们之间表现为连续的俯冲作用，只是局部被板片撕裂所影响。阿留申海沟最西段是一个转换断层边界，并不是俯冲带，因为太平洋板块在这个位置是平行于板块边界运动的，没有明显的俯冲过程。

根据海底地形，环太平洋俯冲带主要有22个地形异常（图3-2，图3-3）。一些高地形的建造（如科科斯海岭和小笠原高原）在海沟处具有清楚的形态，且可以通过横跨俯冲带海沟的剖面识别出来，但并不是所有俯冲带处的水深异常都能被识别出来，因为一些海沟被厚层的沉积物所覆盖。相反，一些相对较小的、孤立的海山［如日本海沟处的第一鹿岛（Daiti-Kasima）海山和襟裳（Erimo）海山］却在海沟处表现为明显的高地形，但却不在主要海底地形异常的名单内，因为它们相对较小（<40km）且缺少后期的持续性。

表 3-1　环太平洋俯冲带及主要地形异常（Rosenbaum and Mo，2011）

俯冲段	长度/km	编号	异常	宽度/km	起源
南非	8290	1	菲尼克斯海岭	258	扩张脊
南美		2	智利海岭	80	扩张脊
		3	胡安·费尔南德斯海岭	30	热点轨迹
		4	伊基克海岭	190	无震海岭
		5	纳兹卡海岭	248	无震海岭
		6	卡内基海岭	256	无震海岭
中美	3174	7	科科斯海岭	241	无震海岭
		8	特万特佩克海岭	5	破碎带
Cascades	1375				
阿留申	3313	9	亚库塔特块体	93	复合洋陆高原
		10	科迪亚克海山链	22	热点轨迹
		11	科布海山链	39	热点轨迹
千岛-堪察加，日本，伊豆-小笠原和马里亚纳	6681	12	皇帝海山链和阿留申岛弧	192	热点轨迹
		13	小笠原高原	216	洋底高原
		14	达顿海岭	193	洋底高原
		15	卡罗琳脊	242	热点相关的洋底高原
琉球	1886	16	九州-帕劳海岭	100	岛弧
		17	奄美高原	146	岛弧
		18	大东脊	70	岛弧？
马尼拉		607			
新不列颠和新赫布里斯	3614	19	伍德拉克扩张中心	450	扩张中心
		20	西托里斯高原	140	洋底高原
		21	昂特尔卡斯托海岭	110	死亡的转换断层
汤加，克马德克，希库朗基	3423	22	路易斯维尔海岭	38	热点轨迹

目前有 6 个明显的高地形带俯冲到南美海沟（秘鲁-智利海沟）之下，包括菲尼克斯海岭和活动的智利海岭扩张中心，二者都俯冲到南智利之下。俯冲的无震海岭包括宽的（约 200km）纳兹卡海岭、伊基克海岭和卡内基海岭，以及相对较窄的（30km）胡安·费尔南德斯热点轨迹。在中美洲海沟的哥斯达黎加段，俯

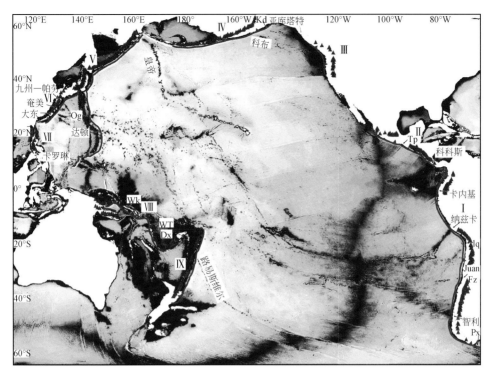

图 3-3 环太平洋俯冲带（蓝线）和高地形区域图（据 Rosenbaum and Mo, 2011）

红色三角代表与俯冲有关的活动火山。Dx. 昂特尔卡斯托（D' Entrecasteaux）海岭；Iq. 伊基克（Iquique）海脊；Juan Fz. 胡安·费尔南德斯海脊；Kd. 科迪亚克（Kodiak）海山链；Og. 小笠原（Ogasawara）高原；Px. 菲尼克斯海脊；Tp. 特万特佩克（Tehuantepec）海脊；Wk. 伍德拉克（Woodlark）扩张中心；WT. 西拖里斯（West Torres）高原。俯冲段包括：Ⅰ. 南美；Ⅱ. 中美；Ⅲ. Cascades；Ⅳ. 阿留申；Ⅴ. 千岛–堪察加，日本，伊豆–小笠原和马里亚纳；Ⅵ. 琉球；Ⅶ. 马尼拉；Ⅷ. 新不列颠和新赫布里斯；Ⅸ. 汤加，克马德克，希库朗基

冲的科科斯板块以明显的高地形为特征，它与卡内基海岭代表了被纳兹卡–科科斯扩张中心分离的与热点有关的岩浆作用的两个部分。在更北部，线形的、较窄的特万特佩克海岭沿中美洲海沟俯冲到南墨西哥之下。这个海岭是一个明显的破碎带，将相对深（4200～4800m）的危地马拉海盆（南部）与北部一个较浅的深海平原分隔开。

门多西诺三节点（即圣·安德烈斯断层）的北部，胡安·德富卡板块俯冲到Cascades 边缘之下。这个俯冲带的海沟充填了厚层的浊积岩和老的远洋沉积物。平坦的海沟轴部沉积物控制了俯冲地形（如布兰科破碎带），并解释了相对浅的海底地形。

在阿拉斯加湾，亚库塔特（Yakutat）块体自中新世就已经与阿留申俯冲带的东端碰撞上了。斜向碰撞导致了俯冲块体东段的增生及海岸山脉体系的形成。亚库塔特块体西部沿阿留申海沟俯冲。阿留申海沟更西部，两个更窄的无震海岭，科迪亚

克和科布（Cobb）热点海山链正在俯冲。

千岛-堪察加、日本、伊豆-小笠原和马里亚纳海沟是明显的弧形俯冲段，它们之间被四个海脊分隔开。千岛-堪察加海沟的最北端是皇帝海山链与俯冲系统相交的位置。最北部千岛-堪察加海沟的俯冲很可能包括了正向堪察加陆缘下俯冲的阿留申火山岛弧的物质。更南部，在日本、伊豆-小笠原和马里亚纳海沟处，存在大量更小的地形异常，它们大多数与孤立的海山有关，如襟裳海山和第一鹿岛海山很可能是扩张中心附近的离轴火山作用。这里最明显的高地形是小笠原洋底高原，它形成于伊豆-小笠原俯冲带的最南端。更往南部，在马里亚纳俯冲带处，存在许多更小尺度的海山、海岭，包括达顿（Dutton）海岭和大量分散的海山。一个更宽的热点轨迹——卡罗琳海岭，俯冲到马里亚纳海沟的最南端（雅浦海沟）。

菲律宾海板块西北部的琉球俯冲段有三个异常地形：九州-帕劳海岭、奄美高原和大东海岭，它们代表了从菲律宾海板块弧后扩张作用分离出的残留岛弧。

台湾的弧-陆碰撞带处发生了俯冲过程的局部终止，包括板片撕裂和俯冲极性的反转。这个碰撞带的南部延伸是马尼拉海沟，是由南海岩石圈向东俯冲形成的。

马尼拉海沟的南部区域，包括印尼群岛，以相对窄的俯冲段（大多是初始阶段）、旋转的地块和弧后伸展盆地之间的复杂构造接触为特征。这些俯冲带包括菲律宾海沟和新几内亚海沟等。再往东部，南所罗门海沟处向北部所罗门岛和翁通-爪哇高原下的俯冲，包括了伍德拉克扩张中心的海山俯冲。这个俯冲带向东的延伸是向东俯冲的北赫布里底海沟，其包括两个主要的地形异常：西托里斯高原和昂特尔卡斯托海岭。

最后一个高地形异常是路易斯维尔海岭，它俯冲到向西倾的汤加-克马德克-希库朗基海沟处。

传统上，俯冲带可分为两种主要类型：马里亚纳型和秘鲁-智利型。以这两种类型俯冲带的典型例子来说，马里亚纳俯冲带表现为老的大洋板块以近于垂直的角度俯冲，秘鲁-智利型俯冲带却表现为相对快速和年轻的大洋板块俯冲到南美板块之下，俯冲倾角较缓，且包括水平俯冲段。

由于俯冲过程的一个结果是板间和板内地震活动的出现，这些地震活动包括了世界上95%的地震，且与俯冲过程有关的地震最大深度可达700km，因此通过地震活动可以确定现今俯冲板片的形态。

图 3-4 展示了几段主要的西太平洋俯冲带的俯冲板片形态，包括千岛、日本、马里亚纳、菲律宾、汤加和爪哇俯冲带。其中俯冲角度最小的是日本俯冲带，大致为40°，千岛俯冲带俯冲板片倾角大于45°，马里亚纳俯冲带俯冲板片以近80°的倾角俯冲直达670km的上、下地幔过渡带，菲律宾俯冲带和汤加俯冲带的俯冲板片在上地幔中也具有较大倾角。因此，西太平洋的这些俯冲带在670km深度处的上、下

地幔过渡带之上，均保持了较大的俯冲倾角。

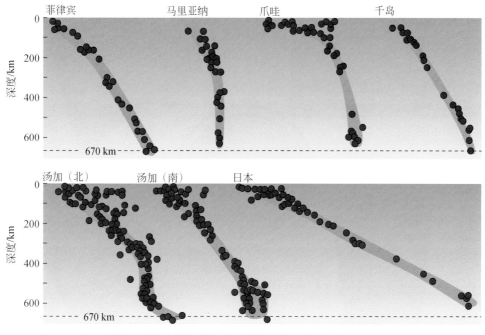

图 3-4　西太平洋不同俯冲带的震中分布及俯冲板片角度（据 Frisch et al.，2011）

秘鲁–智利型俯冲带特殊的平板俯冲现象在全球只发生在三个地方：墨西哥中部、秘鲁中部和智利中部（图 3-5）。在其他地方，俯冲板片倾角较缓，但不是水平的，或者由于靠近三节点而具有复杂的几何形态。

墨西哥平板俯冲：在墨西哥地区，科科斯板块是法拉隆板块的残留，28Ma 以前当东太平洋海隆开始与北美板块接触时，法拉隆板块分裂成一系列小板块。早古近纪东太平洋海隆与北美和南美俯冲带的靠近导致了一个不断增长的窄法拉隆板块，其俯冲边界超过了 10 000km，板片年龄和汇聚方向也存在横向变化。这在法拉隆板块内产生了一个强伸展应力场，最终导致法拉隆板块在 23Ma 左右分裂成科科斯板块和纳兹卡板块。之后，在 10Ma 左右里维拉板块从科科斯板块的最西端撕裂出去，并开始作为一个独立的微板块活动。三角形的科科斯块东北侧为北美板块和加勒比板块，西侧为太平洋板块，南侧是纳兹卡板块（图 3-5 中间为区域图）。现今的平板俯冲区域位于科科斯–北美板块边界的中部［图 3-5（a），（b）］。尽管科科斯板块和北美板块之间的汇聚速率及板块年龄沿中美洲海沟东南方向只是略微增加（~5~6cm/a，~18~10Ma），俯冲板片的倾角却变化非常大，从陡倾角变为平板状［图 3-5（b）］。其中平板俯冲段位于陆内距中美洲海沟约 300km 的位置，其在约 45km 深度处近于完全水平，向下到软流圈内则变成 75°的陡倾角。平板俯冲区域的中美洲海沟以 0.6~0.7cm/a 的速率发生俯冲后撤（回卷）。

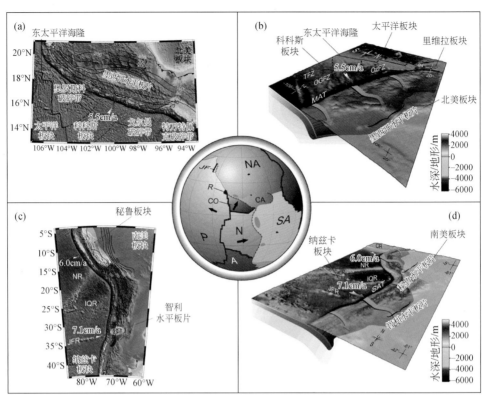

图 3-5　平板俯冲水深地形图（a，c）及三维图（b，d）（据 Manea et al.，2017）

大的弯曲灰色箭头用于辅助观察墨西哥和南美之下俯冲板片的几何形态。地面起伏表示为半透明层。标有数字的黑色等值线指示自地表到板片上表面的深度。红色箭头指示科科斯和纳兹卡板块相对北美（NAM）板块和南美（SAM）板块的运动方向。EPR. 东太平洋海隆；MAT. 中美洲海沟；SAT. 南美洲海沟；NR. 纳兹卡海岭；IQR. 伊基克（Iquique）海岭；JFR. 胡安·费尔南德斯海岭。中部插图指示现今构造板块的全球视图。JF. 胡安·德富卡；Co. 科科斯；R. 里维拉；NA. 北美；P. 太平洋；SA. 南美；CA. 加勒比；N. 纳兹卡

秘鲁平板俯冲：秘鲁中北部存在一个大的平板俯冲段（长度>1500km）。在这个区域，纳兹卡板块以约6cm/a的速率斜向俯冲到南美板块之下［图3-5（c）］。纳兹卡板块包括一系列由无震海岭和破碎带组成的高地形。在这里面，对秘鲁平板俯冲最特别的是纳兹卡海岭［图3-5（c），（d）］，它是秘鲁下部平板俯冲的起因。在平板俯冲的离岸区域，纳兹卡板块的年龄沿秘鲁–智利海沟从北部的~30Ma（~5°S）增加到南部平板俯冲区域的~45Ma（~15°S）［图3-5（c）］。沿秘鲁–智利水平板片俯冲区域，海沟侵蚀/缩短速率的强烈变化导致了海沟的逆时针旋转。在北部，海沟以~1.3cm/a的速率回卷；在南部，海沟实际上以~0.7cm/a的高速率前进。秘鲁安第斯山脉内俯冲板片的几何形态与墨西哥水平板片俯冲段在不同深度的表现相似。板片最初在约100km深处倾角下降到约30°，平面上对应从海岸向陆内延伸150km

处，接着在帕皮纳斯山脉（Sierras Pampeanas）下板片变平，延伸几百千米，之后向下扎到地幔里。现今见到的平板俯冲开始于 ~11Ma，使岩浆活动和挤压作用逐渐向内陆迁移，最终导致了秘鲁安第斯山脉的隆起。与墨西哥水平板片俯冲区域不同，秘鲁水平板片俯冲段缺少上新世—第四纪火山作用。现今秘鲁中部记录的板内强烈浅源地震和高收缩速率（0.4cm/a），被认为是平板俯冲的作用。

南美大草原（Pampean）平板俯冲：南美大草原平板俯冲段位于智利中部，具体位于 31°S ~ 32.5°S 附近。相对年轻的纳兹卡板块（38 ~ 33Ma）以约 7.1cm/a 的汇聚速率俯冲到南美板块之下［图 3-5（c），（d）］。与中美洲海沟相似，南美洲海沟在平板俯冲区域也以约 0.6cm/a 的速率发生回卷。在纳兹卡板块内的众多海岭中，胡安·费尔南德斯海岭对南美大草原平板俯冲具有重要意义。胡安·费尔南德斯海岭是一条长约 900km 的火山热点海山链，它是沿海沟进行的沉积物输运的屏障，其与南美板块之间的相互作用导致了几幕构造响应，如上覆南美大陆板块的地壳隆升和加厚。现今的区域和局部地震学研究显示，俯冲的纳兹卡板块下沉到 100 ~ 110km 深处，之后变平，并保持稳定的深度水平延伸达 300km，之后以正常的俯冲角度下扎到地幔中。

尽管早期的研究认为墨西哥俯冲带沿走向倾角变化很大，Pardo 和 Suárez（1995）却首次证明了整个科科斯板块和里维拉板块沿中美洲海沟的几何形态，包括平板俯冲段。这项研究也揭示，墨西哥平板俯冲在弧前区域和俯冲的科科斯板片一样，都缺少广泛分布的地震［图 3-6（a）］。因此，俯冲板片的平板俯冲区域在距中美洲海沟超过 250km 的位置处不能准确的界定，因为在 80 ~ 100km 深度下缺少板内地震。PérezCampos 等（2008）通过研究认为墨西哥中部之下俯冲的科科斯板块在距中美洲海沟约 75km 处、约 50km 深度处几乎是水平的，这个板片保持水平约 175km，然后以 75°的陡倾角俯冲到地幔中［图 3-6（a）］。

在秘鲁中部，浅源（<60km）和中深源（<350km）地震的分布揭示出它们位于海沟和海岸之间，以及 Cordillera Occidental 和 Subandean 之间的内陆地区［图 3-6（b）］。震源中心集中区（>350km）表明其与海沟亚平行，并构成一个南北走向的带。横剖面地震的位置揭示了地震的深度从西向东以 ~30°的倾角逐渐增加，直达 150km 处，从这个位置开始其保持水平延伸了几百千米［图 3-6（b）］。在这个区域，纳兹卡板块水平俯冲到秘鲁中部之下更靠近内陆处，500 ~ 600km 深度处的地震集中揭示板片向下通过上地幔直达地幔过渡带。

根据智利中部地震的分布［图 3-6（c）］，南美大草原平板俯冲的几何形态指示其平板俯冲区域与墨西哥和秘鲁具有明显的相似性：板片开始时以约 30°的倾角俯冲到约 100km 深度处，从这个位置开始，它在上覆岩石圈之下变平，延伸达几百千米，之后俯冲到软流圈上地幔中［图 3-6（c）］。这个区域深度>200km 的地震几乎是缺失的，只能在约 200km 深处识别出一个地震集中，但其与更浅部的中源地震之间有一个间隔。区别智利平板俯冲与墨西哥和秘鲁的一个特征是，俯冲的纳兹卡板片在中源深度（50~200km）内存在双地震带，其被一个 20~25km 厚的弱地震活动带所分离。

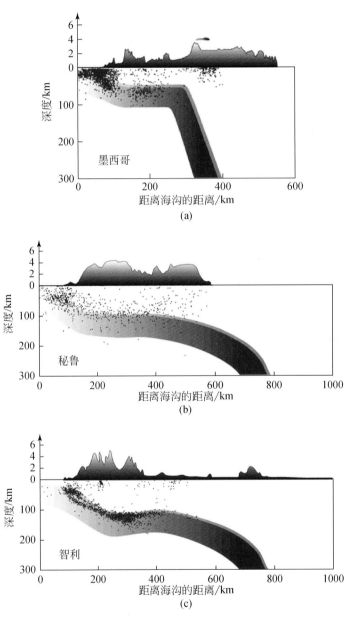

图 3-6　横跨墨西哥、秘鲁、智利平板俯冲的垂向剖面图（据 Manea et al.，2017）

浅蓝色表面指示洋壳，红色区域代表大洋岩石圈，紫色圆点代表地震位置

3.1.4 边缘海盆

西太平洋集中了全球75%以上的边缘海盆，这些边缘海盆具有高热流值、正重力异常、较薄的地壳、明显的磁异常条带及强烈的火山、地震活动等特征，由其所构成的沟-弧-盆系统成为地球上独特的构造-地貌单元，是世界上最引人注目的构造现象之一（赵会民等，2002）。但也有人认为不是所有边缘海盆都与其紧邻的沟-弧构成具成因联系的一个体系。

根据边缘海盆地与俯冲带的关系，可以将边缘海盆地划分为：与俯冲带有关的和与俯冲带无关的两大类型。其中，与俯冲带有关的边缘海盆地又可进一步分为两个亚类：第一亚类以弧后盆地分布最广泛为特征，发育在活动岛弧的弧后一侧，包括大陆边缘弧后盆地和大洋边缘弧后盆地。西太平洋现今仍在活动的小笠原-马里亚纳海槽和劳海盆就属于这种类型，这两个盆地分别发育在小笠原-马里亚纳岛弧和汤加岛弧的弧后一侧，而小笠原-马里亚纳岛弧和汤加岛弧是大洋岛弧，所以小笠原-马里亚纳海槽和劳海盆属于大洋型弧后盆地。大陆型弧后盆地发育在大陆弧的弧后一侧，日本海盆是最典型的例子。第二亚类与俯冲带有关的边缘海类型，是捕获洋壳型边缘海盆地，一般是由于洋盆中新俯冲带的发育，通过捕获洋壳而形成。阿留申盆地和塔斯曼海盆是典型的实例。与俯冲带无关的边缘海盆地发育较少，西太平洋的卡罗琳边缘海盆地位于西太平洋赤道海沟系向海的一侧，是一个与俯冲带无关的盆地，然而，这个盆地曾经可能是一个弧后盆地，然后被"焊接"到太平洋板块，向西移动到现在的位置（任建业和李思田，2000）。

晚白垩世晚期（约80Ma），日本海、南海、西里伯斯海（即苏拉威西海）等多个盆地进入陆壳拉张期，即大陆裂谷阶段。始新世晚期，南海进一步发展，而西里伯斯海等海盆则基本形成。晚渐新世—早中新世（32～17Ma），西太平洋边缘海盆进入强烈而普遍的扩张活动高潮期，如日本海、苏禄海、南海、鄂霍次克海、帕里西维拉盆地等大多数边缘海盆经地壳拉张、裂陷、地幔物质侵入，完成了向弧后裂谷的转化。目前，西太平洋大多数边缘海盆地已经停止活动，仍活动的伸展及海底扩张只发生在几个弧后盆地中，包括小笠原-马里亚纳海槽、瓦努阿图盆地及劳海盆（图3-7），这些弧后伸展或扩张速率存在明显差异，如在汤加岛的弧后区域，扩张速度达到16cm/a，可与赤道太平洋相比，而马里亚纳弧后区域的扩张速度只有4cm/a。

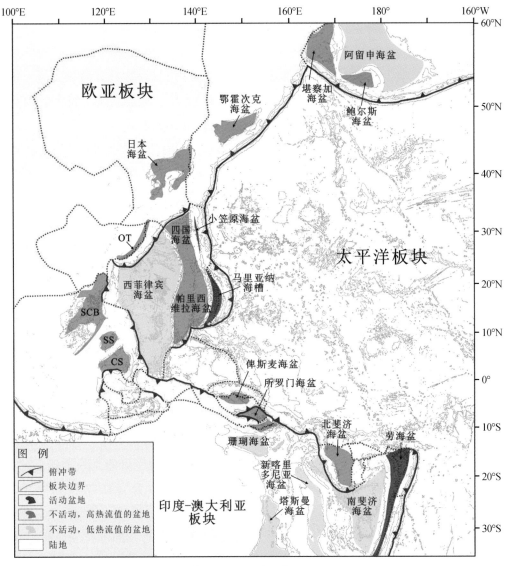

图 3-7　西太平洋弧后盆地展布（据 Frisch et al.，2011）

OT. 冲绳海槽；SCB. 南海海盆；SS. 苏禄海；CS. 苏拉威西海

3.1.5　微板块类型

任何板块都存在一个由小长大的过程，微板块是大板块的前身，但也不是所有微板块都会成长为大板块，其大小的演化具有双向特性。因此，微板块起源、生长、夭折、消亡、残留过程对研究板块构造具有重要意义。这里，以太平洋板块为例，系统总结不同构造环境下的微板块，据此进行成因分类，提出增生微板块、裂生微板块、残生微板块、延生微板块、跃生微板块五种类型。对不同类型微板块边界进行了系统界定、对其成因进行系统讨论。这些洋内微板块或洋缘微板块，不仅对解释大陆内部一些微板块成因具有启发性，还可以丰富大陆造山带内容，使得造山带演化研究更为精细化，而且可以开拓深海大洋精细化构造重建研究。

Bird（2003）提出的 PB2002 模型将现今地球划分为 52 个板块，包括 14 个大中型板块及 38 个小板块，其中大多数小板块位于太平洋周缘。这种小板块的划分是通过震源机制解的研究提出来的，即如果某一破碎带上反复发生的地震都具有一致的错动方向，则可确认这一破碎带为小板块的边界。这些小板块根据大小可进一步细分为小板块和微板块，本书将其统称为广义的微板块。

3.1.5.1 增生微板块

增生微板块是指大火成岩省运移到海沟附近，俯冲堵塞海沟，并在海洋一侧新形成俯冲带，由新、老俯冲带所围限成的具有独立发展历史和组成的微板块。其中，鄂霍次克微板块是一个典型的例子。在早期的 14 个板块划分方案中，北美板块被认为延伸跨过白令海，并包括了堪察加半岛、鄂霍次克海和本州北部。这个细长的北美板块受到两种力的控制作用，一种是其西边界与欧亚板块在萨哈林（Sahkalin）岛附近的挤压牵引力，另一种是其东边界与太平洋板块在千岛海沟处的相对伸展及构造挤压的合力。除非这些牵引力是非常平衡的，否则高偏应力和断层作用将会在其颈缩处产生，这个位置就是北鄂霍次克海和北堪察加（图 3-8）。Savostin 等（1982，1983）提出了"鄂霍次克板块"的概念，其代表了解尔斯基（Cherskii）山中一系列小型沉积盆地链南部的区域，这些小型沉积盆地最初被解释为伸展的鄂霍次克板块和北美板块之间的活动地堑。但 Cook 等（1986）研究了这个区域的一系列中级地震（5<Mb<6）后发现，鄂霍次克板块和北美板块边界的震源机制解指示的是左行压扭，否定了之前活动地堑的观点。他们利用滑动矢量估计鄂霍次克板块–北美板块欧拉极位置（72.4°N，169.8°E）在西伯利亚海东部，但不能确定相对运动的速率。基于局部地震的滑动矢量可以确定鄂霍次克板块向南到达本州岛中部，所以日本海东部的主要地震发生在欧亚（或阿穆尔）–鄂霍次克板块边界上（图 3-8）。此外，沿北堪察加东海岸的逆冲事件也说明北美板块并没有延伸到鄂霍次克海中，而是与独立的鄂霍次克微板块发生汇聚。

中生代东北亚的活动边缘和堪察加之间的鄂霍次克海地区下伏着鄂霍次克微板块岩石圈，其包括几个次大洋块体或次大陆块体，它们与陆壳的厚度和地球物理特征不同。微板块相对于欧亚和北美缓慢地向北西运动。近期的数据揭示，北鄂霍次克海之下存在高速异常体。这个高速异常延伸到约 660km 深度处，之后沿约 660km 深处的不连续面发生偏离，因此这个高速异常被解释为鄂霍次克微板块的滞留板片。

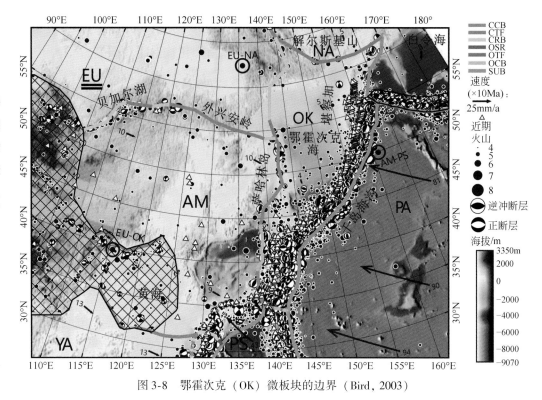

图 3-8　鄂霍次克（OK）微板块的边界（Bird，2003）

周围板块包括欧亚（EU）、北美（NA）、太平洋（PA）、阿穆尔（AM）、菲律宾海（PS）及扬子（YA）板
块。边界类型：CRB. 大陆裂谷边界；OSR. 大洋扩张脊；CTF. 大陆转换断层；OTF. 大洋转换断层；CCB. 大
陆汇聚边界；OCB. 大洋汇聚边界；SUB. 俯冲带。网格区域是造山带。色标是 ETOPO5 数据的地形。实点是
1964～1991 年震中深度<70km 的地震；沙滩球是 1977～1998 年浅源矩心矩张量的双力矩部分的下半球投影。
白色三角是陆上近期的火山。黑色矢量是模型速度（数字单位是 mm/a）。黑色圆圈是欧拉极的位置，命名在
前面的板块相对于后面的板块做逆时针旋转

西北太平洋新生代演化的主要特征是基于两个晚白垩世—古近纪的岛弧地体分
别在古近纪和中新世末拼贴到堪察加造山带上。这两个岛弧地体即 Achaivayam-
Valaginskaya 弧（AVA）（坎潘期—早古新世）和 Kronotskaya 弧（KRA）（康尼亚克
期—始新世），被含有年轻（古新世—早始新世）洋壳变形岩片的缝合带所分隔
（图 3-9，图 3-10）。岛弧古纬度及地球化学数据表明岛弧是洋内性质，其起源于西
北太平洋。这些岛弧被 Vetlovka 大洋板块所分隔，被认为是库拉板块的捕获部分，
其中一个新的洋中脊在古近纪开始演化。板块重建表明，始新世时 Achaivayam-
Valaginskaya 弧地体和亚洲大陆边缘碰撞。这个边缘被解释为鄂霍次克微板块的东南
部（面向太平洋）白垩纪增生边界在 65～55Ma 时拼贴到亚洲大陆上，弧-陆碰撞逐
渐向北演化，古新世末—早始新世位于南堪察加，一直演化到中始新世时位于 Olutorka

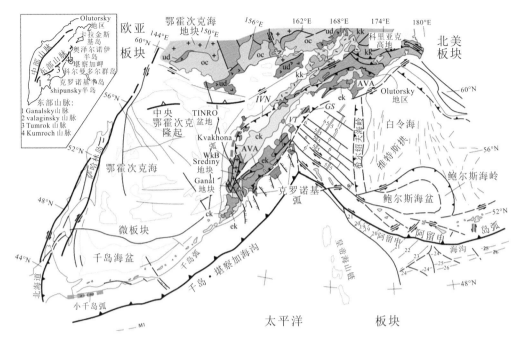

图 3-9　微板块构造单元，插图指示了堪察加地区和半岛的位置（据 Konstantinovskaia，2001）

ek. 东堪察加（Eastern Kamchatka）；ck. 中堪察加（Central Kamchatka）；kk. 科里亚克－堪察加（Koryak-Kamchatka）；oc. 鄂霍次克－楚科塔（Okhotsk-Chukotka）；ud. 乌达（Uda）-Murgal 火山带；WKB. 西堪察加离岸盆地（West Kamchatka offshore basin）；AVA. Achaivayam-Valagina 弧；IVN. Iruney-Vatyna 推覆体；VT. Vetlovsky 逆断层；GS. 格列奇什金（Grechishkin）缝合线

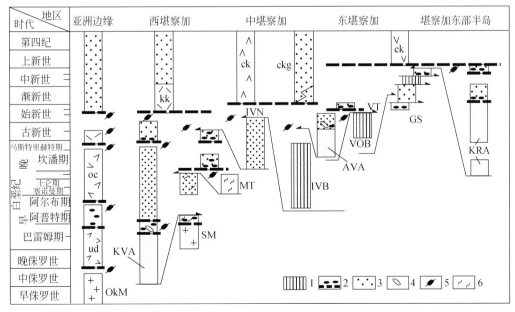

图 3-10　简化的堪察加地区岩石单元和主要构造事件时空关系（据 Konstantinovskaia，2001）

1. 洋壳岩石（玄武岩、辉绿岩和/或远洋沉积物）；2. 主要的不整合面及底砾岩；3. 非大洋和/或浅海碎屑沉积；4. 滑塌堆积；5. 增生期；6. 透入性变形或区域变质岩。MT. 马尔金（Malkin）地体；IVB. Iruney-Vatuna 大洋盆地单元；VOB. Vetlovka 大洋盆地单元；OkM. 鄂霍次克海微板块；AVA. Achaivayam-Valaginskaya 弧；KRA. Kronotskaya 弧；SM. Sredinny 微陆块。其他缩写同图 3-9

地区。这个碰撞的不同阶段沿 Achaivayam-Valaginskaya 弧都同时伴随走滑作用。根据基于南堪察加的地质资料建立的地球动力学模型可知，碰撞包括：①俯冲带处大陆边缘挤出、上覆板块变形和弧前块体俯冲；②岛弧仰冲到大陆边缘上，大陆边缘俯冲堵塞；③变形岛弧东侧大洋俯冲启动导致的俯冲反转。这个俯冲反转导致了沿岛弧东侧的变形和逆断层活动，因此，使 Vetlovka 板块年轻洋壳的构造岩片发生增生，并开始俯冲。

3.1.5.2　裂生微板块

裂生微板块是指弧后扩张、伸展裂解导致岛弧或陆块裂解、漂移所新生成的微小板块，其边界为俯冲带、弧后盆地扩张洋中脊及一些深切岩石圈的断裂。其中，马里亚纳微板块、北俾斯麦微板块和新赫布里斯微板块都属于这一类型。以马里亚纳微板块（图3-11）为例，其位于马里亚纳海沟和马里亚纳海槽之间，伊豆火山弧西侧的早期扩张脊（25°N 以北）现今仍在活动，或者可能以低速率在活动。Eguchi（1984）和 Otsuki 等（1990）则认为弧后扩张被限制在太平洋板块上的两个海脊（卡罗琳海脊和小笠原高原）俯冲点所在的纬度之间。

马里亚纳海槽北端和南端特征及打开速度的不同说明其并不是以东西轴向对称的，而是在南部打开更快，马里亚纳微板块绕北部的欧拉极相对于菲律宾海板块旋转。在这种假设之下，南部海槽的净扩张（net spreading）是斜向的，因此比垂直于其走向测得的海槽宽度要更大。如果以上所引用的数据需要吻合一个单独的马里亚纳–菲律宾海板块欧拉极，这个欧拉极应位于（25.4°N，141.4°E）附近，旋转速度为 2.11°/Myr。这个结果与已知的扩张速度（2~8mm/a）相吻合。

（1）马里亚纳微板块的形状

马里亚纳微板块的形状最初由 Martínez 等（2000）提出。然而，他们并没有具体指出这个微板块在北部是怎样结束及在哪里结束的。根据板块构造理论，马里亚纳–菲律宾海板块边界必须连接到其他板块边界上，这里认为它在24°N附近（弧后盆地结束的地方）垂直切过岛弧，并在马里亚纳海沟处连接到马里亚纳–太平洋板块边界上。这个跨岛弧的边界相对于上面计算的马里亚纳–菲律宾海欧拉极来说，呈北东走向，应该是岛弧内的左行张扭断层。这个纬度的一系列浅源地震标示了这个板块边界。

（2）马里亚纳微板块的剖面特征

由于马里亚纳地区大多位于海平面之下，对上覆菲律宾海板块的构造研究，多采用主动源地球物理探测与构造地质、大地构造学理论相结合的方法。主动源地球物理探测可以获得上覆板块地壳尺度的精细构造特征，然后利用构造地质学与大地构造学理论对所得结果进行合理解释。

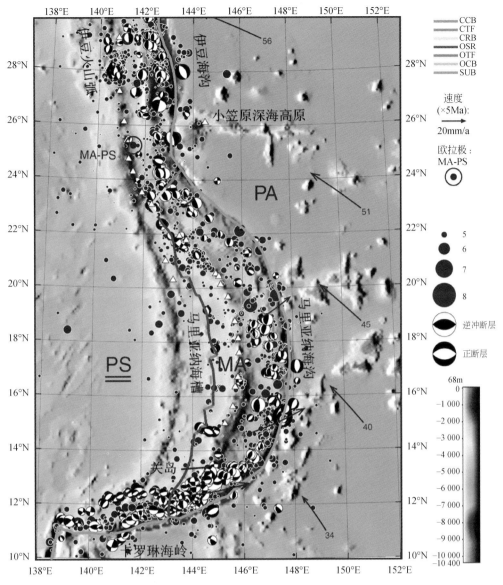

图 3-11 马里亚纳 (MA) 微板块的边界 (加粗的彩色线) (Bird, 2003)

其位于菲律宾海板块和太平洋板块之间。图例及英文缩写同图 3-8

主动源地震波速度剖面揭示出,马里亚纳俯冲系统岛弧地区的地壳结构大致呈哑铃状 (Takahashi et al., 2007, 2008; Calvert et al., 2008) (图 3-12)。在马里亚纳弧前和岛弧地区以及西侧的西马里亚纳海岭处,莫霍 (Moho) 面较深,地壳厚约 20km;而在马里亚纳海槽处,莫霍面较浅,地壳厚约 10km。上地壳 P 波速度为 4~5km/s,中地壳 P 波速度约 6km/s。下地壳 P 波速度约 7km/s 并具有较明显的横向变化,在岛弧火山前线和马里亚纳海槽 (弧后) 扩张中心之下速度较低 (6.7~6.9km/s),而在马里亚纳岛弧与马里亚纳海槽之间以及西马里亚纳海岭与帕里西维拉海盆之间速度较高 (7.2~7.4km/s)。地幔最顶部 P 波速度相对较低,近 8km/s (图 3-12)。

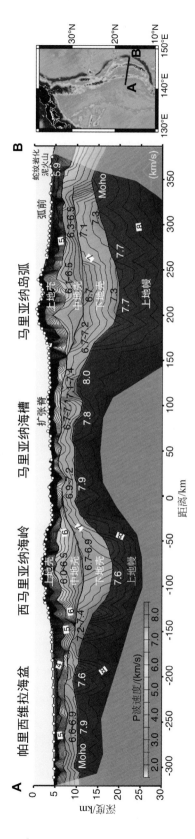

图3-12　马里亚纳岛弧及周边地区主动源P波速度剖面（据Takahashi et al., 2007）

马里亚纳弧前增生楔并不十分发育，在弧前盆地中可见显著的正断层，表明马里亚纳弧前地区处于拉张环境（Oakley et al.，2008；Stern et al.，2003），为侵蚀型俯冲带。这些正断层的走向，既有平行于海沟方向的，也有近垂直于海沟方向的。近平行于海沟方向的正断层被认为是弧后扩张所致（Martínez et al.，2000）。马里亚纳弧前地区还发育有大量蛇纹岩化的海山，这些海山距离海沟50～120km，可能是弧前地区多周期"泥火山"喷发所致（Fryer，1996；Oakley et al.，2007）。在一些蛇纹岩化的海山底部，还发现有逆冲断层，被解释为是由"泥火山"重力坍塌过程中向两侧推挤所形成（Oakley et al.，2007）（图3-13）。弧前蛇纹岩化海山的出现，说明弧前地幔楔中可能存在大量的水，从而导致了弧前蛇纹岩化(图3-14)，这些水可能是由俯冲板块的相变脱水所释放（Hyndman and Peacock，2003）。

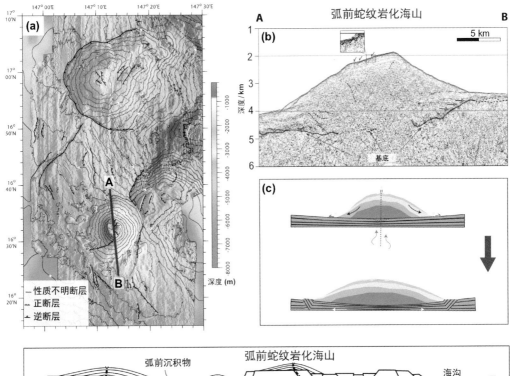

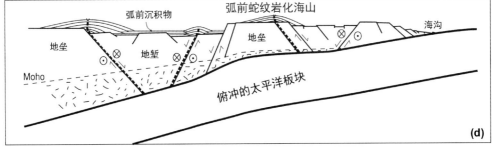

图3-13　马里亚纳弧前蛇纹岩化海山构造特征及成因机制（据 Oakley et al.，2007）

（a）弧前蛇纹岩化海山地形图；（b）弧前蛇纹岩化海山地震剖面，剖面位置见图（a）中红色实线；

（c）和（d）为弧前蛇纹岩化海山成因模式

第3章　太平洋板块系统演化

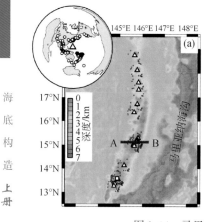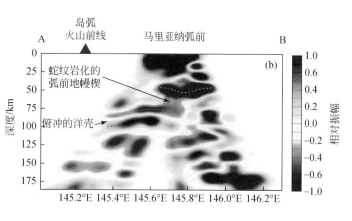

图 3-14　马里亚纳弧前接收函数剖面（据 Tibi et al.，2008）

（a）研究区地形及剖面位置（红色实线），白色三角代表地震台站，插图中白色圆圈代表地震事件；

（b）接收函数剖面，剖面位置见图（a）中红色实线

　　马里亚纳岛弧主体呈南北向，具有显著的火山前线［图 3-14（a）］，岛弧岩浆作用十分活跃。地球化学证据表明，马里亚纳岛弧岩浆中富含水，而俯冲板块的脱水作用则可能为其提供了水的来源（Kelley et al.，2010）。马里亚纳岛弧岩浆的含水量可达 1.5wt% ~6.0wt%（wt% 表示质量分数），远大于弧后岩浆的含水量，此外其岛弧岩浆源区的深度（34 ~87km）也大于弧后岩浆源区深度（21 ~37km）（Kelley et al.，2010）。马里亚纳岛弧岩浆的含水量存在横向差异，一些岛弧火山岩浆的含水量仅为 2wt% ~3wt%，类似于弧后岩浆的含水量，而另一些可达 5wt% ~6wt%，这一特征表明岛弧下的地幔楔中可能存在显著的横向不均匀性（Parman et al.，2011）。

　　马里亚纳海槽呈现出不对称的扩张样式，其扩张中心并不位于海槽中心轴部，而是更靠近东侧的马里亚纳岛弧，其扩张速率较慢，在过去的几个百万年中为 2 ~3cm/a（Kato et al.，2003）。GPS 测量结果表明现今马里亚纳海槽还在扩张中，其北部（~19°N）的扩张速率较低（~1.5cm/a），而南部（~14°N）的扩张速率较高（~4.5cm/a），自北向南逐渐升高（Kato et al.，2003）。马里亚纳海槽中出露的玄武岩类似于洋中脊玄武岩，但两者存在明显的区别。马里亚纳海槽中的玄武岩成分指示了其岩浆源区富含水，而洋中脊玄武岩岩浆源区的水含量则相对较低，这一显著区别表明了俯冲板块的脱水作用，可能也对弧后岩浆的起源以及弧后扩张作用具有重要意义（Stolper and Newman，1994；田丽艳等，2003；Kelley et al.，2006；石学法和鄢全树，2013）。尽管马里亚纳岛弧岩浆和弧后岩浆的起源都与俯冲相关，但这两者之间还存在明显差异。岛弧岩浆中的俯冲组分（Ba/Nb）更为富集，而弧后岩浆中的软流圈地幔组分（Nb/Yb）更为富集（Pearce et al.，2005；Pearce and

Stern，2006；曹志敏等，2006）。位于马里亚纳海槽西侧的西马里亚纳海岭主体呈南北向，无明显岩浆活动，被认为是由马里亚纳海槽打开所形成的残留弧（Hall，2002）。

（3）地幔楔特征

对俯冲系统的地幔楔构造特征研究，多采用被动源地球物理探测与矿物物理、数值模拟相结合的方法进行综合分析。在马里亚纳弧前之下的地幔楔中，存在明显的低地震波速、高衰减构造异常体，表明了马里亚纳弧前蛇纹岩化的存在（Pozgay et al.，2009）。利用建立在马里亚纳群岛上的宽频地震台站所记录到的远震 P-S 转换波，揭示出在马里亚纳的弧前地幔楔中，存在一厚 10～25km，上边界位于 40～55km 深度处的低波速异常体（Tibi et al.，2008）（图 3-14）。由于这一低波速异常体内的 S 波速度约 3.6km/s，可能指示了弧前地幔楔蛇纹岩化的程度达 30%～50%，即含水量可达 4wt%～6wt%（Tibi et al.，2008）。利用马里亚纳群岛上的宽频地震台站及其周边地区布设的海底地震仪（OBS）开展的地震波衰减层析成像（Pozgay et al.，2009）也揭示，在马里亚纳弧前地幔楔中，存在两个地震波高衰减区域：一个位于岛弧火山东侧，其位置大致与接收函数结果所揭示出的低速异常体（Tibi et al.，2008）相对应（图 3-14）；另一个则正处于弧前蛇纹岩化海山下方（图 3-15）。地震波速度层析成像也在马里亚纳弧前地幔楔中揭示出明显的低波速异常体（Pyle et al.，2010；Barklage et al.，2015）（图 3-16）。横跨马里亚纳俯冲带中部的大地电磁（MT）剖面表明，高衰减的弧前地幔楔的电阻率值超过 $100\Omega \cdot m$（Matsuno et al.，2010）。这些特征可能指示了弧前地幔楔的蛇纹岩化，但缺乏熔体或自由水。低地震波速、高衰减的地幔楔也见于西北太平洋的琉球俯冲带中，但在日本俯冲带和南千岛俯冲带中则不明显。

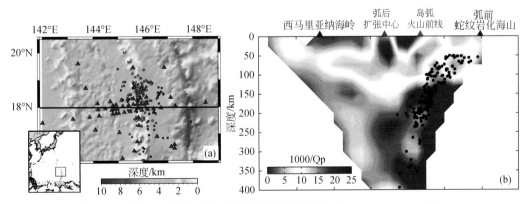

图 3-15　马里亚纳俯冲带 P 波衰减层析成像剖面（据 Pozgay et al.，2009）

（a）研究区地形及剖面位置（黑色实线），红色三角代表地震台站，彩色圆圈代表地震事件；（b）P 波衰减层析成像剖面，剖面位置见图（a）中黑色实线，黑色圆圈代表发生在俯冲的太平洋板块中的地震

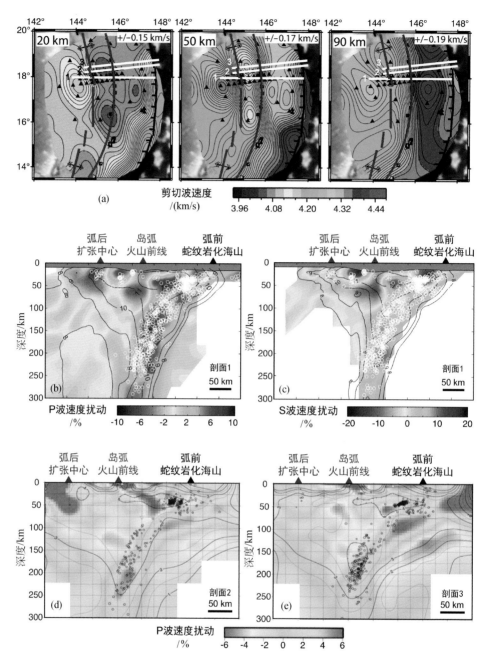

图 3-16 马里亚纳俯冲带地震波速度层析成像

（a）马里亚纳俯冲带不同深度处（20km，50km 和 90km）剪切波速度剖面（Pyle et al.，2010），黑色锯齿线代表马里亚纳海沟，红色实线代表马里亚纳岛弧火山前线，蓝色实线代表马里亚纳弧后扩张中心，三条白色实线（1，2，3）代表图（b）～（e）中的剖面位置。（b）马里亚纳俯冲带 P 波速度层析成像剖面（Barklage et al.，2015），剖面位置见（a）中白色实线 1。（c）马里亚纳俯冲带 S 波速度层析成像剖面（Shiobara et al.，2010），剖面位置见图（a）中白色实线 1。（d）马里亚纳俯冲带 P 波速度层析成像剖面（Shiobara et al.，2010），剖面位置见图（a）中白色实线 2。（e）马里亚纳俯冲带 P 波速度层析成像剖面（Barklage et al.，2015），剖面位置见图（a）中白色实线 3。图（b）和图（c）中的白色圆圈以及图（d）和图（e）中的黑色圆圈代表剖面附近的地震事件

在马里亚纳岛弧之下的地幔楔中存在显著的高导异常体（Matsuno et al.，2010），这些高导异常体还具有低波速、高衰减的特征（Pozgay et al.，2009）。在岛弧火山与弧后扩张中心之间~60km以深的地幔楔中，电阻率较小，仅为3~10Ω·m（Matsuno et al.，2010）。在岛弧之下50~100km深度处，存在一显著高衰减异常体，这一高衰减异常体向上可延伸至岛弧火山之下（Pozgay et al.，2009）（图3-15）。面波层析成像结果揭示出在岛弧火山与弧后扩张中心之间的地幔楔中存在明显的低波速异常体（Pyle et al.，2010）［图3-16（a）］。而近震与远震联合反演体波速度层析成像表明，在马里亚纳弧前和弧后扩张中心之下的地幔楔中，显著的低波速异常体存在于20~30km深度处，在岛弧火山之下的地幔楔中，存在倾斜的低波速异常带，其最大振幅处位于60~70km深度（Barklage et al.，2015）［图3-16（b），（c）］。与面波层析成像结果不同的是，体波速度层析成像结果显示，岛弧火山与弧后扩张中心之下的低波速异常体在浅部是分隔开的，而在约80km以深则连为一体（图3-15，图3-16）。这些特征可能指示了岛弧之下的地幔楔中熔体或水的存在。低波速、高衰减的岛弧地幔楔常见于全球其他俯冲带中，指示了岛弧地幔楔由于俯冲板块的脱水作用和地幔楔中的对流循环而富水，进而可能发生部分熔融，导致了岛弧岩浆作用。需要指出的是，图3-16中马里亚纳弧后扩张中心之下的速度层析成像结果是存在明显差异的。

（4）俯冲的太平洋板块特征

马里亚纳海沟外缘隆起处的太平洋板块年龄超过150Ma，有效弹性厚度约50km，其上发育有大量由于俯冲板块弯曲所形成的近平行于海沟的正断层（Oakley et al.，2008）（图3-17，图3-18）。俯冲的太平洋板块在小于100km深度处倾角较缓（<20°）（Oakley et al.，2008），而当俯冲深度大于100km时倾角较陡，近于直立，局部地区穿过了地幔转换带，进入下地幔（Zhao et al.，2013）。俯冲板块中的地震从近地表处一直延伸到600km以上深度处，其中大多数地震发生在250km以浅地区，标志着由于俯冲板块中发生矿物相变而造成的板片脱水作用（Peacock，1993）。在150km以浅的俯冲板块中还发育有明显的双层深发地震面（图3-16），双层深发

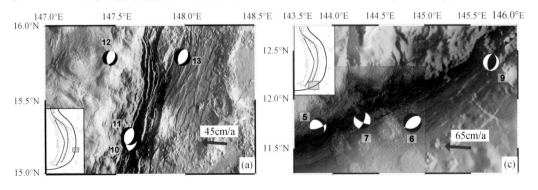

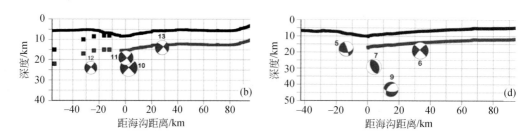

图 3-17　马里亚纳海沟外缘隆起及其周边地区震源机制解（据 Emry et al.，2014）

（a）和（c）为平面上地震发生的位置及其震源机制解，（b）和（d）为剖面上地震发生的位置及其震源机制解；（b）和（d）中的黑色粗实线代表地形起伏，而红色粗实线代表太平洋板块的 Moho 面位置；（b）中的多个黑色方块描绘出俯冲的太平洋板块上表面位置，而多个红色方块则描绘出俯冲的太平洋板块的 Moho 面位置

地震面间距约为 30km（Shiobara et al.，2010），指示了俯冲板片的岩石圈地幔中可能存在蛇纹岩化现象，这与弧前正断层的发育导致海水进入太平洋板块岩石圈地幔中，可能具有内在联系。

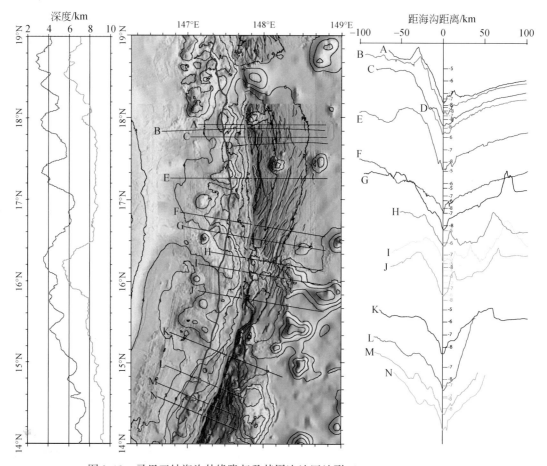

图 3-18　马里亚纳海沟外缘隆起及其周边地区地形（Oakley et al.，2008）

中间栏显示平面图及剖面位置，黑色实线代表海沟外缘隆起处发育的正断层；左侧栏显示平行于海沟方向的两条地形剖面，剖面位置见中间栏；右侧栏显示垂直于海沟方向的 14 条地形剖面（A～N），剖面位置见中间栏

3.1.5.3 残生微板块

残生微板块是指洋中脊-转换断层系统在俯冲时，因洋中脊-转换断层组合差异致使原先完整的大中型统一板块在消减过程中被分割为多个微小板块并在俯冲盘残留下来的部分。胡安·德富卡和里维拉微板块是典型的例子。以里维拉微板块为例，其位于东太平洋海隆（太平洋-里维拉海隆）东部，里维拉转换断层北部，中美洲海沟西南部。尽管里维拉微板块的南部在 7.2 ~ 2.2Ma 发生了变形，但目前该微板块的南部界线是里维拉转换断层。然而在北部，里维拉微板块的最北部在 3.6 ~ 1.5Ma 发生了转变，并与北美板块紧密联系在一起。因此，现今的里维拉-北美板块边界如图 3-19 所示。在东部，里维拉-科科斯板块边界明显是左行的，但其准确位置还不确定。

法拉隆板块向北美板块之下俯冲的过程中，随着分段的太平洋-法拉隆洋中脊系统（东太平洋海隆）的持续俯冲，法拉隆板块规模减小，并分裂成北法拉隆板块（胡安·德富卡）和南法拉隆板块，南法拉隆板块之后又裂解成科科斯板块和纳兹卡板块。因此可以推测，随着科科斯板块和纳兹卡板块的持续俯冲，其可能进一步分裂、缩小，演化成新的残生微板块。

3.1.5.4 延生微板块

狭义的微板块现今常被用来指直径 100 ~ 500km 范围的板块，其常自发地形成于大洋扩张系统的中心，并相对于临近板块做快速的旋转。由于这些微板块是由裂谷拓展（propagation）和非转换断层位移的共同作用形成的，因此被划分为延生微板块。现今东太平洋海隆上的加拉帕戈斯、复活节和胡安·费尔南德斯微板块都是这种类型。

Lonsdale（1988）在东太平洋海隆 2°N 的位置发现了一个约 120km 宽的微板块，这个区域之前被认为包括了一个太平洋、科科斯和纳兹卡板块三节点［图 3-20（a）］，后根据海洋地质传统，以其最靠近的岛（尽管加拉帕戈斯岛在其东部约 1100km 处）命名为加拉帕戈斯微板块。Lonsdale 等（1992）通过调查确定了加拉帕戈斯-科科斯板块的边界，发现一条年轻的洋中脊与太平洋海隆相交构成了 2°40′N 处的 RRR 三节点（科科斯-太平洋-加拉帕戈斯）。

复活节微板块是位于东太平洋海隆分叉处的一个微洋块（550km×410km），其位于 22°S ~ 27°S，西部是太平洋板块，东部为纳兹卡板块［图 3-20（b）］。其以复活节岛命名，但范围不仅仅包括复活节岛。这个微板块是 Herron（1972）基于磁异常和地震数据发现的。Engeln 和 Stein（1984）使用地震、滑动矢量、测深和磁异常数据确定了这个板块的大多数边界，并确定了其相对于邻近板块的欧拉极位置。

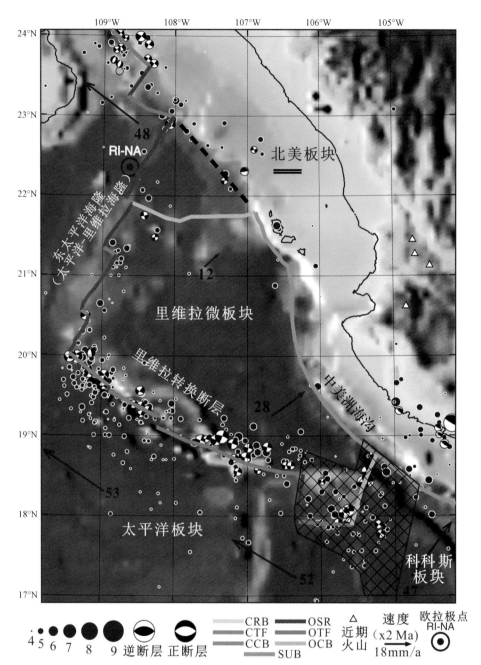

图 3-19　里维拉（RI）微板块的边界（加粗的彩色线）（据 Bird，2003）

其周围被北美、太平洋和科科斯板块所包围网格区域是里维拉—科科斯造山带。

黑色虚线指示早期的里维拉—北美板块边界。图例同图 3-8

　　胡安·费尔南德斯微板块是位于东太平洋海隆分叉处的另一个微洋块（410km×270km），其位于 32°S～35°S，西部是太平洋板块，东北部是纳兹卡板块，东南部是南极洲板块。该微板块以位于其东部 2800km 的岛命名。Craig 等（1983）绘制了其东部和西部洋中脊的水深图，Anderson-Fontana 等（1986）结合水深、磁异常、地震和滑动矢量描绘出了这个微板块的边界及其相对于邻近板块的欧拉极位置[图 3-20（b）]。

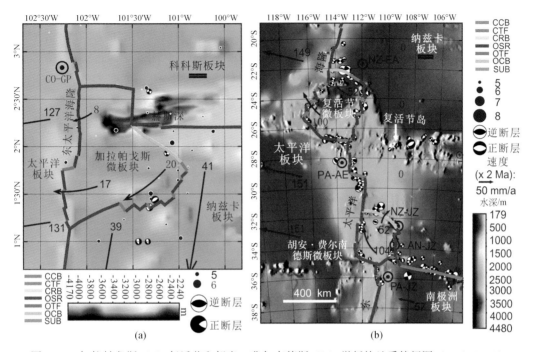

图 3-20　加拉帕戈斯（a）复活节和胡安·费尔南德斯（b）微板块地质特征图（Bird, 2003）

（a）加拉帕戈斯（GP）微板块的边界（加粗的彩色线），周围被太平洋板块（PA）、科科斯板块（CO）和纳兹卡板块（NZ）所包围。（b）复活节（EA）和胡安·费尔南德斯（JZ）微板块的板块边界（加粗的彩色线），周围板块为太平洋板块、南极洲（AN）板块和纳兹卡板块。图例同图 3-8

3.1.5.5　跃生微板块

上述四类微地块边界均有活动构造带。此外，还有一类微地块边界组成为死亡的洋中脊或假断层。跃生微地块是洋中脊发生远距离的跃迁（ridge jumping）所致，现今多数不再活动，常残存于深海板内系统。其典型例子是西太平洋的沙茨基海隆到麦哲伦高原海域的微洋块以及西北印度洋内的一系列微陆块。

西北太平洋海区的磁条带给出了三节点演化与海底高原及微洋块形成之间关联的有力证据。此外，西太平洋水深和磁异常似乎暗示着发生过地幔柱-洋中脊相互作用。一些高原和微洋块沿着太平洋-法拉隆-依泽奈崎三节点及太平洋-法拉隆-菲尼克斯三节点的轨迹或在其附近形成（图 3-21）。而且，这些高原中有许多是位于洋中脊重组位置的附近。例如，在沙茨基海隆区域，磁条带显示一个几何学上稳定的洋中脊-洋中脊-洋中脊或洋中脊-洋中脊-转换断层（太平洋-法拉隆-依泽奈崎）三节点在 M22（150Ma）之前向北西方向移动。在 M21（147Ma）时，该三节点开始重组，太平洋–依泽奈崎磁线理发生了 30° 的旋转，导致了沙茨基微洋块的形成，同时三节点向东跃迁了 800km，到达了塔穆地块的位置。之后直到 M3（126Ma），沙茨基海隆沿三节点轨迹逐渐形成。在这期间，三节点不停地跃迁，至少发生了 9次。在 M1 之后，这个三节点的位置不再清楚，这是因为白垩纪磁静期缺少磁条带。然而，根据东北太平洋中晚白垩世磁条带结合破碎带方向进行回溯，揭示出在 100Ma 时三节点位于赫斯海隆附近，同时三节点跃迁导致在其附近形成了一个切努克（Chinook）微洋块。

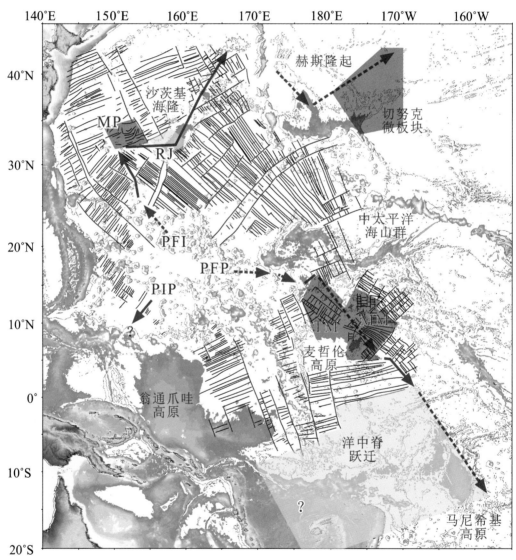

图 3-21　太平洋板块内两条三点节轨迹上中生代微地块和高原的分布（据 Sager, 2005）

黑色细实线代表磁条带或磁线理，蓝色粗实线代表三节点的迁移轨迹，蓝色粗虚线代表推测的三节点迁移或跃迁。红色区域和黄色区域分别代表洋中脊跃迁形成的微地块和岩石圈块体。MM. 麦哲伦微地块；MP. 未命名的微地块；TM. 特立尼达微地块；RJ. 洋中脊跃迁；PFI. 太平洋–法拉隆–依泽奈崎三节点；PFP. 太平洋–法拉隆–菲尼克斯三节点；PIP. 太平洋–依泽奈崎–菲尼克斯三节点

同样，太平洋-法拉隆-菲尼克斯三节点也留下了微洋块和高原的轨迹（图3-21）。在M20～M14（149～136Ma），沿这个三节点轨迹，形成了特立尼达（Trinidad）微洋块、麦哲伦隆起及北麦哲伦隆起；随后，在M14～M11（136～131Ma），麦哲伦微洋块形成于三节点附近。进一步来说，马尼希基高原附近的白垩纪磁静区及高原的年龄说明在白垩纪磁静期发生了一次大跨度的洋中脊跃迁，将该三节点移动到了马尼希基高原附近。因此，正如其对应的北部部分，太平洋-法拉隆-菲尼克斯三节点也留下了一系列海底高原、微洋块和洋中脊跃迁轨迹。

3.2 典型构造分析

3.2.1 洋中脊构造系统

洋中脊裂谷是伸展型板块边界，它将岩石圈板块逐渐撕裂，形成了新的板块边界，并将老的板块边界重新排列。如果大陆裂谷作用演化到了洋底扩张阶段，拓展型洋底扩张中心逐渐拓展到裂解的岩石圈，在这个过程中，洋中脊上常形成新的微板块，如复活节微板块和胡安·费尔南德斯微板块等。而当洋中脊与俯冲带或走滑断层相互作用时，也会导致新板块的形成，如胡安·德富卡微板块。

3.2.1.1 裂谷拓展和微板块与三节点的演化

微板块虽小，但大多是刚性的岩石圈块体，常发育于大板块边界附近，或多或少作为独立的板块发生旋转。微板块可以形成于多种构造背景下，沿洋中脊主要有两种类型，分别是形成于三节点处的和形成于远离三节点处的，这两种类型具有很多相似性。尽管过去曾经认为稳定生长的微板块最终能演化成主要的大板块，但现在看来这些微板块是大尺度中央裂谷拓展所导致的过渡现象。当洋中脊的叠接带变得太大、太强，以至于不能被普遍存在的书斜式正断层所改变，这个叠接带就会改变其机制和行为，并作为一个独立的微板块旋转来调节边界板块运动的剪应力。目前研究最深入的大洋微板块是沿太平洋-纳兹卡洋中脊分布的复活节微板块和太平洋-纳兹卡-南极洲三节点处的胡安·费尔南德斯微板块（图3-22）。尽管它们形成于不同的构造背景下，它们仍具有很多明显的相似性。

复活节微板块（直径约500km）和胡安·费尔南德斯微板块（直径约400km）的大小相当。这两个微板块的东部和西部边界都是活动的扩张中心，分别向北和向南拓展。两个微板块都始于5Ma左右，两个东部裂谷都已经拓展到约3Ma的纳兹卡岩石圈中。极深的中央裂谷发生在这两个微板块的端部，包括复活节微板块东北边

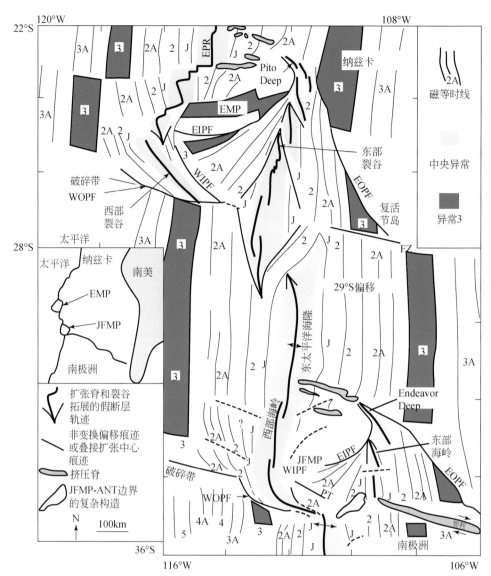

图 3-22 复活节微板块（EMP）和胡安·费尔南德斯微板块（JFMP）的构造边界、
磁异常条带及构造特征（据 Hey，2005）

EPR. 东太平洋海隆；FZ. 破碎带；NAZ. 纳兹卡；PAC. 太平洋；SA. 南美；ANT. 南极洲。WOPF，WIPF，EOPF，
EIPF 分别是西部外缘和内部、东部外缘和内部的假断层。数字（如 2，2A）指示磁反转时间标度的磁异常条带，J
是 Jaramillo 反转 ~1Ma，PT 是古转换断层

界处约 6000m 深的 Pito 深凹（Pito Deep）和胡安·费尔南德斯微板块东北边界约
5000m 深的 Endeavour 深凹。北部和南部边界是复杂的变形带，包括剪切带、伸展
带和明显的挤压区。复活节微板块的主裂谷（东部）和胡安·费尔南德斯微板块的
主裂谷（西部）以及两个微板块之间延伸处的主裂谷（西部），都从复活节地幔柱
（或这个地幔柱与洋中脊轴的交接处）拓展出去，说明微板块形成和中央裂谷拓展
是由地幔柱相关的动力所驱动。

这两个微板块都具有大的（～100km×200km）、复杂且普遍存在的变形核心，可能仍处于演化初期大尺度裂谷拓展阶段，并由叠接带处的书斜式断层作用所形成。这两个微板块都表现出独立的微板块生长，变形集中在沿板块边界一线。目前，这两个微板块正以靠近微板块中心处为极点，在两个相邻主板块之间像轴承一样发生非常快速的顺时针旋转。复活节微板块的旋转速度约是15°/Myr，胡安·费尔南德斯微板块的旋转速度是9°/Myr。轴承的类比已经在一个微板块动力机制理想化的边缘驱动模型中定量化。如果微板块旋转确实是由微板块和周围主板块之间边界上的剪切力所驱动的，那么旋转速度（弧度）是$2u/d$，$2u$是主板块的相对运动速度，d是微板块的直径。因为如果微板块不存在的话，微板块边界的总扩张必须与主板块的运动相等。描述微板块相对于主板块运动的旋转（欧拉）极位于微板块边界上、拓展裂谷的最远端。

微板块形成的轴承模型的理想几何形态（图3-23）需要一个圆形的微板块，也需要双活动扩张脊上的海底扩张，这个先存条件一定会不断地改变微板块的形状。

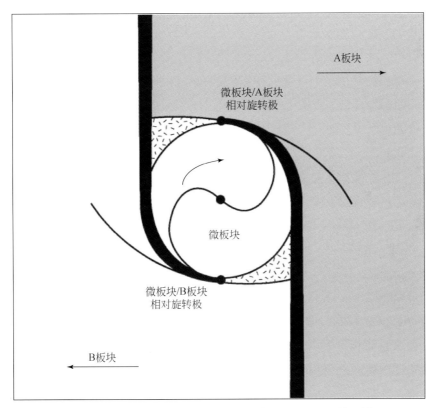

图 3-23　基于简单、集中的旋转轴承所建立的微板块的轴承模型
（roller-bearing model）（据 Hey，2005）

微板块是位于两个主板块（A 和 B）之间的一个大致呈圆形的板块。微板块与主板块之间的主要接触面也是相对旋转极（黑点）的位置。黑色粗线为主扩展扩张中心（洋中脊），于微板块处叠接。交叉三角是挤压区。中粗的曲线是推测的假断层，板块箭头指示相对运动方向。这个模型图假设从一个无穷小的点生长到现今的圆形，这个模型可以进一步考虑从一个有限宽度、偏心运动的生长和微板块的生长

微板块生长得越大，它旋转时就会发生更大的变形，刚性板块模型就会越不适应。尽管这个不可避免的板块生长会很快使这个模型失效，但有助于保持这个必须的几何形态的多幕裂谷拓展已被证实确实发生在复活节和胡安·费尔南德斯微板块中。所有的拓展都位于死亡裂谷的微板块内侧，因此，微板块岩石圈将转移到周围的太平洋和纳兹卡板块中，微板块边缘新生长的部分被削去，进而保持边缘驱动模型所需的圆形。

根据边缘驱动模型，如果其中一条边界洋中脊轴拓展并穿过相对的扩张边界，微板块可能会停止旋转。双扩张不再进行，扩张作用只会在一条边界洋中脊上继续进行，微板块岩石圈将会连接到其中一个临近的主板块上。因此，活动的微板块是现今大尺度（几百千米）扩张中心跃迁的一个实例。老的洋底记录中有证据表明，沿早期的东太平洋海隆发生了多次洋中脊跃迁。

微板块在三节点迁移过程中起着重要作用。以太平洋-南极洲-纳兹卡三节点的演化为例，研究表明，大约46Ma时，随着两个三节点消失和两个新的三节点形成，哈德森（Hudson）微板块改变了太平洋-南极洲-法拉隆-阿鲁克板块边界；在12Ma时，星期五微板块的形成和消失使太平洋-南极洲-纳兹卡三节点向北迁移了500km。因此，太平洋-南极洲-纳兹卡三节点和它的前身（太平洋-南极洲-法拉隆三节点）有约46Myr的向北迁移史，并留下镶嵌在南极洲板块中死亡的微板块遗迹。现在，另一迁移事件可能正发生在胡安·费尔南德斯微板块上（图3-24）。这里是地球上扩张速度最快（~150km/Myr）的地区，其板块边界具有不稳定性。

在3A号磁条带和3号磁条带（大约5.8Ma）之间，可能因扩张方向的改变，太平洋-纳兹卡转换断层内的裂谷拓展导致胡安·费尔南德斯微板块开始形成。裂谷拓展在初生的东部洋中脊（East Ridge）上继续，并主导着微板块早期的大部分历史，同时，捕获纳兹卡板块岩石圈形成了微板块的核部。东部洋中脊拓展也导致了微板块的南部边界和太平洋-胡安·费尔南德斯-纳兹卡三节点的向北迁移。

直到约2.6Ma以前，这个微板块接近太平洋板块和纳兹卡板块，但是在2.6Ma时，相对板块运动和微板块的生长说明，太平洋-南极洲-纳兹卡三节点沿智利转换断层向西迁移，使南极洲板块迁移到微板块的东南边缘。此时东部洋中脊向东的拓展相当缓慢，并且在微板块边界，洋中脊轴部的海底扩张主导了它的生长。随着边缘驱动的微板块发生旋转，南部边界从转换断层变为挤压带。随后微板块南部边界发生复杂演化过程。尤其在西南边界，1.8~1.1Ma，西部洋中脊向南的一幕拓展导致了太平洋岩石圈和新废弃的西南边缘增生到胡安·费尔南德斯微板块上；南部一个重新活动的破碎带成为新的西南边缘。这整个过程使得太平洋-胡安·费尔南德斯-南极洲三节点向南迁移，这是幕式三节点小尺度迁移的例子。

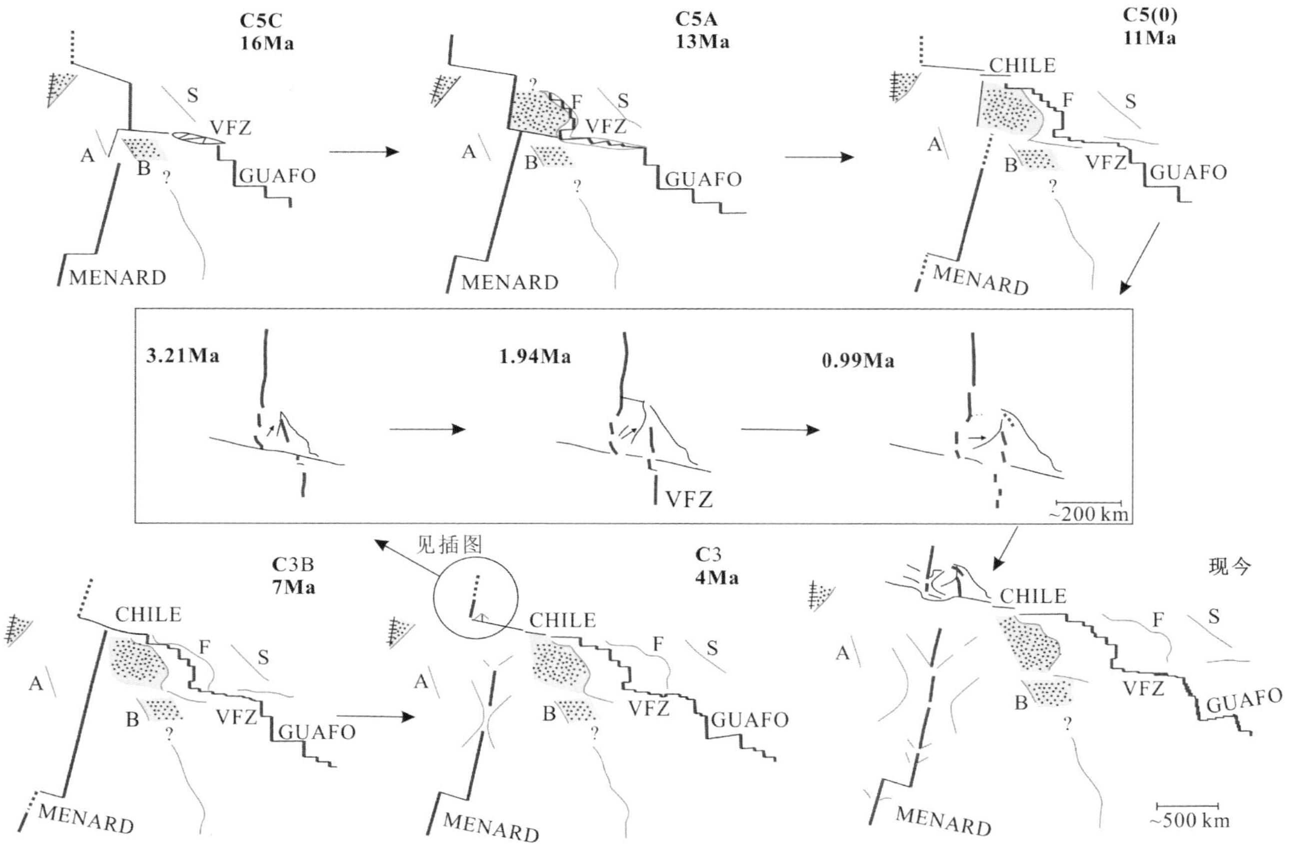

图3-24 自16Ma以来，太平洋洲—南极洲卡三节点的详细演化过程（转引自Bird et al., 1999）

在16Ma以前，RRR三节点以平静、连续的方式向北迁移。随后，三节点从瓦尔迪维亚（Valdivia）破裂带（VFZ）迁移到智利转换断层。幕式三节点迁移包括洋中脊拓展，微板块形成和消亡。插图表明了现今三节点上地质事件的类似结果。该三节点为裂谷拓展形成的胡安·费尔南德斯微板块。F. 星期五（Friday）微板块；A. Friday 南部可能存在的微板块；S. 塞尔扣克（Selkirk）古微板块；B. 鲍尔（Bauer）古微板块；后两者与三节点迁移无关。CHILE. 智利和德断层。MENARD. 默纳德破碎带；GUAFO. 瓜佛破碎带；蓝线为假断层；红线为洋中脊；黑线为转换断层

胡安·费尔南德斯微板块将来会怎样发展呢？根据其迁移历史推断，该微板块很可能将增生到南极洲板块上，并使太平洋—南极洲—纳兹卡三节点完成另一次向南的跳跃。太平洋—南极洲洋中脊冠部相对于微板块西部洋中脊向西的运动说明，这次增生可能持续约1Myr，这时两个洋中脊的轴部连成一条线。此时，东部洋中脊将成为智利海隆的北段，西部洋中脊将成为太平洋—南极洲两板块的扩张轴线（洋中脊）。

3.2.1.2　洋中脊与俯冲带相互作用

胡安·德富卡板块系统位于东北太平洋内，北美西部海域。它自9Ma以来发生了20°的顺时针旋转。胡安·德富卡板块及邻近的太平洋板块中杂乱的磁异常形态与一系列洋中脊的拓展事件有关。

在圣·安德烈斯断层形成前200多个百万年，整个加利福尼亚海岸是一条俯冲带。这条俯冲带将北美板块与一个现今已消亡的板块分隔开，这个板块就是法拉隆板块。法拉隆板块当时沿着北美海岸向北美板块之下发生向东的斜向俯冲。太平洋板块当时已经形成，通过一个离散型板块边界（洋中脊）与法拉隆板块分隔开，而这条洋中脊又被破碎带分隔成几段［图3-25（a）］。

29~27Ma时，当时分隔太平洋板块和法拉隆板块的洋中脊本身也发生了俯冲，结果导致太平洋板块开始直接接触到北美板块，而原先的法拉隆板块则分裂成两个次级残留微板块，即胡安·德富卡板块和科科斯板块［图3-25（b）］。由于太平洋板块相对于低速运动的北美板块以较高的速率向北北西方向运动，在这两个板块之间的接触区域演化成了一条转换型（走滑）边界，这就是圣·安德烈斯断层的初始形成［图3-25（b）］。约27Ma之前的这个初始转换型边界很可能是俯冲带海沟的位置。

自27Ma前开始，圣·安德烈斯断层系统已经向东跃迁了几次，且随着法拉隆板块的俯冲，这条断层的长度向北和向南都发生了拓展。这说明门多西诺（Mendocino）和里维拉（Riviera）三节点已经分别向北和向南发生了迁移，因此导致了圣·安德烈斯断层系统的延长［图3-25（b），（c）］。这也说明圣·安德烈斯断层在靠近中段的位置最老，且位移最大，它朝三节点方向逐渐变年轻。圣·安德烈斯断层的向东迁移说明原先为北美板块的一部分被转变成了太平洋板块。现今太平洋板块内的几条断层可能标志了过去太平洋板块和北美板块之间的边界。

圣·安德烈斯断层南部一次主要的向东跃迁事件大约发生在5Ma之前，它导致了断层的缩短［图3-25（d）］。自这个时候起，下加利福尼亚（Baja California）已经自墨西哥主大陆以每百年15.8in（1in=0.3048m）的速度向北运移了约150mile（1mile=1.609 344km）。这次向东的跃迁形成了圣·安德烈斯断层的大拐弯（Big Bend）。

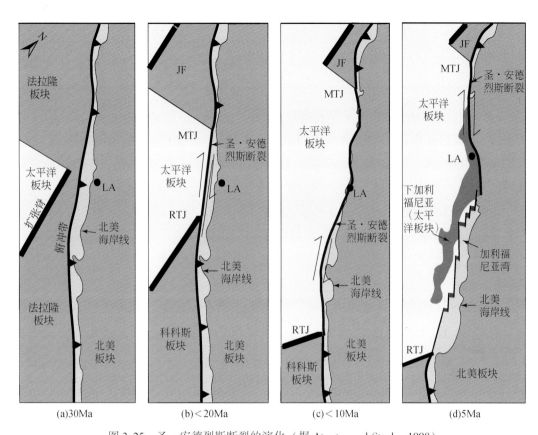

图 3-25　圣·安德烈斯断裂的演化（据 Atwater and Stock，1998）

MTJ. 门多西诺（Mendocino）三节点；RTJ. 里维拉（Riviera）三节点；JF. 胡安·德富卡板块；LA. 洛杉矶

现在，法拉隆板块的残余体或以胡安·德富卡板块的形式存在于门多西诺三节点的北部，或以科科斯板块的形式存在于里维拉三节点的南部。随着两个三节点分别向北和向南迁移，这两个板块也会继续缩小。

现今板块的直接观测和板块重建表明板块边界以三条为一组连接在一起，这个连接点称为三节点。高阶节点（higher order junctions）的缺少不是偶然的，而是取决于它们的稳定性。例如，四节点总是会分离成两个三节点。McKenzie 和 Morgan（1969）认为通过将三条板块边界连接在一个点上，可以形成 16 种三节点类型。如果将洋中脊、海沟和走滑断层（或转换断层）分别定义为 R、T 和 F，那么 RRR 可以被用来指示三条洋中脊交会处的三节点，TTR 指示两条海沟和一条洋中脊交会处的三节点，等等。在任何一个给定的时间，一个板块构造样式可以用一个图表 G（j，b）来代表，其具有 j 个三节点和 b 条边界，分别对应了三节点和板块边界。在这个展示图表中，其可用来研究全球构造板块系统的拓扑性质，板块 P 以排序的三节点循环序列（J_1，J_2，…，J_n）来定义。需要注意的是，在这种展示图表中，板块边界的准确几何形态并不是必需的，因为要描述的是构造板块之间的关系及它们的相互作用这个系统，而不是施加于它们的具体几何学细节。如果 J 是 G（j，b）中的任意节点，那么 J 同时也是三个相邻循环序列的顶点。从这个节点开始，定义其中一个对应构造板块的三节点序列被应用于下面这个简单的板块遍历算法（plate traversal algorithm）：

1）选择起始节点 J 的一条任意边界。

2）通过选择的边界移动至邻近的节点。如果这是起始节点 J，那么停止。

3）现在有两个可选择的（左边和右边）边界来离开目前的节点。选择左边的边界。

4）跳到步骤2）。

在这个算法中，通过选择一条开始边界，与 J 有关的三个板块中的一个被应用于步骤1）。这个算法可被用作一个基础来设计更复杂的步骤，以便研究全球板块构造样式的结构。

上面讨论的构造板块的理论定义，可根据三节点的数量对其进行区分。要证明两个简单的方程式能够表达板块数量 p 是板块边界数量 b 和三节点数量 j 的函数并不难，如下：

$$b=3（p-2）$$
$$j=2（p-2） \tag{3-1}$$

实际上，如果假设地球只有三个板块（$p=3$），那么很清楚 $b=3$，$j=2$。为了形成一个新的板块，我们必须将已有的一个板块撕裂成两个板块。这个过程需要通过插入两个新的三节点和连接它们的一条新边界来切断板块的两条边界。因此，对每个新板块来说加入了两个三节点，所以 j 总是平衡的。考虑到板块边界的数量，尽管只增加了一条新的边界，切断两条已存边界的过程决定了两个单元之间板块边界总数量的增加。因此，每个新板块有三条额外的边界。这就证明了式（3-1）。现今的板块构造包括 23 个板块，根据式（3-1），则有 $j=42$，$b=63$。

自 20 世纪 60 年代以来，三节点的分类和动力机制就成为研究的热点。描述这些重要构造特征的瞬时动力机制的基本原则是闭合（closure rule）。通常，如果 ω_{AB}、ω_{BC}、ω_{CA} 分别是板块 A 相对于板块 B、板块 B 相对于板块 C 及板块 C 相对于板块 A 的欧拉矢量，那么闭合可以简单地表示如下：

$$\omega_{AB}+\omega_{BC}+\omega_{CA}=0 \tag{3-2}$$

如果这个三板块系统通过一个三节点 J 相连，那么这个点同时属于板块 A、B 和 C。因此，通过公式 $\nu=\omega\times\gamma$，可以将这种情况下的闭合表达为三节点处的线性矢量：

$$\nu_{AB}+\nu_{BC}+\nu_{CA}=0 \tag{3-3}$$

与式（3-3）有关的速度三角形可被用来预测三节点的动力机制。这对假设一个参考系固定在其中一个板块（如板块 A）上非常有用。走滑边界和海沟必须按照相对速度矢量来运动。然而，海沟相对于上覆板块来说总是变动的，因此当其与参考板块一致时，海沟就会保持静止。这个行为的一个重要地质结果是由三节点处走滑边界的演化来表示的［图 3-26（d）］。

与其他板块边界不同，洋中脊在两个共轭板块之间是以半相对速率 ν 运动的［图 3-26（a）］。在 RRR 三节点情况下，一个额外的三角形空间产生于三条洋中脊段发生位移的过程中，其边界分别为：$\nu_{AB}\Delta t$、$\nu_{BC}\Delta t$ 和 $\nu_{CA}\Delta t$。新的三节点将位于这个三角形内，但其与原先洋中脊段的连接可能会更复杂。它可能涉及或者是洋中脊拓展段向三节点新位置方向的简单拓展，或者是新的洋中脊拓展段甚至是一个小的微板块的形成，正如在东太平洋区域发现的那样（胡安·费尔南德斯和加拉帕戈斯微板块）。洋中脊相对于参考板块以半速率运动的事实清楚地说明，在时间 t 时，位于洋中脊拓展段附近的任意点集将会远离洋中脊，在 Δt 的时间间隔后，位移是 $\nu\Delta t/2$。如果把洋中脊一侧年龄为 t 的所有位移点连接起来，并把这些段用沿破碎带分布的点结合起来，那么就能获得过去某个时间 t 时代表洋中脊几何形态的线。这样一条线叫作等时线。在板块 A 的参考系中，共轭板块 B 的等时线以全速率 ν 运动，正如图 3-26 中所展示的海沟和走滑断层。

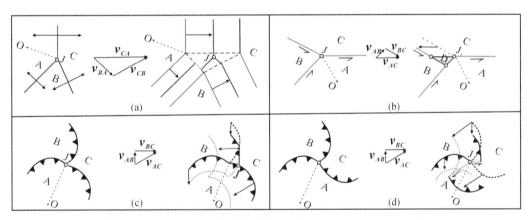

图 3-26　RRR、FFF 和 TTT 三节点的演化（据 Schettino，2015）

所有图中参考系中的起点 O 都是相对于 A 区固定。（a）RRR 三节点。箭头指示三节点 J 处的全扩张速度。在小的时间间隔 Δt 之后，J 的新位置可能在中部虚线三角中的任意位置。洋中脊通过拓展、新的转换断层的演化或斜向扩张连接到 J 的这个新位置上。深绿色线是具有相同海底年龄的点（等时线）。（b）不稳定的 FFF 三节点，其分解形成一个新的三节点微板块。在这个例子中，三个新的 RRF 三节点生成，替代了原先的三节点 J。虚线代表了板块边界的最初位置。（c）和（d）两种不同类型的 TTT 三节点。虚线代表下板块边缘的俯冲点。其中图（c）指示了一种稳定的情况，A 一直存在于上板块中，B 既是上板块，也是下板块，C 一直是下板块。三节点 J 沿 A-C 边界向右迁移。图（d）说明了一个更复杂的情况，A、B、C 同时既是上板块也是下板块。在这种情况下，三节点不稳定，新的走滑边界形成（蓝线）

3.2.2　海盆构造系统

远离洋中脊的太平洋洋底的典型构造之一是大量弥散性、密集分布的洋底高原和台地，如沙茨基海隆和翁通爪哇洋底高原，它们是目前大火成岩省中最具有代表性的例子。同时，太平洋海盆内部还存在着大量海山群、海山链，如皇帝-夏威夷海岭、中太平洋海山群等。这些洋底高原和海山或与热点-地幔柱活动有关，或与洋中脊扩张有关。图 3-1 所示的热点中，如果使用严格的标准，只有夏威夷、复活节和路易斯维尔热点被划分为起源于深地幔的一类。其他几个热点，如卡罗琳、萨摩亚、塔希提等则没有显示出深地幔柱的特征，且都是自 7Ma 或更晚才开始活动。

太平洋洋底虽然有大规模的洋底高原和大大小小的海山，但位于西北太平洋的沙茨基海隆不管在构造位置上，还是在理解洋底高原成因所特有的重要证据上，都是独一无二的。

3.2.2.1　沙茨基海隆

沙茨基海隆位于日本东部约 1500km 的西北太平洋内，是最大的洋底高原，面积约 $5.3 \times 10^5 km^2$，面积与日本或美国的加利福尼亚相似，体积约 $2.5 \times 10^6 km^3$。沙茨基海隆由三个主要的块体组成，即塔穆（Tamu）、奥里（Ori）和希尔绍夫（Shirshov）块体，三者呈北东-南西方向排列（图 3-27）。其中，塔穆块体在三者中最大，它是一个约 450km×650km 的圆形穹窿，面积约 $3.1 \times 10^5 km^2$，其几何形态是一个巨大的玄武岩盾。三个块体的体积依次减小，其中塔穆块体体积为 $2.53 \times 10^6 km^3$，可与太阳系最大的火山——火星上的奥林匹斯隆起相比，奥里块体体积为 $0.69 \times 10^6 km^3$，希尔绍夫块体体积为 $0.65 \times 10^6 km^3$。沙茨基海隆最北部还存在一个低的 Papanin 海脊，从希尔绍夫块体延伸到东北部，其体积为 $0.41 \times 10^6 km^3$。此外，由几十个体积更小的散布海山所组合成的 Ojin 隆起海山（Ojin rise seamounts）散布在希尔绍夫块体周围及其东部（图 3-27）。

图 3-28（a）的 A-B 剖面是独一无二的，因为它横跨了洋底高原的整个塔穆块体，并且展示了该块体沿最东部峰值 [4400 炮点，图 3-28（a）] 两侧具有明显的对称性。基底内的反射从这个峰值分开，沿两翼下降到临近的深海海底上。塔穆海山典型的两翼斜坡坡度最大可达 1.5°，最低在底部附近，<0.5°，这些值明显小于典型的普通海山（>5°）。尽管塔穆块体坡角不能被精确测量，但 A-B 剖面应该展示了其最好的坡度形态（图 3-28）。

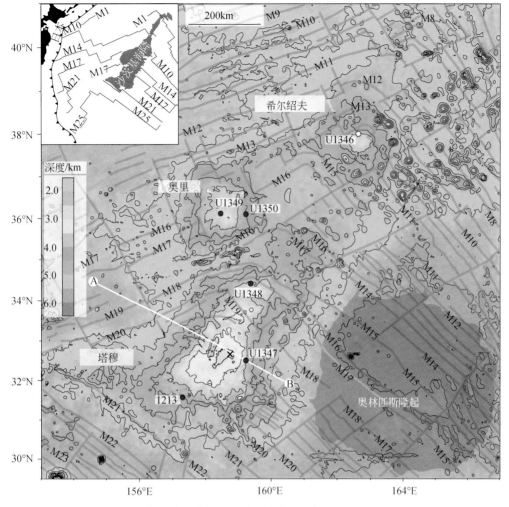

图 3-27 沙茨基海隆水深和磁线理构造图 （据 Sager et al.，2013a）

红线指示磁条带和破碎带，白线指示 MCS 反射剖面的位置。红点指示 ODP 和 IODP 钻孔位置。十字架指示
火山口峰顶位置。插图指示了沙茨基海隆相对于日本、俯冲带和磁异常的位置。灰色区域（右下角）指示
了相同比例尺下奥林匹斯隆起的大小

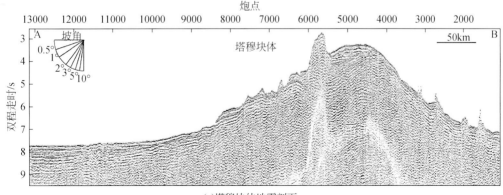

(a)塔穆块体地震剖面

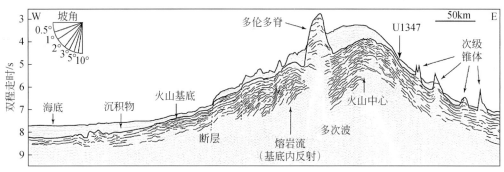

(b)塔穆块体地震剖面解释

图 3-28　塔穆块体地震剖面及解释

MCS 反射剖面 A–B，横跨塔穆块体的轴部。粗线指示了基底内反射层。标着 U1347 的箭头指示的是 IODP 站点的位置（据张锦昌等，2016）

根据横跨塔穆块体峰顶的剖面来看，基底内反射从峰顶沿山坡向下延伸，这个特征指示岩浆溢出口。峰顶还存在一个凹陷，深 55～170m，长 3～5km。这个凹陷是南北向延伸的。在更北部也发现了相似的几何形态，沿南北方向延伸约 15km，东西方向宽约 5km。这些凹陷的形态和位置都与大的、活动的盾状火山上的火山口相似，说明它们成因相同。

目前，对沙茨基海隆的形成有 4 种主要假说：①地幔柱头说；②洋中脊说；③陨石撞击说；④减压熔融说。这些成因都需要大规模的、源于地球深处的热异常，把地幔深部物质运聚到板块底部。现今主流观点认为，组成沙茨基海隆的三大块体是由三节点跃迁过程中洋中脊之间的相互作用形成的，但也不排除洋中脊和地幔柱相互作用的过程。

沙茨基海隆位于太平洋西北角的三节点位置，并发育磁条带，这与其他洋底高原多数形成于磁静期不同。具体来说，沙茨基海隆形成于磁性反转期，位于西北太平洋两组磁条带的汇合区，这两组磁条带分别为北东走向的日本磁条带和北西走向的夏威夷磁条带。沙茨基海隆磁条带这样的展布格局表明该洋底高原形成于三节点处，三节点把太平洋、法拉隆和依泽奈崎板块分离。因此沙茨基海隆可能代表了一系列与洋中脊作用相关的高原。

沙茨基海隆火山作用的体积和年龄与三节点轨迹吻合得很好。地震数据显示[图 3-28（b）]，塔穆块体的火山作用起源于一个具有异常低坡角和厚地壳（约 30km）的巨大盾状火山中心。随着距塔穆块体越来越远，隆起体积越来越小。年龄随着距塔穆块体距离加大也明显减小。ODP 1213 钻孔获得的玄武岩年龄为 144.6Ma±0.8Ma，也就是晚侏罗世到早白垩世，这个数据与周围海底磁条带的年龄大致相同，说明火山块体形成于三节点扩张脊附近。奥里和希尔绍夫块体、Pananin 洋中脊的年龄比塔穆块体要小，奥里和希尔绍夫块体下最年轻的磁异常为 M14（140Ma），

Pananin 洋中脊形成于磁异常 M10 和 M1 之间（134～125Ma），表明它们在塔穆块体之后沿三节点轨迹形成。另外，通过磁条带的分布情况可以看出，在磁异常 M22 之前，几何学上稳定的三节点向西北方向移动。在磁异常 M21 时期，太平洋—依泽奈崎洋中脊的磁条带等时线旋转30°，RRR 三节点的稳定性受到破坏，导致微板块形成及三节点向东跃迁 800km 到达现在的塔穆块体位置。直到磁异常 M3（126Ma），沙茨基海隆沿着三节点运动轨迹形成。在这个时期内，三节点重复跃迁了至少 9 次。

3.2.2.2 海山链

除了洋底高原，海山链也是太平洋洋底的重要构造特征。其中皇帝-夏威夷海岭是研究程度最高的例子之一，因为沿着这条海山链记录了很好的年龄序列，而且它远离大陆和洋中脊物源的混染。皇帝-夏威夷海岭是典型的地幔柱产物，代表了约 85Myr 时间段内有深地幔柱供给的火山作用。

在皇帝-夏威夷海岭拐弯处与夏威夷岛之间，在约 42Myr 的时间里形成了 51 个火山，它们组成了西北夏威夷海脊。夏威夷岛的研究表明，单个的岛是由几个火山中心组成的，这几个火山中心可能在约 50km 间隔的距离喷发出具有不同地球化学特征的岩浆岩（图 3-29）。

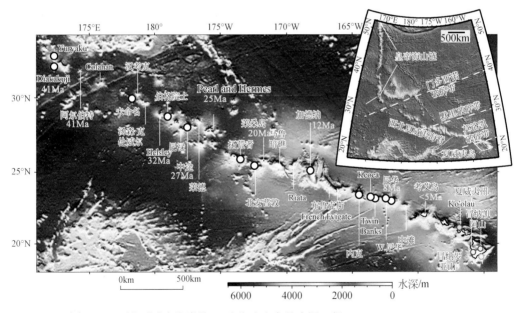

图 3-29　西北夏威夷海脊的 51 个海山和岛的水深（据 Harrison et al.，2017）

水深图是 2 分网格的全球地形数据、ETOPO2v2 卫星重力数据和新的多波束测深数据。白圈是采样位置，黄色
数字是火山年龄。插图是皇帝-夏威夷海岭的墨卡托投影图。白色虚线指示了主要的太平洋破碎带

皇帝海山链北部底特律海山 ODP 883 站位的 143 个样品结果分析显示，磁化数据是正极性。根据底部沉积物年龄约束推测这个正极性很可能代表了坎潘期晚期的

Chron 33n。这个结论反过来又说明883站位的玄武岩是在884站位的玄武岩侵位之后1~3Myr内喷出的。结果进一步证明皇帝海山链形成在现今热点位置更偏北的地方，夏威夷热点在晚白垩世发生了快速的向南运动。

太平洋板块的最东北角存在两个单独的热点形成的海山链。最南端的海山链（科布-Eickelgerg）是由靠近科布海山的热点形成，而更靠北的海山链［普拉特—维尔克（Pratt-Welker）或科迪亚克-鲍伊（Kodiak-Bowie）］则是由鲍伊热点形成。正如许多其他太平洋热点，这里有几个近期火山活动的区域，但没有像夏威夷型热点那样稳定的、大量的火山喷发。因此，阿拉斯加湾内热点的位置无法准确确定。考虑到普拉特-维尔克热点海山链的物源，该热点可能的位置应在图佐·威尔逊（Tuzo Wilson）海山、鲍伊海山或德尔伍德小山（Dellwood Knolls）附近，而科布热点则位于胡安·德富卡海脊的轴部海山（axial seamount）附近（图3-30）。Wessel

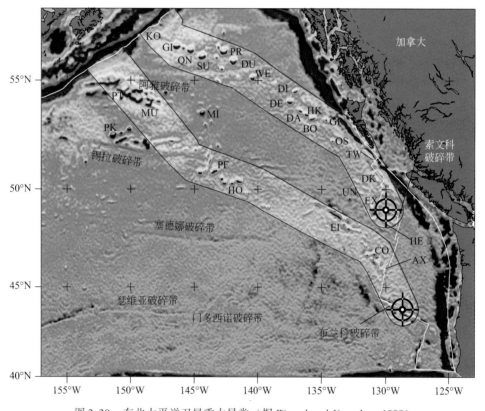

图 3-30　东北太平洋卫星重力异常（据 Wessel and Kroenke, 1998）

十字线指示了科布和鲍伊热点的位置，推测的区域（宽为250km）以浅色阴影表示。AX. Axial, 轴海山；BO. Bowie, 鲍伊热点；CO. Cobb, 科布热点；DA. Davidson, 戴维森；DE. Denson, 邓森；DI. Dickens, 狄更斯；DK. Dellwood Knolls, 德尔伍德小山；EI. Eickelberg；EX. Explorer, 拓荒者号；GI. Giacomini, 贾克米尼；GR. Graham, 格雷厄姆；HE. Hecckle, 赫克勒；HK. Hodgkins, 霍奇金；HO. Horton, 霍顿；KO. Kodiak, 科迪亚克；MI. Miller, 米勒；MU. Murray, 默里；OS. Oshawa, 奥沙瓦；PF. Pathfinder, 探路者；PK. Parker, 帕克；PT. Patton, 帕顿；PR. Pratt, 普拉特；QN. Quinn, 奎恩；Su. Surveyor, 调查者；TW. Tuzo Wilson, 图佐·威尔逊；UN. Union, 尤宁；WE. Welker, 维尔克

和 Kroenke（1998）通过热点定位（hot-spotting）技术检测了阿拉斯加湾的鲍伊热点和科布热点，其中鲍伊热点以 130°0′W，49°30′N 处的 Sovanco 转换断层为中心，靠近赫克勒（Heckle）熔融异常区，该异常与赫克（Heck）、赫克勒和斯普林菲尔德（Springfield）海山形成有关。在近期（约 3Ma）板块运动方向改变时鲍伊热点似乎不再形成海山，这可能是因为加速的板块速率阻止了处于衰减阶段的鲍伊地幔柱穿透岩石圈，直到迁移的洋中脊夹带着地幔，在洋中脊和破碎带环境下有利于海山形成，如，拓荒者海山和赫克勒海山。科布热点以 128°40′W，43°48′N 处的布兰科（Blanco）转换断层为中心，这个位置说明向西迁移的胡安·德富卡海脊在约 2Ma 的时候与科布地幔柱相遇。尽管在布兰科转换断层的北边发现了几个海山，但没有证据表明胡安·德富卡板块上存在大规模的岩浆活动。因此地幔柱物质或者自约 2Ma 已经运移到胡安·德富卡海脊处，这解释了现今轴部海山处的轴上火山作用，或者热点处于衰退阶段，不能穿透胡安·德富卡板块的岩石圈。

3.2.3 俯冲系统

岛弧–海沟俯冲系统是地球上构造活动最重要的场所之一，全世界约有 30 条，而环太平洋又是现今地球上俯冲带的集中发育区，构造类型多种多样。

3.2.3.1 马里亚纳海沟俯冲后撤

菲律宾海板块整体被俯冲带所包围，包括西部的琉球俯冲带和菲律宾俯冲带，东部的伊豆–小笠原–马里亚纳俯冲带和雅浦俯冲带。其中，伊豆–小笠原–马里亚纳俯冲带形成时间较早，演化更为复杂。图 3-31 展示了过去 50Myr 期间菲律宾海板块的构造演化过程及伊豆–小笠原–马里亚纳海沟的位置。活动岛弧和残留岛弧上钻取的最老火山岩证实，伊豆–小笠原–马里亚纳海沟的形成起始于 55Ma 或更早。弧后裂谷作用的启动开始于菲律宾弧形成之后 [图 3-31（a）]。西菲律宾海弧后盆地的扩张作用及逐渐形成与伊豆–小笠原–马里亚纳海沟的向北回卷及顺时针旋转有关，以 5cm/a 的平均速度消耗了部分 30~70Ma 的大洋岩石圈，以上为第一个扩张阶段 [图 3-31（a），（b）]。海底磁异常表明，扩张作用在早渐新世（33~30Ma）终止。

第二个扩张阶段形成了四国–帕里西维拉海盆 [图 3-31（a）~（c）]。弧后裂谷作用在北部（四国海盆）起源于 30Ma 左右，在南部（帕里西维拉海盆）起源于 29~26Ma，结束于 15Ma 左右。北部的四国海盆经历了三个扩张阶段：NNW-SSE 向、N-S 向和 NW-SE 向打开，而帕里西维拉海盆在约 20Ma 时从 E-W 向扩张转变为 NE-SW 向扩张。这个扩张方向的改变可能与菲律宾海板块的持续旋转有关。

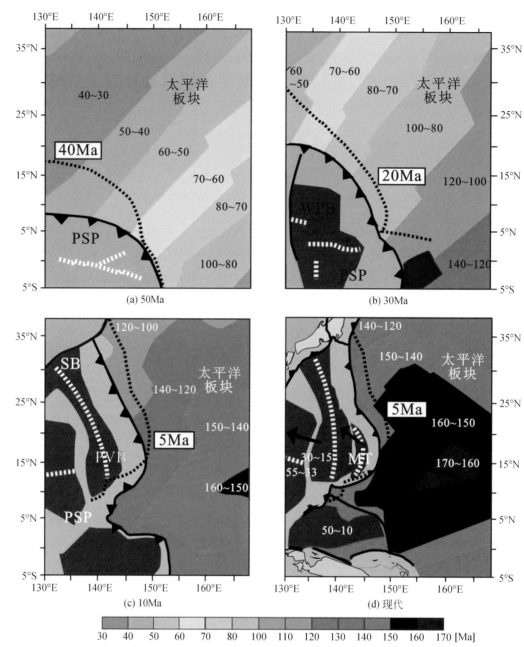

图3-31　伊豆–小笠原–马里亚纳俯冲系统在50Ma（a）、30Ma（b）、10Ma（c）和现代（d）
四个阶段的演化（据 Faccenna et al. , 2009）

数字代表洋壳年龄（Ma）。灰色区域代表所有的非正常洋壳区，如陆壳、火山弧和洋底高原。白色虚线指示
了西菲律宾海盆、四国–帕里西维拉海盆和卡罗琳海盆的洋中脊（数字是弧后洋壳的年龄）。黑色虚线代表中
间阶段海沟的位置（标记白色底框年龄）。长箭头指示现今主板块的运动。WPB. 西菲律宾海盆；SB. 四国海
盆；PVB. 帕里西维拉海盆；MT. 马里亚纳海槽；PSP. 菲律宾海板块

第三个扩张阶段位于马里亚纳海槽，其裂谷作用开始于7Ma左右。但在5～

10Ma 时，伊豆–小笠原–马里亚纳海沟的快速脉动式回卷停止，海沟开始向西前进。根据日本火山弧的古位置可知，在 10～4Ma，伊豆–小笠原–马里亚纳海沟向西前进了约 70km。古地磁数据限定了菲律宾海板块顺时针旋转和向北漂移的时间，包括海沟在过去 5Myr 期间的前进距离（Hall，2002）。根据伊豆–小笠原–马里亚纳海沟和日本海沟之间三节点的迁移量估算，在 3Ma 时，海沟位于现今位置东部 30km 处 ［图 3-31（d）］。现今伊豆–小笠原海沟段正以 65～20mm/a 的平均速度向西前进，而马里亚纳海沟正以 68～40mm/a 的速度向西前进。伊豆–小笠原–马里亚纳俯冲板片之间不同的迁移速度可能是由板片撕裂所致，并将马里亚纳板片与伊豆–小笠原板片分隔开。

在菲律宾海板块的整体演化过程中，帕劳–九州海岭与伊豆–小笠原–马里亚纳岛弧最初为一个整体，后来由于太平洋板块的后退式俯冲，岛弧分裂，帕劳–九州海岭作为残留弧留在原地，而伊豆–小笠原–马里亚纳弧作为漂移弧向东运动，四国海盆、帕里西维拉海盆开始扩张形成。Hashima 等（2008）通过三维模拟详细地说明了该过程（图 3-32）。图 3-32（a）表示在扩张开始前的稳定俯冲阶段。稳定的板块俯冲（灰色箭头）逐渐在弧后区形成张应力场。图 3-15（b）表示扩张开始后的反馈机制。板块俯冲增加了弧后区的张应力，增加的张应力由弧后扩张释放（红色箭头）。弧后扩张将上覆板块的前缘推向板块边界，这导致了板块界面处走滑速率（白色箭头）的增加。走滑速率的增加在弧后区产生了额外的张应力。图 3-32（c）表示长期弧后扩张后的最终后退阶段。长期的走滑速率增加导致板块边界向俯冲板块方向突出（海沟后退）。当板块边界从弧后扩张中心移开时，扩张中心处张应力的积累开始减小，板块边界处增加的走滑速率也开始减小。

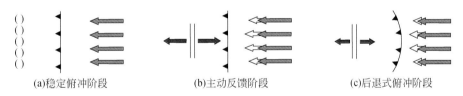

(a)稳定俯冲阶段   (b)主动反馈阶段   (c)后退式俯冲阶段

图 3-32 后退式俯冲机制（据 Hashima et al.，2008）

总而言之，第一个扩张阶段稳定的板块俯冲逐渐在弧后区形成张应力场，当积累的应力达到临界值时，弧后扩张在上覆板块的构造薄弱带部位形成，弧后扩张将上覆板块的前部推向板块边界，并导致板块界面滑动速率的增加。该速率的增加又在弧后区产生额外的张应力，增加的张应力被进一步的弧后扩张抵消。要保持稳定的弧后扩张就需要这样一个反馈机制。

长期弧后扩张引起的走滑速率增加导致板块边界向俯冲板片方向的突出（海沟后退）。当板块边界远离弧后扩张中心时，扩张中心张应力的增加速率逐渐降低，弧后扩张引起的板块边界走滑速率增量也降低。那么，最初的扩张中心释放构造张应力的作用就减小了，新的活动扩张中心就会在更靠近板块边界处的某个地方开启。

这个理论与马里亚纳区弧后盆地的演化历史一致。太平洋板块向菲律宾海板块下的俯冲大致开始于50Ma。自那时起，沟-弧系统经历了两次弧后扩张。帕里西维拉海盆和四国海盆先后在30~25Ma开始扩张，并持续到15Ma，使帕劳-九州海脊成为一个残留弧。在7Ma时，马里亚纳海槽开始发生海底扩张，将老的岛弧分成东马里亚纳海脊和西马里亚纳海脊。

3.2.3.2 俯冲带与板片窗

环太平洋的大陆边缘显著表现为整个中生代都维持着俯冲板块边界。在约65Myr时间段内，俯冲带表现为多种不同的几何形态。有时大洋板块会完全消失，如Resurrection板块在50Ma时俯冲到阿拉斯加之下，这种俯冲板块的轨迹或路径就被记录在陆缘增生地体和海底磁异常中。其他时候，俯冲板块被邻近的板块捕获，如库拉板块在40Ma时被太平洋板块捕获，在这种情况下，残留板块记录在古洋中脊中。此外，一些俯冲板块在大陆边缘下产生了板片空缺或板片窗，这些板片窗的轨迹或路径记录在上覆板块的大陆边缘中。

环太平洋陆缘的中生代板片窗目前已经被确定的有南极半岛、巴塔哥尼亚（Patagonia）、墨西哥、下加利福尼亚（Baja California）、加利福尼亚、不列颠哥伦比亚-育空（British Columbia-Yukon）、阿拉斯加和日本。这些区域中，有一些是目前还在继续活动的板片窗，它们与持续的或近期的洋中脊俯冲有关（图3-33），如南极洲-斯科舍洋中脊俯冲到南极半岛之下，纳兹卡-南极洲洋中脊俯冲到巴塔哥尼亚之下，科科斯-纳兹卡洋中脊俯冲到哥斯达黎加（Costa Rica）之下，太平洋-科科斯洋中脊俯冲到墨西哥之下。

板片窗是发育于三节点背景下的一个过渡现象，在三节点处，洋中脊系统俯冲到大陆边缘之下，一个空缺或窗户就在两个向下俯冲的大洋板片之间打开了。一些大陆边缘，如加利福尼亚和不列颠哥伦比亚，在中生代期间就已经发育了多幕板片窗，导致了叠加的多期火山作用。

当一个洋中脊系统平行于海沟，且洋中脊靠近俯冲带时，汇聚速率有时会降低。不像一般的俯冲作用，洋中脊俯冲使海沟向海方向的运动停止，并持续增生，为俯冲带提供年轻的大洋板块。例如，西南日本在白垩纪期间就是这种样式，随着与海沟距离的增大，岩浆岩年龄减小。当一个俯冲板块体积减小时，正在扩张的洋中脊可以将板块分段，在洋中脊死亡之前，形成复杂的等时线（磁条带）样式。这种复杂的板块历史可以在胡安·德富卡、里维拉和纳兹卡板块的等时线样式中推测出来。

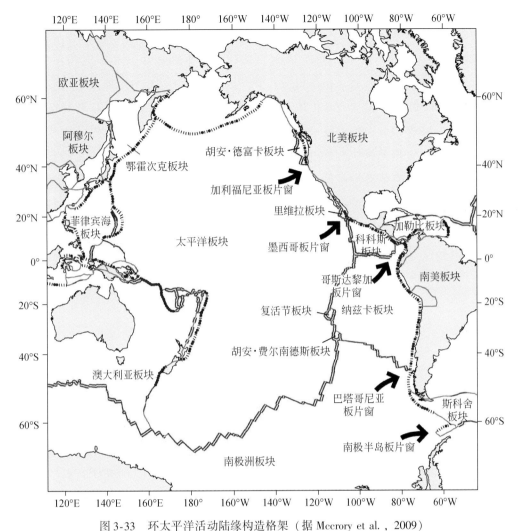

图 3-33　环太平洋活动陆缘构造格架（据 Mccrory et al.，2009）

图中揭示目前与俯冲带接触并在相邻大陆边缘下形成板片窗的洋中脊位置。洋中脊以双实线表示，
转换断层以单实线表示，海沟以蓝色虚线表示，其他板块边界以深灰色实线表示

　　如果洋中脊在海沟附近死亡，而没有俯冲下去，洋中脊或破碎带两侧的大洋板块会融合（fuse）。其中较大的一个会"捕获"较小的一个，形成新的板块格局。较小的板块从大陆下的俯冲板片上分离或撕裂，这有效地消除了板片拉力。较小的板块开始随着较大的板块运动，从而改变了其相对运动方向。这种被太平洋板块捕获的情况已经确定发生在下加利福尼亚［也称马格达莱纳（Magdalena）微板块］和北太平洋（库拉板块）。

　　以北美西部的板片窗为例子，板块捕获和洋中脊俯冲发生在晚古近纪—早新近纪沿加利福尼亚大陆边缘处，当分段的太平洋-法拉隆洋中脊系统（东太平洋海隆）在俯冲过程中与北美海沟遭遇时，洋中脊死亡。由于法拉隆板块规模减小，它在

30Ma 时分裂成北法拉隆板块（胡安·德富卡）和南法拉隆板块［图3-34（b）］，还有其间的蒙特雷微板块［图3-34（c）］。南法拉隆板块之后在25Ma时裂解成科科斯板块［图3-34（e）］和纳兹卡板块。北部的科科斯板块又裂解成两个微板块，即 15Ma 时的瓜达卢佩（Guadalupe）微板块和随后 14Ma 时的马格达莱纳（Magdalena）微板块。这三个微板块绕枢轴（pivot）转动，之后在靠近与洋中脊垂直的中加利福尼亚和下加利福尼亚处停止。这个长期存在的俯冲边界的逐步破坏从根本上改变了上覆北美板块的构造机制，因为北美板块和太平洋板块之间直接的相对运动启动了一个广阔且混乱的转换板块边界及之前弧前区域内断块的差异运动。

分段洋中脊系统的俯冲以幕式的洋中脊死亡和穿插的破碎带俯冲为特征。每段洋中脊死亡时会启动一期新的板片窗形成及增强的弧前火山作用。时空上集中的火山作用与下列洋中脊俯冲有关：

1）29～27Ma 拓荒者号破碎带南部洋中脊段的俯冲［图3-34（c）～（d）］；

2）26～25Ma 门多西诺破碎带和拓荒者号破碎带之间洋中脊段的俯冲［图3-34（e）～（f）］；

3）20～16Ma 蒙特雷洋中脊系统的捕获及北部科科斯洋中脊段的俯冲［图3-34（g）～（h）］；

4）12.5～11.5Ma 瓜达卢佩和马格达莱纳洋中脊系统的捕获［图3-34（i）］。

加利福尼亚最初聚集的火山中心后来被太平洋–北美（圣·安德烈斯）转换边界演化过程中的走滑断层作用所分散，而下加利福尼亚中的火山中心在半岛断块中仍很大程度上保持了完整性。最终，确定拓荒者号板片窗开始形成于约28Ma。之后，蒙特雷板片窗形成于约19Ma，科科斯板片窗形成于约17Ma，瓜达卢佩和马格达莱纳板片窗分别形成于约12.5Ma和11.5Ma。

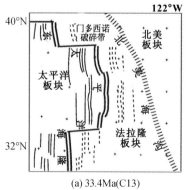
(a) 33.4Ma(C13)

(b) 30.0Ma(C11)

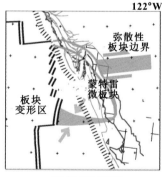
(c) 28.2Ma(C10)

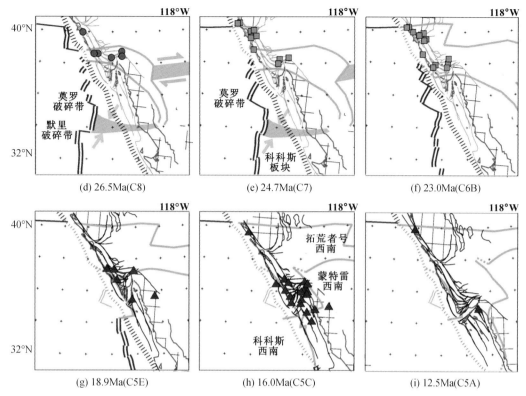

图 3-34　北美之下俯冲大洋板块的几何形态，展示了板片窗构造形态（黄色线区间）随时间的变化

（据 McCrory et al.，2009）

北美西部边缘的大致位置以虚线表示，蓝色破折线指示活动俯冲带的位置；灰色破折线指示停止活动的俯冲带的位置。带一对相对运动箭头的灰色阴影区指示大洋板块之间及内部假设的扩散边界。参考系为太平洋板块。(a) 在 33.4Ma 之前，胡安·德富卡–法拉隆板块运动围绕一个局部的垂直轴发生缓慢的旋转。(b) 当东太平洋海隆靠近海沟时，发生更快速的右行相对运动。(c) 28.2Ma 时，蒙特雷微板块分离。(d) 太平洋–胡安·德富卡和太平洋–法拉隆相对运动在 Chron C9n 期间转变为顺时针旋转。(e) 26.5Ma（Chron C8）左右，一个板片窗形成于拓荒者号破碎带南部。(f) 到 23Ma（Chron 6B）时，科科斯–太平洋运动减慢到不再需要科科斯–蒙特雷边界。(g) 约 Chron C6y 时，蒙特雷–太平洋扩张作用停止，蒙特雷–科科斯板片的撕裂位置与大陆边缘平行。(h) 持续的科科斯–太平洋扩张作用在停止的蒙特雷板块东侧打开一个板片窗。(i) 莫罗（Morro）破碎带和雪莉（Shirley）破碎带（此处未标出）之间的扩张作用停止时，板片窗向南拓展

3.2.3.3　鄂霍次克俯冲堵塞

在晚白垩世之前，Okhotomorsk 块体可能与华北或者华南块体大小相当［图 3-35 (a)，(b)］。此外，堪察加、西南日本和台湾白垩纪砂岩中的新太古代—古元古代碎屑锆石记录说明，Okhotomorsk 块体中的碎屑来源于新太古代—古元古代基底，这个年龄峰值与华北地块基底年龄峰值相似。因此，Okhotomorsk 这个巨大的、古老的克拉通在板块重建中需要慎重考虑。

Yang（2013）假设 Okhotomorsk 块体最开始周围被被动陆缘所包围，并在晚白垩世之前位于依泽奈崎板块的内部［图 3-35（a），(b)］。主要的洋内俯冲带（Telkhinia）将早中生代的泛大洋分成西部残留带、本都洋（Pontus Ocean）和东部残留带，其中，塔拉萨（Thalassa）洋和几个亚洲外来地体位于上覆的塔拉萨大洋板块的西部边缘上［图 3-35（a）］。然而，在早中生代期间，Okhotomorsk 块体不可能位于塔拉萨洋西北部的依泽奈崎板块的边缘上。黄海和中国东南部之下的高速带说明，Okhotomorsk 块体的一部分大洋板片拆离下来，残留在此处。早白垩世大量分布在中国东南部的岩浆弧形成于 Okhotomorsk 块体与东亚的碰撞之前，与依泽奈崎大洋岩石圈的向西俯冲有关。

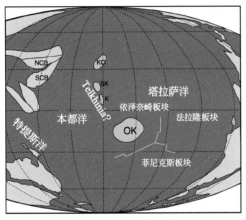

(a)晚三叠世—早侏罗世

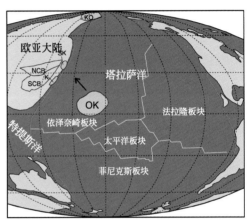

(b)早白垩世

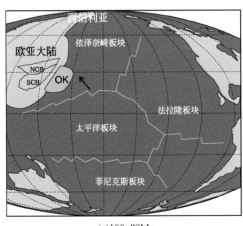

(c)100~89Ma

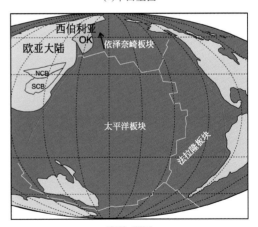

(d)79~77Ma

图 3-35　古太平洋的构造重建（据 Yang，2013）

黄色锯齿形线指示扩张脊。带三角的红线指示俯冲带或推测的俯冲带。K. Kurosegawa 带；KO. Kolyma-Omolon（科雷马–奥莫隆）地块；NCB. 华北地块；OK. Okhotomorsk 地块；SCB. 华南地块；SK. South Kitakami 带

日本三波川带（Sanbagawa Belt）中变质砂岩的原岩很可能是在晚侏罗世—早白

亚世沿 Okhotomorsk 块体边缘沉积的。其中，一个主要的锆石年龄峰值是 156～181Ma，说明大量的火山和热液活动在中侏罗世太平洋板块刚开始形成时发生于太平洋板块附近 [图 3-35 (a)，(b)]。这种巧合可能指示了 Okhotomorsk 块体中的中侏罗世锆石群与中侏罗世期间古太平洋中大量的板内岩浆活动有关，而且这个地块离法拉隆-菲尼克斯-依泽奈崎板块的三节点不远。

在晚侏罗世—早白垩世，由于太平洋板块快速扩张，依泽奈崎板块向北西方向运动，位于其内部或边缘的一些陆块或岛弧也随之移动 [图 3-35 (a)，(b)]。一系列亚洲外来地体，包括位于依泽奈崎板块西缘的 South Kitakami 带，Kurosegawa 带，科累马-奥莫隆地块等，在晚侏罗世—早白垩世与东亚陆缘碰撞。在 100～89Ma，向北西方向运动的 Okhotomorsk 地块与东亚陆缘碰撞上了 [图 3-35 (c)]。在这期间，东亚北西-南东走向的左行和右行走滑断层系统及这些系统内一系列北东-南西走向的挤压构造说明，依泽奈崎板块在这个时间段及之前大致向北西方向运动 [图 3-35 (b)，(c)]，这与古太平洋的板块重建是一致的。105～100Ma 全球尺度的板块重组事件是由东冈瓦纳俯冲停止导致的。Okhotomorsk 地块在晚白垩世时与东亚大陆碰撞、挤压东北日本，并与西伯利亚碰撞，以及在古新世与萨哈林 (Sakhalin) 岛碰撞之后，体积开始逐渐缩小。

89Ma 左右 Okhotomorsk 地块沿东亚陆缘向北东方向斜向运动的启动，与 90～84Ma 时太平洋-依泽奈崎板块运动方向快速从北西向转向北—北西向约 20° [图 3-35 (c)，(d)]，二者是一致的，这说明古太平洋的一个重要重组发生在约 90Ma。一个假说是 Okhotomorsk-东亚在 100～89Ma 的碰撞堵塞了海沟，减慢了依泽奈崎板块向北西方向的运动，而依泽奈崎板块向西伯利亚边缘下俯冲形成的板片拉力，最终使依泽奈崎板块从北西向运动重新变成北北西向运动 [图 3-35 (d)]。

3.2.4　弧后盆地

晚白垩世晚期（约 80Ma），随着古特提斯洋完全关闭和新特提斯洋的向北俯冲和逐渐缩小，欧亚板块下的地幔流方向发生改变，在亚洲东部表现为地壳或岩石圈向东的蠕散，南部表现为向南东方向的拉张，这导致日本海、南海、苏拉威西海等许多盆地经地壳拉张、裂陷、地幔物质侵入，进入陆壳拉张期，即大陆裂谷阶段。始新世晚期，太平洋板块运动方向由北北西向转为北西西向，导致地幔流以南方向为主，使南海进一步发展，而苏拉威西海等海盆则基本形成。晚渐新世—早中新世（32～17Ma），西太平洋边缘海盆进入强烈而普遍的扩张活动高潮期，如日本海、苏禄海、南海、鄂霍次克海、千岛盆地、四国-帕里西维拉海盆等大多数边缘海盆经地壳拉张、裂陷、地幔物质侵入，完成了向弧后裂谷的转化。

3.2.4.1 南海海盆

南海海盆是东亚大陆边缘新生代形成的最大的、最重要的边缘海盆地，在构造上处于东部太平洋构造域和南部新特提斯构造域的交汇部位，中生代—新生代一直处于这两大汇聚系统的俯冲和联合作用之下，被俯冲带、走滑断裂、洋-陆转换带等不同类型的边界构成的近环形俯冲系统所围限，经历了复杂的地质演化过程，保留了多期变形记录。南海海盆形成和演化的研究对揭示两大构造域的相互耦合过程以及对开展板块重建有着重要作用。南海海盆形成与演化过程中的主要研究内容是南海的结构、构造、打开过程和周边动力过程，其中，张裂—扩张—消亡过程及相关动力学机制是南海地质演化中最核心的问题。

前人提出了南海海盆打开的多种成因模式，从动力学上主要可以分为四类：①与印度—澳大利亚板块和欧亚板块碰撞有关的挤出-逃逸模式、板片窗模式等；②与太平洋板块俯冲有关的东亚大陆边缘伸展模式、弧后扩张模式、俯冲后撤模式或者残留洋盆模式、右行右阶拉分模式等；③与岩石圈深部构造过程有关的地幔柱模式、拆沉模式、底侵模式等；④与古南海俯冲有关，古南海的俯冲拖曳模式。还包括多种动力学来源共同作用的模式，如太平洋板块和印度-澳大利亚板块联合作用模式等。

王鹏程等（2017）通过综合对比南海周缘盆地群沉积相、沉积体系、岩浆岩以及构造序列等特征，重点关注古南海和南海相关地质记录的耦合关系，厘定古南海的构造属性及其是否控制南海洋盆的形成和扩张，建立了南海打开和盆地群形成的两阶段演化模式（图 3-36 ~ 图 3-38）。

新生代早期，东亚大陆边缘处于与（古）太平洋板块俯冲相关的 NNE 向断裂右行右阶走滑拉分构造背景之下，陆壳强烈伸展、减薄，古南海洋壳向婆罗洲地块下持续俯冲，俯冲带为 NEE 走向。到晚始新世南海盆地群的裂陷沉积主体形成，单个盆地为 NEE 向，内部凹陷有的甚至为 NWW 向，控盆断裂应当是 NNE 走向的右行右阶基底走滑断层（图 3-36）。此时，婆罗洲地块北缘发育宽广的增生楔沉积，廷贾断裂为转换断层，走向近 S-N 向，可能古南海俯冲相变拖曳南沙-礼乐-巴拉望地块后缘伸展，但是远小于 NNE 向走滑拉分的作用力。

晚始新世—晚渐新世，在南海地区 NNE 向走滑断裂持续拉分，34Ma 西北次海盆首先打开，接着在 32Ma 东部次海盆打开，海盆扩张方向为 NNE-SSW，磁条带呈 E-W 向或者 NEE 向展布。随后，在海盆扩张作用下北部盆地群和南部盆地群逐渐远离，在此期间（图 3-37），南海海域 NNE 向右行走滑断裂体系活动早期西强东弱，而晚期东强西弱，导致沉积沉降中心逐渐东移。到渐新世末（23Ma 左右），南海西部的走滑断层停止活动。在澳大利亚板块等作用下，婆罗洲地块逆时针旋转，

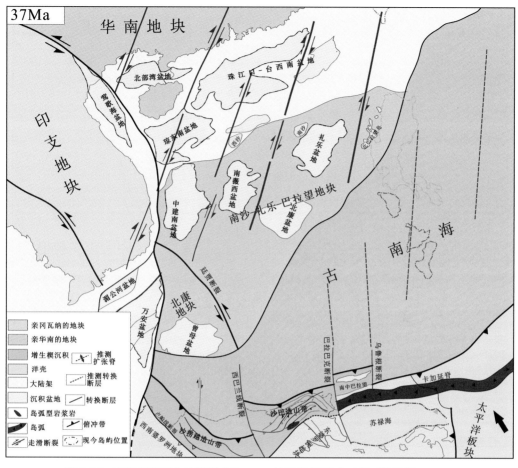

图3-36　南海打开和盆地群形成的37Ma构造复原模式（据王鹏程等，2017）

使得古南海俯冲带走向发生调整，由近东西向转变为NE向，古南海板片的俯冲拖曳力方向也发生变化并占主导，板片俯冲导致南海洋中脊扩张方向也发生被动调整，变为NW-SE向，NE走向的西南次海盆开始打开，同时，东部次海盆发生NW-SE向扩张，此阶段西南次海盆也被动打开。在沙巴地区，晚渐新世古南海俯冲殆尽，形成沙巴造山带，早期S-N向的延贾断裂走向变为NNW向，而且性质也由转换断层变为右行走滑断层，可能与红河-南海西缘断裂连接，此时，巴拉巴克断裂为古南海中的转换断层，走向为NNW向（图3-37）。

早中新世，南海地区西部的NNE向走滑断层停止活动，在南海地区西部，古南海的俯冲拖曳力开始占主导地位，因古南海向南俯冲的俯冲带走向和南海23~15.5Ma的磁条带走向一致，故推测西南次海盆和东部次海盆内伸展应力为NW-SE向，西南次海盆于23Ma打开，东部次海盆的扩张方向也由NNE向变为NW向，磁条带为NE-SW向；但更东侧现已"消失"的南海海盆当时依然受NNE向右行走滑断裂体系控制，表现在其北侧的东海陆架盆地依然受走滑拉分控制，洋盆也继续扩

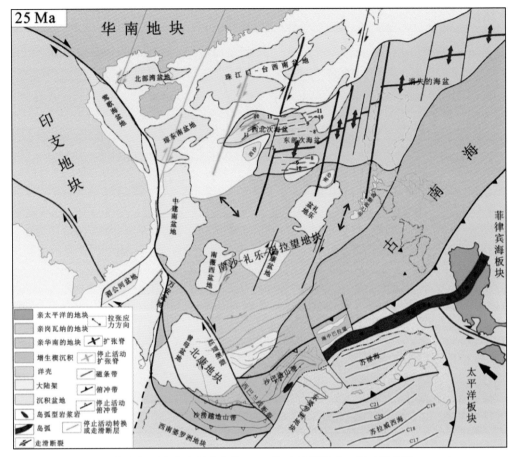

图 3-37　南海打开和盆地群形成的 25Ma 构造复原模式（据王鹏程等，2017）

张（图 3-38）。此时，古南海继续向南东俯冲，到早中新世末期，南沙-礼乐-巴拉望地块与婆罗洲地块碰撞，特别是 16Ma 以来，澳大利亚板块向北运移，并与欧亚板块碰撞，导致南海西南次海盆和东部次海盆停止扩张。直到 6Ma 以后，南海地区东侧"消失"洋盆彻底消亡，菲律宾海板块向西楔入欧亚大陆，封堵了南海海盆，琉球海沟以北的大陆边缘 NNE 走向走滑断裂依然活动，导致冲绳海槽逐渐打开。

3.2.4.2　菲律宾海盆

太平洋、印度-澳大利亚和欧亚板块三个主要板块在东亚发生汇聚，并形成复杂的边缘带，菲律宾海板块是这个边缘带中最大的次级板块和边缘海盆地。菲律宾海板块周围由岛弧海沟系（琉球海沟、南海海槽、伊豆-小笠原岛弧、马里亚纳海槽、菲律宾海沟）环绕，基本上都是以向西俯冲为主的汇聚边界。这种四周全被俯冲带包围的情况使菲律宾海板块与周围环境有着很大的不同，其演化过程具有独特性和复杂性。此外，菲律宾海板块运动的研究对揭示东亚在新生代的构造历史具有

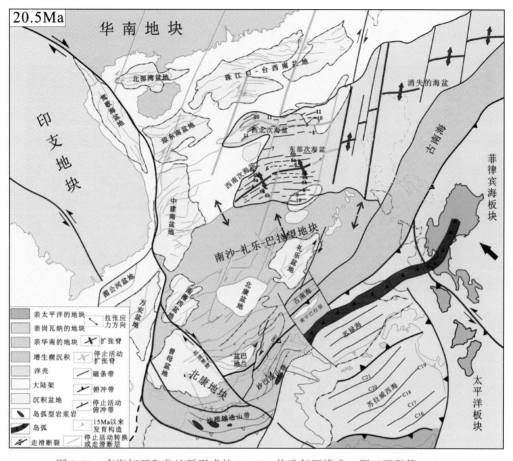

图 3-38　南海打开和盆地群形成的 20.5Ma 构造复原模式（据王鹏程等，2017）

重要意义，涉及台湾造山带、菲律宾岛、西南日本和琉球、南海、伊豆–小笠原–马里亚纳岛弧、澳大利亚北部边缘、巽他古陆及其他东南亚地体和边缘海等演化。

菲律宾海板块整体呈菱形，中部为一条近 SN 向展布的九州–帕劳海脊将其分为东西两部分，西部为西菲律宾海盆，东部为四国海盆和帕里西维拉海盆（图 3-39）。其中，西菲律宾海盆又可分为西北次海盆、北部（主要）次海盆和南部次海盆。菲律宾海板块中的一些 DSDP/ODP 钻孔揭示了不同地区的年龄。其中，在西菲律宾海盆中，位于九州–帕劳海脊上的 DSDP 296 钻孔年龄为 48Ma，位于奄美高原的 DSDP 445 钻孔年龄为 48.5Ma，位于大东盆地的 DSDP 446 钻孔也为中始新世早期沉积，而 DSDP 291 钻孔（45Ma）、DSDP 292 钻孔、DSDP 294 钻孔（48Ma）的位置都为中始新世扩张形成的初始地壳。帕里西维拉海盆（图 3-39）内的 DSDP 449 钻孔年龄为 24Ma，该盆地东部的 DSDP 53、DSDP 54、DSDP 450 没有给出年龄，但层间石灰岩和火山岩限制了其最小年龄为晚渐新世。四国海盆的 DSDP 442 钻孔根据枕状玄武岩上的沉积层确定的年龄为 18～21Ma，DSDP 443 钻孔为 15～16Ma，它位于磁异常

5Dy 上，其年龄为 17.3Ma，DSDP 444 钻孔为 14~15Ma，它位于磁异常 5Ey 上，其年龄为 18.3Ma（Macpherson and Hall，2001）。

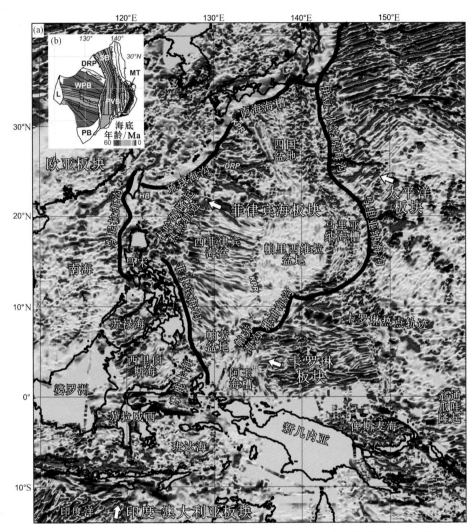

图 3-39　菲律宾海和东亚的 EMAG2 网格化磁异常（a）和菲律宾海网格化海底扩张模型（b）

（据 Wu et al.，2016）

WPB. 西菲律宾海盆；SB. 四国海盆；PVB. 帕里西维拉海盆；MT. 马里亚纳海槽；DRP. 大东海脊；

PB. 帕劳海盆；L. 吕宋；KPR. 九州-帕劳海脊；HB. 花东海盆

奄美-大东省的岩石放射性测年结果显示其形成时间为晚白垩世，这说明菲律宾海板块在中始新世以前是由奄美-大东省组成的。大部分学者认为，西菲律宾海盆扩张形成的最早洋壳及同期的奄美高原-大东海岭省的岩浆活动具有大洋岛弧玄武岩的特征，因此其很可能是岛弧成因。帕劳-九州海脊与伊豆-小笠原-马里亚纳弧最初为一个整体，后来由于太平洋板块的后退式俯冲，岛弧分裂，帕劳-九州海脊作为残留弧留在原地，而伊豆-小笠原-马里亚纳弧作为漂移弧向东运动，四国海盆、帕里西维拉海盆开始扩张形成（图 3-31）。目前在伊豆–小笠原–马里亚纳弧取样检测结果表明，该区在 2000km 长、300km 宽的范围内出露了玻安岩，年龄为 55 ～ 44Ma，模式年龄为 45Ma，被视为马里亚纳岛弧启动俯冲的时间。根据多个地区的实例证明，玻安岩仅在俯冲背景下是不能形成的，还必须要有热异常的存在。伊豆–小笠原–马里纳亚弧都出现大范围的玻安岩，说明了其俯冲和热异常共存的形成背景，其中热异常很可能是马努斯热点（或称卡罗琳热点）所致（Macpherson and Hall，2001）。

帕里西维拉海盆和四国海盆具体的演化过程如图 3-40 所示。30Ma 以前菲律宾海板块主要包括年轻的西菲律宾海盆、九州–帕劳海海脊、伊豆–小笠原–西马里亚纳弧。30Ma 时由于太平洋板块的俯冲作用、海沟后撤和板片回卷作用，伊豆–小笠原–马里亚纳弧分裂，形成了残留弧九州–帕劳海海脊和漂移弧伊豆–小笠原–马里亚纳弧。同时，四国海盆和帕里西维拉海盆才开始活动，刚开始是两个不同的裂谷，四国海盆的裂谷向南拓展，帕里西维拉海盆的裂谷向北拓展，二者在 23Ma 时连接到一起。帕里西维拉海盆在 28 ～ 23.3Ma 为 E-W 向扩张，四国海盆在 28 ～ 23.3Ma 为 NEE-SWW 向扩张，二者在 23Ma 时洋中脊连接形成 RRR 三节点，此时它们的扩张方向仍没有改变，但扩张速率几乎加倍。伴随着 25 ～ 20Ma 菲律宾海板块整体顺时针旋转，直到 20Ma 时扩张方向都变为 NE-SW 向，同时伴随着扩张速率的明显降低。亚洲东南部的板块重组导致 15Ma 时两个洋盆的扩张停止，同时也导致南海、日本海、苏禄海和东海陆架盆地扩张停止乃至出现反转构造，如南海海盆、东海陆架盆地中出现的挤压或反转构造。8Ma 时由于太平洋板块的俯冲作用，马里亚纳弧分裂，形成了残留弧西马里亚纳海脊和漂移弧东马里亚纳海脊，二者之间的马里亚纳海槽在 6Ma 时开始扩张，至今仍具有活动性。

Hall（2002）对东亚陆缘（包括菲律宾海板块）自 50Ma 以来的大地构造演化也进行了重建（图 3-41）。他认为西太平洋在约 50Ma 时发生的主要事件是在现今菲律宾海板块东部边缘处喷发了大量玻安质火山岩，形成了伊豆–小笠原–马里亚纳弧［图 3-41（a）］。这次喷发事件的原因至今还不清楚，但 Hall（2002）认为这次沿岛弧系统延伸达几千千米的岩浆事件是早期俯冲边缘上洋中脊俯冲的结果。这进一步可推测在太平洋板块和新几内亚板块北部之间存在一个扩张中心，其现今已经完全俯冲殆尽，而这与 Müller 等（2008）的板块重建中 60 ～ 50Ma 时依泽奈崎–太平洋洋中脊俯冲到东亚陆缘之下是一致的。同时，60 ～ 50Ma 可能由于热的洋中脊俯冲，东亚陆缘整体抬升，很少接受沉积，乃至盆地形成较少，随后是渤海湾盆地等一系列盆地早期的 NW-SE 向正向伸展。

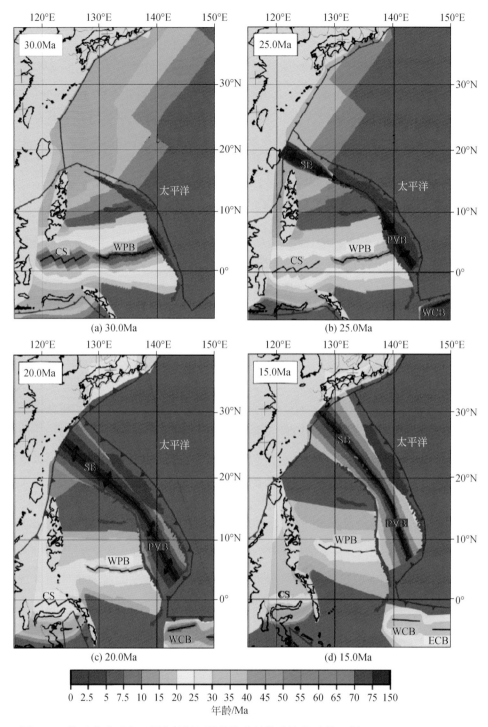

(a) 30.0Ma

(b) 25.0Ma

(c) 20.0Ma

(d) 15.0Ma

0 2.5 5 7.5 10 15 20 25 30 35 40 45 50 55 60 65 70 75 150
年龄/Ma

图 3-40　绝对参考系中四国和帕里西维拉海盆的构造演化过程（据 Sdrolias et al. , 2004）
红线表示俯冲带，紫线表示活动的扩张脊，深灰色区域指示残留。WPB. 西菲律宾海盆；SB. 四国海盆；
PVB. 帕里西维拉海盆；CS. 苏拉威西海；WCB. 西卡罗琳盆地；ECB. 东卡罗琳盆地

现今的马努斯地幔柱在约50Ma时可能位于菲律宾海板块边缘之下，这个地幔柱的启动也可能导致大量岩浆活动。在Hall（2002）的板块重建中，这个地幔柱在52Ma时就已经位于菲律宾海板块的东缘之下，这与玻安岩的年龄和板块早期的旋转历史是吻合的。总之，菲律宾海板块在50Ma时已经开始形成了，且在这个时间发生了快速旋转。约45Ma时，菲律宾海板块结束了其早期的快速顺时针旋转，西菲律宾海的扩张系统拓展，穿过西里伯斯海（苏拉威西海），并在这个区域打开了一个宽阔的洋盆。由于太平洋板块向这个区域下的持续俯冲，菲律宾海板块东缘已经存在大面积的岛弧区。

40Ma时，在西太平洋海域，西菲律宾-西里伯斯海盆地变得更宽，西菲律宾海表现为一个相对简单的打开方式。在菲律宾海板块早期旋转停止后，几乎有一条连续的岛弧从北婆罗洲通过吕宋延伸到伊豆-小笠原-马里亚纳。在菲律宾海板块东缘，太平洋板块俯冲导致伊豆-小笠原-马里亚纳弧裂解，形成卡罗琳海［图3-41（b）］。到35Ma时，西菲律宾海盆已经完全打开，且在35Ma之后扩张速率变得很低。南卡罗琳岛弧通过其北端的旋转与菲律宾海板块东缘完全分离。到30Ma时，西菲律宾海停止扩张，菲律宾海板块东部开始发生裂谷作用。

25Ma是新生代期间板块边界发生最明显变化的阶段。从这个时候开始，岛弧系统从美拉尼西亚穿过南卡罗琳弧进入哈马黑拉、东菲律宾弧和北菲律宾弧，与太平洋板块有效地耦合到一起。菲律宾海板块的东缘变成了洋内俯冲带，在这里太平洋板块发生快速俯冲，海沟的快速后撤也从这个时候开始［图3-41（c）］。东菲律宾-哈马黑拉-南卡罗琳弧与新几内亚北部边缘在约25Ma时发生碰撞，导致菲律宾海板块南缘的板块边界属性发生变化。菲律宾海板块东缘自30Ma开始的裂谷作用在帕里西维拉海盆内转变成真正的大洋扩张。25Ma之后，扩张作用从四国海盆拓展到帕里西维拉海盆，将这两个海盆连接起来成为菲律宾海板块东缘的一个洋内弧后盆地。同时，板块发生旋转，可能导致这两个海盆内的不对称打开和复杂的磁异常样式。从25Ma开始，北菲律宾已经部分耦合到菲律宾海板块的西缘上。20Ma时，卡罗琳和菲律宾海板块南缘的岛弧地体沿新几内亚北缘发生顺时针旋转运动。在菲律宾海板块内，帕里西维拉和四国海盆明显加宽，在20Ma之后不久，这两个海盆内的扩张中心发生了向东的跃迁。

15Ma时，菲律宾海板块内四国和帕里西维拉海盆的扩张作用已经停止。菲律宾海板块南缘的阿玉（Ayu）海槽内开始发生缓慢的扩张作用，且菲律宾海-卡罗琳板块相对于帕劳区域的极点发生相对运动可能导致了较小的俯冲［图3-41（d）］。基于同位素年龄和火山活动，推测在板块西缘很可能存在非常复杂的走滑运动及菲律宾地区相关的小尺度俯冲。10Ma时，菲律宾海板块在顺时针旋转的同时向北运动，这需要在15～10Ma时吕宋的东侧发生走滑运动及较小的俯冲作用。在吕宋南部，苏禄海的向南俯冲被吕宋和米沙鄢岛之间的碰撞所终止，导致吕宋自10Ma开始再次部分与菲律宾海板块耦合在一起。到5Ma时，板块运动发生了明显的变化。菲律宾海板块—欧亚板块的欧拉极运动到了现今的位置，这导致了南海向东部的吕宋弧下发生快速俯冲。在菲律宾海西部的菲律宾海沟位置处开始启动方向相反的俯冲作用。在菲律宾海板块的东缘，马里亚纳海槽在裂谷之后发生海底扩张作用。板块南缘的阿玉海槽中的扩张作用也很可能以极低的速率持续进行，并不断地反映卡罗琳

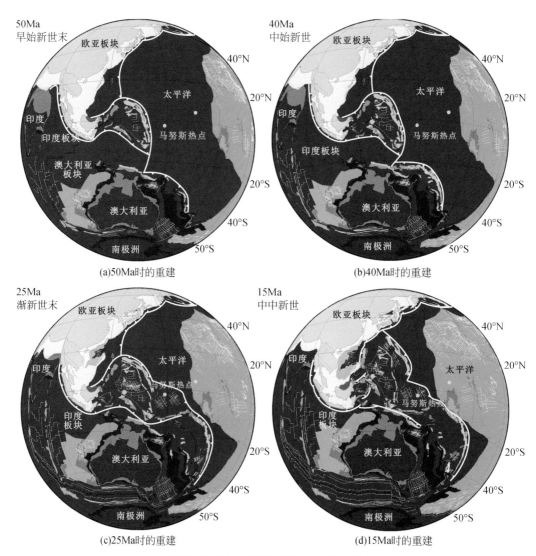

图 3-41　菲律宾海板块关键演化过程的重建（据 Hall，2002）

洋盆中的白线代表选择的磁异常，红线代表活动的扩张中心，带三角的白线指示俯冲带，其他的白线代表走滑断层。恢复的、现今的太平洋板块范围分别以蓝、绿色表示，充填绿色的区域主要是新生代的岛弧、蛇绿岩及板块边缘形成的增生物质，充填浅蓝色和浅紫色的区域是水下岛弧区、热点火山作用产物及洋底高原，浅黄色区域代表欧亚大陆边缘的水下部分，浅粉色和深红色区域代表澳大利亚大陆边缘的水下部分

板块和菲律宾海板块之间运动的小差异。5Ma 至今，菲律宾海板块北部的持续俯冲在冲绳海槽内诱导出了伸展作用，菲律宾海板块东缘的马里亚纳海槽内也持续发生扩张作用，其现今已经变成一个明显的洋盆，且在未来可能会继续向北拓展。

Wu 等（2016）基于菲律宾海板块古地磁和区域地质的对比，结合层析成像资料，也提出了一个解释菲律宾海板块的精细演化模型——马努斯地幔柱起源模型（图3-42）。这个模型的板块重建揭示了10Myr间隔逐渐演化的主要活动构造特征。

马努斯地幔柱起源模型代表了菲律宾海盆的成因模型。根据该模型，54Ma 时，菲律宾海板块在中生代初始形成于现今马努斯地幔柱所在位置的东西向赤道缺口处，同时，也定位了澳大利亚北部缺口处最小尺寸的摩鹿加（Molucca）海板片。马努斯

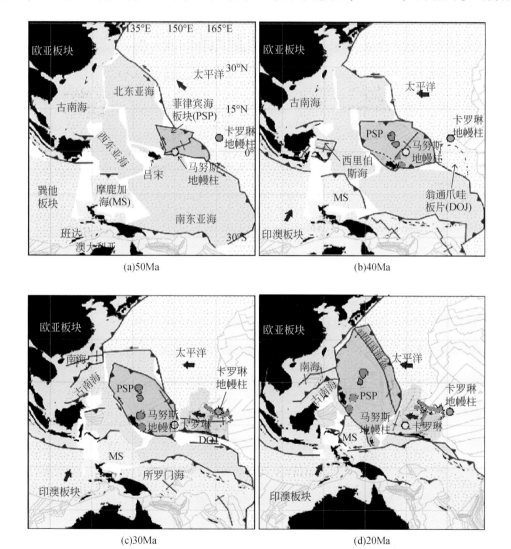

(a)50Ma

(b)40Ma

(c)30Ma

(d)20Ma

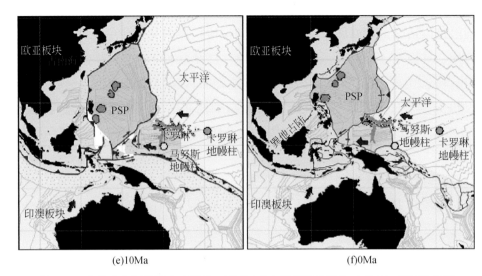

(e)10Ma   (f)0Ma

图 3-42　菲律宾海板块的重建模型，展示了其在马努斯地幔柱（黄点）附近的起源

（据 Wu et al.，2016）

充填点的区域代表不发生褶皱的板片约束，紫色多边形代表洋底高原。PSP. 菲律宾海板块；MS. 摩鹿加海块体。

注意，其古南海重建有待商榷，其 30 ~ 20Ma 的俯冲方向也不同于主流观点，本书不做修订

地幔柱起源模型中，主菲律宾海的核部叠加在现今马努斯地幔柱的位置（0°/150°E）上，即一个西太平洋的转换型板块边界附近［图 3-42（a）］。这个选择与菲律宾海在热点处成核是一致的，这个热点形成了本汉姆（Benham）海隆－大东－冲大东热点海山链。这个初始板块格局允许存在多个板块方向，模型中选择将伊豆－小笠原－马里亚纳岛弧沿推测的太平洋板块边界纵向对齐［图 3-42（a）］。这个初始菲律宾海板块格局指示其发生了约 80°的顺时针旋转，这与已经发表的古地磁偏角是吻合的。此外，在该模型中吕宋和花东盆地是东亚海（East Asian Sea）的残片，在后期菲律宾海向西和向北漂移过程中拼贴到它现今位置。

52Ma 时，太平洋板块向北西方向运动，而欧亚板块和澳大利亚板块运动缓慢。这三个主板块被东亚海分离，东亚海是一大片现今已经消失的大洋，它从欧亚边缘 30°N 附近的古台湾和琉球一带一直延伸到 30°S 处的澳大利亚北部边缘［图 3-42（a）］。古南海位于东亚海的西侧，华南和婆罗洲之间［图 3-42（a）］。西太平洋板块边界伸展方向为北西—南东向，从日本南部一直延伸到东澳大利亚海域。太平洋板块边界相对于 50Ma 之前太平洋的运动方向说明存在转换断层或高度斜向俯冲［图 3-42（a）］。该模型认为摩鹿卡海是位于古班达海北部的东北印度洋的一部分。澳大利亚相对于南极洲的缓慢向北漂移减慢了印度洋沿爪哇和东苏门答腊的俯冲，其中一些俯冲可能在 52Ma 之前就开始了。在新几内亚东部，澳大利亚的向北漂移通过东亚海南缘向东北澳大利亚的缓慢俯冲来调节，这个俯冲作用在全球模型中可能在 84Ma 时就已经启动。

约43Ma之后发生了一次主要的区域性板块重组。太平洋板块改变运动方向，沿北西西方向向欧亚板块运动，导致太平洋板块向西在古马里亚纳处快速地俯冲到东亚海之下［图3-42（b）］。在古马里亚纳北部，STEP（俯冲-转换-边缘-拓展）断层的启动调节了伊豆-小笠原太平洋板块的向西运动，并俯冲到东亚海板块最北端之下［图3-42（b）］。随着持续的太平洋运动，古伊豆-小笠原板块的前缘最终俯冲到欧亚板块之下，取代了区域性的太平洋水平滞留板片（如日本板片）。同一时期，汤加太平洋板片开始快速向西俯冲到东澳大利亚和南东亚海之下［图3-42（b）］。菲律宾海板块成核并快速在马努斯地幔柱上扩张，在西太平洋俯冲带之后保持稳定，并发生小的旋转［图3-42（b）］。在菲律宾海板块的这个稳定阶段，横跨中部海盆裂谷、年龄不断增长的洋底高原形成了本汉姆-大东-冲大东海隆热点轨迹。菲律宾海板块的扩张及生长受环菲律宾海板块的东亚海和太平洋板块的俯冲作用所调节。吕宋和花东盆地在52～43Ma沿转换断层边界拼贴到生长的菲律宾海板块上。

基于菲律宾海沟板片内俯冲高原的解释，该重建模型认为菲律宾海沟板片岩石圈在45Ma之前就已形成。琉球板片的重建存在更多问题，因为大多数板片位于吕宋-冲绳破碎带北侧，它可能是一条转换边界或主要的构造边界。吕宋-冲绳破碎带北部保存下来的一小部分菲律宾海板块的磁条带年龄模拟指示其年龄与西菲律宾海盆相似，但向琉球海沟逐渐变年轻，年龄具有不对称性。共轭磁异常的缺失说明琉球板片中可能存在一个俯冲洋中脊。因此，该模型将琉球板片重建成形成于西菲律宾海盆外的一个独立的次海盆内，靠近吕宋-冲绳破碎带［图3-42（b）］。

在40Ma左右，印度-澳大利亚板块扩张作用停止，新形成的印度-澳大利亚板块开始沿北北东向快速向欧亚板块汇聚［图3-42（b）］，这导致了沿巽他海沟向北的更快俯冲。在爪哇东部，东亚海向南俯冲到北摩鹿加海之下。北西向的婆罗洲俯冲带旋转，导致弧后盆地——西里伯斯海打开，俯冲到西东亚海之下［图3-42（b）］。

36Ma左右，卡罗琳板块成核，并开始在5°N，166°E附近的卡罗琳地幔柱之上以南北向扩张［图3-42（c）］。全波形全球层析成像揭示，卡罗琳热点深深植根于一个可追踪到核幔边界的类地幔柱低速异常中。卡罗琳海的打开是由太平洋板块上海沟的向南迁移来调节的。卡罗琳海打开期间，消失的太平洋板块完全保存在翁通爪哇高原下的低速地幔中［图3-42（c）,（d）］。考虑到稳定的马里亚纳俯冲带，该模型提出四国-帕里西维拉海盆不是完全由板片回卷打开的，而是由菲律宾海板块的向西运动形成的。而且，这两个次海盆具有不同的动力机制和板块构造。帕里西维拉海盆向南变宽，这与西菲律宾海盆相对于固定的马里亚纳顺时针旋转有关。相反，向北变宽的四国海盆在弧后扩张于27Ma启动时开始在太平洋板块之上运动，并显示有太平洋板片回卷的证据。

菲律宾海板块持续被卡罗琳－太平洋主板块边界驱动向西运动和旋转，直至25Ma左右。这时印度－澳大利亚北部边缘与菲律宾海板块南部汇聚并碰撞，并可能有助于菲律宾海的向北运动［图3-42（c），（d）］。约25Ma的碰撞导致了摩鹿加海沿索龙（Sorong）走滑带从印度洋上撕裂下来［图3-42（d）］。之后摩鹿加海快速向西沿Sangihe海沟俯冲到巽他古陆下。

在25~20Ma，起源于菲律宾海板块北部岛弧的一次区域性板块重组发生在西琉球的石垣（Ishigaki）和西南日本之间的东亚陆缘附近［图3-42（d）］。同时，位于菲律宾海东北缘的小笠原－马里亚纳岛弧位于东亚海东缘的古马里亚纳弧附近。在这个弧－弧合并或碰撞过程中，古马里亚纳弧与东亚海板片一起俯冲下去。该模型认为，现今保存下来的伊豆岛弧段包括在这个合并弧中，因为它沿东亚海北部边缘的一个转换断层运动。印度－澳大利亚、菲律宾海和太平洋－卡罗琳板块向欧亚板块的持续汇聚导致东亚海最后的残留体在20~15Ma也俯冲下去了［图3-42（d）］。

20~15Ma，菲律宾海北部岛弧与之前俯冲的欧亚边缘发生完全碰撞，产生了一个碰撞造山带，其形成于石垣和西南日本之间，碰撞造山带的沉积物被大量的浊积扇向南搬运。在16~17Ma，菲律宾海板块开始向北俯冲到日本和石垣东部的琉球之下，并导致相关的弧前岩浆作用［图3-42（e）］。由于菲律宾海－欧亚板块在16~14Ma碰撞，日本海打开，并向东逃逸。在这个模型中，伊豆－小笠原岛弧在15Ma时靠近东京，因此，板片约束条件也认为在15Ma时日本附近存在一个迁移的海沟－海沟－海沟三节点，伊豆－小笠原岛弧靠近九州。

菲律宾海板块被太平洋－卡罗琳板块驱动，持续向北运动，并具有一个向西的运动分量。在15Ma，南海扩张几乎结束，欧亚板块以及石垣和巴拉望－民都洛（Mindoro）之间新形成的南海岩石圈开始开始俯冲到西菲律宾海之下［图3-42（d）］。菲律宾海板块在约15Ma之后的运动学约束条件是由台湾东部的蛇绿岩套提供的，该蛇绿岩套形成于15Ma，通常被解释为南海洋中脊残留段或靠近洋中脊的海山段。

15Ma之后，菲律宾海板块东南部－卡罗琳板块边界变成了一个北东—南西向的压扭带，其包括向南马里亚纳、雅浦和帕劳海沟下的高角度斜向俯冲［图3-42（e）］。22~15Ma，南卡罗琳岛弧［如托里切里地体（Torricelli Terrane）］与预测的北澳大利亚岛弧发生碰撞，而最终的新几内亚弧－陆碰撞则要晚得多（1~2Ma）。15~2Ma，菲律宾海板块向北北西方向运动，南海及其边缘在马尼拉海沟处发生俯冲［图3-42（e），（f）］。2Ma左右，菲律宾海开始沿其现今的、与太平洋一致的北西西方向运移，这很显然是菲律宾海和太平洋－卡罗琳板块之间更好的耦合性所导致的。

3.2.4.3 台湾造山带

台湾造山带位于欧亚大陆的东南缘，活跃的台湾造山带东邻三条俯冲带：东北部的琉球俯冲带、中部的菲律宾俯冲带和南部的马尼拉俯冲带。台湾造山带是地球上最年轻的造山带，隶属菲律宾海板块洋内火山弧的吕宋岛弧与欧亚大陆之间发生弧–陆碰撞，是造成台湾造山带的主因（图3-43）。多个块体俯冲于台湾岛之下，因而台湾地区弧–陆汇聚特征比西太平洋其他地区的弧–陆碰撞体系都更为复杂。层析成像结果表明，除了多个岛弧带向台湾岛汇聚俯冲外，巨大的欧亚大陆岩石圈板块也向台湾岛弧之下俯冲，减薄的欧亚板块岩石圈呈现出地震高速体特征，向东俯冲于台湾之下约300km深处；在该过程中，欧亚板块东南部陆缘发生撕裂和形变，为弧–陆碰撞导致台湾造山带的形成提供了更加有利的地质条件。

台湾地区现今同时发生三个主要的构造过程，从南到北分别是俯冲、碰撞和仰冲（图3-43）。在21°20′N以南，欧亚大陆–南海大洋岩石圈向东沿马尼拉海沟俯冲到向北西方向运动的花东海盆/菲律宾海板块之下。在台湾段，俯冲起始于早中新世晚期（19~18Ma），并自西向东形成了恒春海脊增生楔、北吕宋海槽弧前盆地和北吕宋岛弧的火山岛链。

台湾岛构造非常复杂，具有显著的经向构造分带，自东向西可分为五个构造带：海岸山脉带、纵谷破碎带、中央造山带、西部山麓前陆带和西部海岸平原带。东部海岸山脉带属于吕宋岛弧与欧亚被动大陆边缘碰撞形成的沟弧体系，发育海沟–沟坡盆地；纵谷破碎带属于板块缝合带，主要由古近纪火山碎屑岩和碎屑状沉积岩堆积而成，为典型的活动陆缘沉积，厚达5300m，包括中新世都兰山组（Tuluanshan）火山碎屑岩和大港口组（Takankou）的深海浊积岩，为弧前盆地发育区；其岩石粒度粗而不均匀，岩相变化亦大，多为外来岩块的混杂堆积，如利吉（Lichi）混杂岩，被上覆的上新世和更新世不整合覆盖。它和西部山麓–平原地质区虽同属新近纪沉积，但两地岩相和地质发育史截然不同。

中央造山带西侧以双通断裂为界，东侧以纵谷断裂为界，区内分布有新生代之前的变质杂岩和新生代浅变质岩，为弧内盆地发育区。中央造山带可分为东、西两个亚区。东亚区为一套变质杂岩，在中央山脉东坡大片出露，总厚度约6000m，为晚古生代到中生代地层，称大南澳群；西亚区为宽广的浅变质岩发育区，总厚度为7200m，西亚区的东部为板岩或千枚岩，西亚区的西部以泥质板岩为主，夹砂岩层或呈砂岩、泥质板岩互层，自西向东变质程度加深，为始新世至早中新世沉积地层。西部山麓前陆带和西部海岸平原带位于双通断裂以西，为弧后前陆盆地发育区。与中部中央造山带的西部浅变质岩带截然不同，该区为典型的被动陆缘沉积，主要由中新世和上新世到更新世初期的砂岩、页岩等组成，局部夹有少量的石灰岩

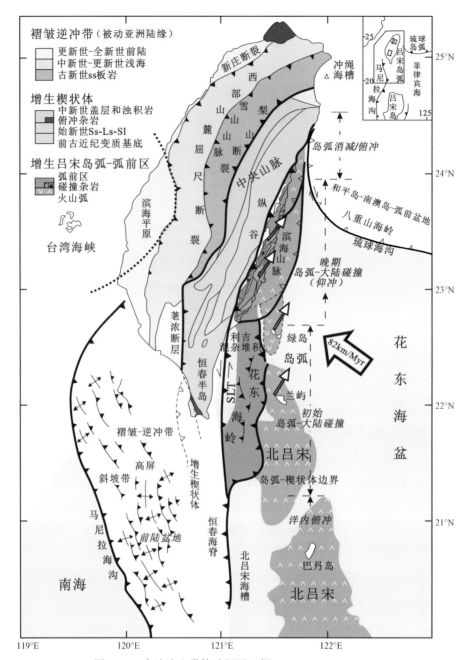

图 3-43　台湾造山带构造纲要（据 Huang et al.，2018）

从南到北：展示了形成弧前花东脊的逆冲断层和台湾地区现今同时发生的四阶段构造、洋内俯冲、初始岛弧-
大陆碰撞、晚期岛弧-大陆碰撞或仰冲、岛弧坍塌/俯冲。空心箭头：台湾东部陆上及海区吕宋火山岛的顺时针
旋转；SLT. 南部纵谷海槽的碰撞缝合盆地

和凝灰岩透镜体，总厚度约 12 700m。

　　台湾西部海岸平原带及其以西，南部以澎湖-北港隆起为界，将台湾海峡与南海分隔；北部以观音山隆起为界，将台湾海峡与东海陆架盆地分开；西界以沉积厚度 2000m 的等厚线与浙闽隆起带相邻。台湾海峡内部有 4 个凹陷和 2 个凸起，即西部被澎北凸起隔开的晋江凹陷和九龙江凹陷（"第一列凹陷带"）和东部被苗栗凸起隔开的新竹凹陷和台中凹陷（"第二列凹陷带"）。"第一列凹陷带"和"第二列凹陷带"之间以基底构造高为界，也上覆有较厚的新生代沉积。

　　水涟（Suilien）残留弧前盆地中位于下部复理石层序中微型浮游生物的分布如图 3-44 所示。详细的地层学研究表明，位于海岸山脉陆上的四个残留弧前盆地中的复理石层序的厚度、沉积环境和年龄是非常不一致的［图 3-45（a）］。例如，相对于海岸山脉北部的水涟残留弧前盆地和南部的 Taiyuan 残留弧前盆地，中部的里行

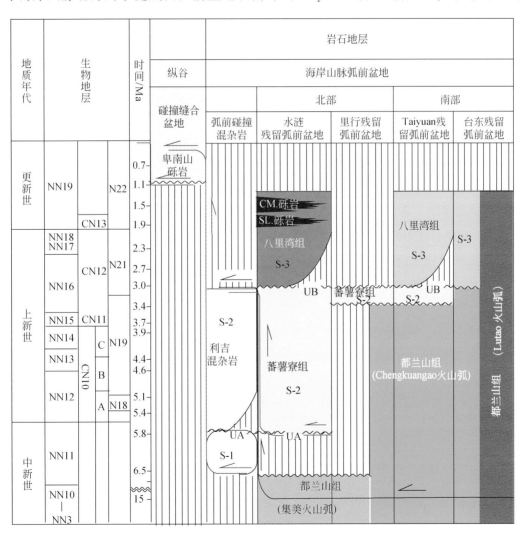

图 3-44　海岸山脉的弧前岩石地层和层序地层（据 Huang et al.，2018）

展示了过去 1Myr 仰冲阶段形成的向西拓展的逆冲结构。西部的利吉混杂岩包括被 5.8Ma 的不整合面 UA 分隔的 S-1 和 S-2 层序。利吉混杂岩东部的 4 个残留弧前盆地的统一复理石层序包括蕃薯寮（Fanshuliao）组（S-2）和八里湾（Paliwan）组（S-3），二者被 ～3～2Ma 的不整合面 UB 分隔。SL. 水涟砾岩；CM. 集美砾岩

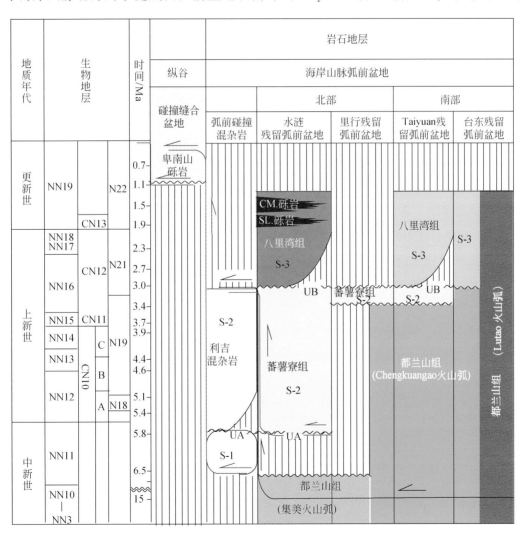

（Loho）残留弧前盆地以较小的盆地范围、有限的地层、上新世末—更新世地层的缺失及盆地中心利吉混杂岩的出露与前二者区分。北部水涟残留弧前盆地中存在2000多米厚的砾岩，但在南部的其他三个残留弧前盆地中却几乎缺失。此外，水涟残留弧前盆地中厚的砾岩沉积在两个独立的扇状环境中，并通过不同的输运通道分散在不同的位置。尽管利吉混杂岩从台东（Taitung）到玉里（Yuli）持续出露超过50km，但它也局部出露在里行（Loho）残留弧前盆地中心及水涟残留弧前盆地东部。

综合台湾南部的海洋地质特征和北吕宋海槽弧前沉积及构造演化过程，Huang等（2018）提出了台湾东部岸上和海域的演化历史［图3-45（b）］：

1）南海大洋岩石圈在晚渐新世—早中新世（32～16Ma或33～16Ma）扩张。南海大洋岩石圈沿其东部某条转换断层与花东海盆/菲律宾海板块大洋岩石圈接触［图3-45（b-1）］。

2）南海大洋岩石圈初始俯冲到花东海盆/菲律宾海板块之下起始于早中新世晚期（19～18Ma）［图3-45（b-2）］。俯冲可能导致了一个新而小的大洋岩石圈形成，是由像现今马里亚纳弧前盆地这样的上覆板块中的弧前扩张形成的。

3）新的弧前扩张之后发生了北吕宋岛弧最早的火山活动，欧亚大陆边缘层序也在中中新世早期（18～17Ma）被刮削下来进入恒春海脊增生楔中［图3-45（b-3）］。

4）俯冲和火山作用一直持续到晚中新世（～6.5Ma）吕宋岛弧和向东俯冲的欧亚大陆之间的初始斜向碰撞时。在18～6.5Ma，北吕宋弧前盆地在洋内俯冲阶段沉积了大量的火山型砾岩（都兰山组）［图3-45（b-4）］。

5）南海沉积拼贴到增生楔上，同时6.5Ma开始发生斜向的弧–陆碰撞，这导致了中央造山带增生楔作为原台湾岛快速出露于海平面之上［图3-45（b-5）］。原台湾岛的风化侵蚀提供了沉积物，其向东运输到北吕宋海槽，向西运输到前陆盆地。

6）弧前层序在沉积过程中由于逆冲作用而发生变形。逆冲作用的同沉积变形导致一系列由不整合面所围限的弧前层序地层的存在［图3-45（b-6）］。

7）在过去1Myr的仰冲过程中，不同的外来块体，包括起源于弧前扩张洋壳地幔的基性岩和超基性岩及起源于吕宋岛弧的火山砾岩和火山灰，向西冷侵位到变形洋中脊中，变成了西部海岸山脉中的碰撞弧前利吉混杂岩（6.5～3Ma）［图3-45（b-7）］。

8）河流和波浪的物理侵蚀作用进一步侵蚀了较薄的复理石层序，使西部海岸山脉处于拆离断层之下的利吉混杂岩出露于地表，而里行和台东残留弧前盆地中心作为构造窗出现在海岸山脉的中部和最南部。

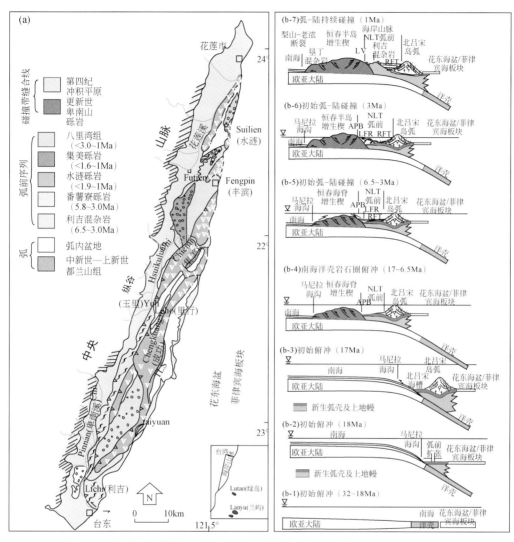

图 3-45　台湾造山带构造纲要（a）和演化序列（b）（据 Huang et al.，2018）

（a）台湾东部海岸山脉的地质图。（b）台湾东部从俯冲到弧-陆碰撞到弧-弧前仰冲导致的弧前层序的构造演化。构造演化是基于台湾东南离岸区活动俯冲-碰撞带的地震剖面及海岸山脉陆上的详细弧前地层所建立的。APB. 岛弧-增生楔边界；LFR. 上新世里行弧前脊；LV. 纵谷；MLT. 北吕宋海槽弧前盆地；RFT. 上新世里外弧前脊东部的残留弧前海槽；HTR. 现今的花东脊弧前

3.2.4.4　日本海盆

太平洋板块西缘的一系列弧后盆地大多数位于火山岛弧后远离大陆的位置，是大洋岩石圈伸展的结果。但日本海一侧以陆壳（亚洲大陆的锡霍特-阿林和朝鲜半岛）为界，另一侧为具有大陆残片的活动岛弧，因此日本海更可能是大陆裂谷，而不是大

洋伸展过程所致。

　　Otofuji 等（1985）通过古地磁数据确定东北日本绕北部的旋转轴（146°E，44°N）逆时针旋转了约 50°，西南日本绕南部的旋转轴（129°E，34°N）顺时针旋转了约 54°，这种在 21～11Ma 同时发生的反向旋转可能是日本海的"对开门"式弧后扩张导致的（图 3-46）。在这个模式中，两个大洋盆地，即东北次海盆和西南次海盆是同时形成的。西南次海盆的打开模式是典型的扇形，因为弧后扩张与岛弧绕岛弧附近的极点旋转有关。但东北次海盆距岛弧非常远，导致了弧后扩张两边形成较为平行的扇形。

　　弧后盆地的打开方式似乎能反映组成岩石圈物质的力学特征。日本海的西南和东北次海盆在大陆一侧分别以朝鲜半岛和锡霍特—阿林为边界。朝鲜半岛下的岩石圈厚度为 300km，锡霍特—阿林是由中生代和新生代地壳所组成，因此其下部的岩石圈厚度比朝鲜半岛下要薄。另外，太平洋西部边缘的岩石圈厚度小于 100km。因此扇形弧后扩张模式是由厚的、塑性的岩石圈裂解导致的。当岩石圈是薄的、脆性的时候，扩张模式也从扇形转变成亚平行和平行样式。

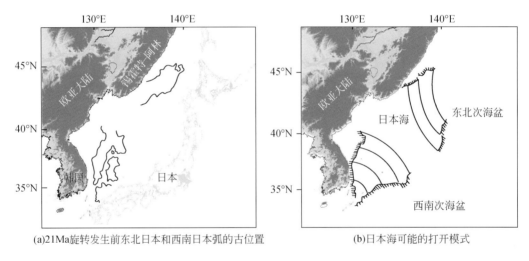

(a)21Ma旋转发生前东北日本和西南日本弧的古位置　　　　(b)日本海可能的打开模式

图 3-46　日本海的"对开门"打开模式（据 Otofuji et al.，1985）

西南日本的顺时针旋转是西南次海盆的扇形打开所导致，而东北日本的逆时针旋转是东北次海盆的亚平行打开（两边平行的扇形打开）所导致

　　Martin（2011）同样也支持这种"对开门"模式，并提供了更多的证据，将这个模式进一步细化。他认为东北日本和西南日本相反旋转的概貌下还存在三个例外。第一个例外是顺时针旋转记录位于北海道（Hokkaido）中部和南库页岛（Sakhalin）的贝科夫（Bykov）地区。这些旋转与南北向断层的右行走滑运动和北西–南东向断层的左行走滑运动有关 [图 3-47（a）]。这个变形与鄂霍次克海和千岛岛弧南部的相对运

动及其与北海道岛弧的碰撞有关。因此，北海道中部的顺时针旋转位于北海道和千岛岛弧弧-弧碰撞连接处的东北部。第二个例外是九州南部的顺时针旋转与陆壳的裂谷作用、火山-沉积拗陷的演化及琉球岛弧后冲绳海槽的弧后打开有关。因此，九州南部的逆时针旋转位于琉球、日本南海弧-弧连接处的东南部［图3-47（a）］。第三个例外是朝日（Asahi）西部地区或 Uetsu 块体南部，其与东北本州的其他地方相反，这里测到的是顺时针旋转。这些顺时针旋转与棚仓（Tanakura）构造线北部的右行走滑运动有关。其他的走滑断层通过不同的相对旋转来分隔这些次级块体。

图 3-47（b）指示日本地区从前二叠纪到古近纪的一系列增生杂岩。这些杂岩带通常呈线性展布，其中古近纪的杂岩带最靠近海岸。整个区域已经被古生代、白垩纪、古近纪和新近纪的岩体及火山作用所强烈影响，指示了逐渐汇聚边缘的幕式地壳生长过程。挤压、褶皱、逆冲、增生和岩浆活动现今在琉球弧、日本南海弧、伊豆-小笠原弧和千岛弧等地区仍在进行。东北日本和西南日本的旋转地体包括拼贴在增生棱柱体/岩浆弧上的岛弧褶皱-逆冲带。

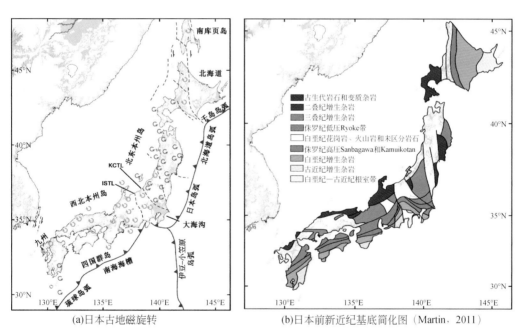

(a)日本古地磁旋转 (b)日本前新近纪基底简化图（Martin，2011）

图 3-47　日本地质特征图

（a）绿色代表顺时针旋转，橙色代表逆时针旋转。旋转开始于 22 ~ 21Ma，持续到 14 ~ 11Ma。日本大海沟带（Fossa Magna）以两条线为界：ISTL 丝鱼川-静冈（Itoigawa-Shizuoka）构造线；KCTL 柏崎-铫子（Kashiwazaki-Choshi）构造线

Martin（2011）针对这种对开门模式提出了两种可能的动力机制方案（图 3-48）。第一种动力机制方案是弯曲俯冲枢纽的板片回卷［图 3-48（a）］。一个可能的前提是相反的旋转力矩（导致地体的相反旋转方向）与具有弯曲枢纽的俯冲回卷有关。下沉

板片的负浮力是俯冲回卷的驱动力，其在俯冲带界面上是偏张应力，并在上覆地幔楔中诱导出地幔流，从而导致了弧后扩张作用。三维数值模拟表明在板片的侧向边缘会形成环流。这样的板片回卷所诱导出的环流使地幔流向中部地幔楔中的板片处集中[图3-48（a）]，结果导致板片枢纽形成了弯曲形态，凸向板片回卷的方向。这种方案有两个效应。第一，"海沟吸力"集中在中部位置[如图3-48（a）所示的蓝色箭头]，这样一个位于中部的力与对开门模式相似。第二，如果与板片下沉有关的力垂直于弯曲的板片表面，它就不再是一个平面。弯曲板片一侧的板片拉力与另一侧的板片拉力偏离[图3-48（a）]。这两种效应共同作用，产生了一对相反的旋转力矩，因此驱动了对开门构造。

第二种动力机制方案是太平洋板片和菲律宾海板片的差异回卷[图3-48（b）]，由三节点处相交的菲律宾海板片和太平洋板片所触发。地震滑动矢量和GPS速度矢量说明太平洋板块向北西西方向俯冲，而菲律宾海板块向北西方向俯冲，这一点已经通过不同成像技术所反映出的俯冲板片角度所证实。在太平洋和菲律宾海板片回卷情况下，与板片下沉有关的力分别是南东东向和东南向[图3-48（b）]。上覆板块上这些力的任意一对都会将东北本州往东—东南方向拖曳，将西南本州往东南方向拖曳。这样分离的板片下沉力恰好是对开门模式所需要的力。

以上观点主体都认为日本海的打开可能是欧亚板块和太平洋板块缓慢汇聚过程中的弧后伸展所导致的。还有一种观点认为日本海是两条右行走滑断层所形成的拉分盆地，这种观点主要是基于日本海的形态及其边界断层的运动学性质所提出。

日本海盆地包括一些隆起和三个主要的次海盆，分别是日本、大和（Yamato）和对马（Tsushima）海盆（图3-49）。尽管日本海盆地在裂谷后阶段被改造，但其在平面上整体仍呈Z字形。此外，日本海盆地东西边界的大断层可以被解释为Y（走滑）断层，而北部和南部的边界断层走向为北东向和北东东—东西向，分别被解释为R（里德尔同向剪切）断层和R'（里德尔反向剪切）断层（图3-49）。

目前日本海盆地中洋壳的分布、年龄和起源仍未解决，通常认为洋壳占据了日本海盆地的东部深海区。盆地中海山的火山岩年龄是新近纪、古近纪甚至是中生代。ODP在794、795和797站点钻到了硬的玄武岩层，其年龄为25Ma（或21.2～17.1Ma），这提供了目前洋壳的最小年龄。795站点处基底岩石的 ^{40}Ar-^{39}Ar 年龄是24～17Ma，该点最老沉积盖层的年龄是14Ma，这说明基底和盖层之间存在沉积间断。钻探到的一些中新世岩浆基底可能代表了局部的侵入岩和喷出岩，而不是真正的大洋基底。洋壳性质的奥尻脊北部获得的玄武岩年龄是34Ma，可能代表了最老

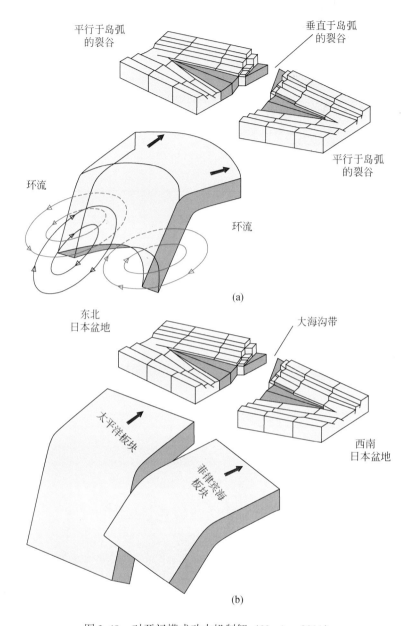

平行于岛弧
的裂谷

垂直于岛弧
的裂谷

环流

环流

平行于岛弧
的裂谷

(a)

东北
日本盆地

大海沟带

太平洋板块

菲律宾海
板块

西南
日本盆地

(b)

图 3-48　对开门模式动力机制解（Martin，2011）

（a）具有弯曲枢纽（hingeline）的俯冲板片动力机制模式。俯冲板片两侧边缘处由俯冲回卷触发的地幔环流以绿线（水平标高）和蓝线（位于中央的垂直标高）表示。这样的地幔流将地幔楔中汇聚流的"海沟吸力"向中部的板片处集中（蓝色箭头所示）。弯曲枢纽一侧上的板片下沉力的拉力（红色箭头）与相对一侧上的拉力是偏离的。上覆板块表示为裂谷型陆壳（断块以浅灰色表示），洋壳以蓝色表示。注意与岛弧平行和与岛弧垂直的裂谷。（b）俯冲的太平洋和菲律宾海板块各自的板片拉力。与图（a）中的相似，太平洋板块的板片拉力将东部上覆板块上的东北本州向东—东南方向拖曳，而菲律宾海板块将西南本州向东南方向拖曳。注意，在图（a）中，上覆板块中与岛弧平行和与岛弧垂直的裂谷都有洋壳，但现今洋壳只在东北日本海盆中识别出来

的洋壳年龄。热流和基底深度数据基于板块冷却模型提出了 30~15Ma 的洋壳年龄范围，而古地磁研究则认为东北本州和西南本州分别在 22~21Ma 到 14~11Ma 发生"对开门"旋转。而很多学者认为洋壳是不可能在这么短的时间内形成的，古地磁的磁偏角很可能反映的只是局部的位置（如走滑剪切）。此外，至今还没有确定一个有说服力的海底扩张轴及磁条带数据。而三个次海盆大致呈扇形或菱形展布，与整个海区的形态类似，深海区呈北东—北东东走向展布的分散磁异常条带分别与 R 断层和 R′断层的走向平行，说明洋壳（或岩墙）很可能是由右行拉分形成的（图 3-50）。

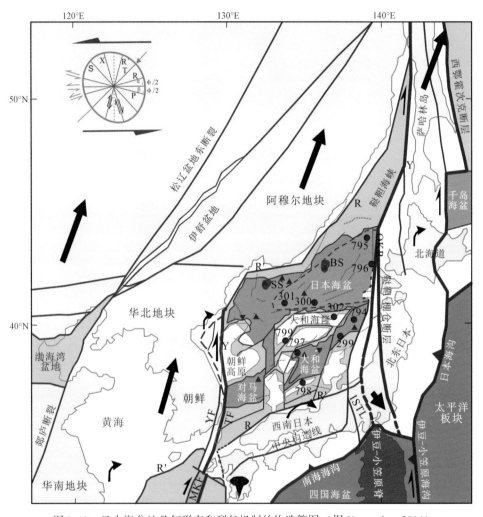

图 3-49　日本海盆地几何形态和裂谷机制的构造简图（据 Xu et al.，2014）

黑色粗线箭头代表各点相对于 RP 点的运动矢量（无比例）。红色三角和倒三角代表火山岩取样的位置，分别为古近纪—新近纪和中生代的年龄。标有数字的红色实心圆圈是 DSDP 和 ODP 位置及编号。

TF. Tsushima 断层；YF. 梁山断层；MKF. 马尼拉-朝鲜东断裂系统；ISTL. 丝鱼川-静冈构造线；BS. Bogrov 海山；SS. 西伯利亚海山；OKR. 奥尻脊。Y、R 和 R′分别代表右行右阶走滑拉分裂谷阶段中的走滑断层、里德尔同向剪切断层和里德尔反向剪切断层

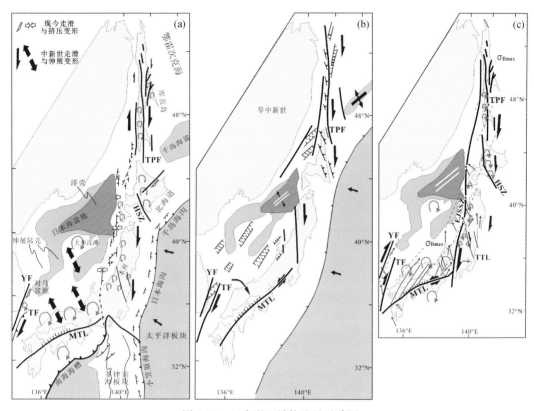

图 3-50　日本海区域构造及重建图

（a）日本海区域构造图，展示了中新世和现今的两个连续的应力场及古地磁旋转极（Jolivet et al., 1994）。（b）早中新世日本海打开期间可能的重建图（Jolivet et al., 1994）。（c）日本海周围的主断层和块体旋转极，展示了西南日本地区地壳块体的分布及最大水平应力的方向（Jolivet et al., 1991）。HSZ：日高剪切带，MTL：中央构造带，TPF：蒂姆波罗奈斯克断层，TF：对马断层，YF：梁山断层，TTL：棚仓构造线，EJSSZ：东日本海剪切带。

3.2.5　破碎带

转换断层一个有趣的方面是它们协调板块相对运动方向改变的过程。几何学问题在图 3-51 例子中的平面地球情况下对此进行了说明。在稳定扩张阶段（图 3-51 中阶段 1~3），转换断层系统形成了由互相平行的直线所组成的破碎带（或在球面上形成集中的小圆路径）。当扩张方向发生改变时（阶段 3、4），转换断层必须沿新的方向活动，所形成的破碎带被加宽和变窄，这取决于它们的位移方向（阶段 7）。

当图 3-51 中区域的破碎带两侧都有很大位移时，它们会以与图 3-51 阶段 7 相似的方式改变宽度。这些宽度变化在太平洋北部磁静区的 Chron 33R 弯曲处尤其清楚，在这个位置，莫洛凯和门多西诺–拓荒者号破碎带系统从西到东变得很宽，而默里和克拉里翁破碎带系统则变窄。一些与以上描述的破碎带位移方向相反的破碎带中所存在的微妙的宽度变化也可以在跨磁静区位置自西向东（从老到新）识别出来。尤其清楚的是默里破碎带系统的加宽，但其他的破碎带也可以观察到或推测出宽度的变化。这些宽度的变化为板块动力模型提供了重要的限定条件。

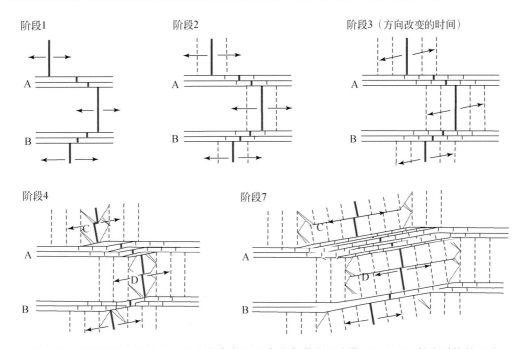

图 3-51　相对板块运动方向突然变化条件下两束多条带状破碎带（A 和 B）扩张系统的理论
海底构造样式（据 Atwater et al.，1993）

粗红线是活动的扩张中心（洋中脊）；黑色单实线是活动的转换断层；细点线是破碎带迁移轨迹；垂直虚线是海底
等时线。从阶段 1 到阶段 3，扩张是稳定的东西方向。在阶段 3 时，相对板块运动方向发生了 10° 的逆时针偏转。
从阶段 3 到阶段 4，扩张中心和转换断层调节到新的方向，具体如下：转换断层 A 加宽，转换断层 B 变窄，并形成
了额外的破碎带；拓展的裂谷（轨迹为斜向点线）逐渐形成垂直于新方向的扩张中心，并在它们停顿时形成新
的转换断层（破碎带 C 和 D）。阶段 5 和阶段 6（不展示）为稳定的扩张持续沿新的方向进行，直到阶段 7

如果一个大洋海隆俯冲速度能够减慢，后面就会发生一系列有趣的结果。如图 3-52 所示为一条扩张洋中脊和两条相关的俯冲带。一个洋底高原嵌入大洋板块中，随之向俯冲带运动［图 3-52（a）］。当高原与俯冲带碰撞时［图 3-52（b）］，其将会在碰撞区域减慢俯冲过程。

这次局部的减慢是如何调节的呢？有三个明显的可能性：①高原或隆起完全从下伏板块上拆离下来，增生到上覆板块上，在大洋板块中不发生扰动；②高原或隆起完全俯冲下去，不破坏任何一个板块；③高原阻碍俯冲作用或拆离作用。

假设这个阻力足够大，能导致板块相对运动减慢，减慢最可能的调节方式是沿大洋板块中的断层发生差异运动。这些断层很可能超越了洋中脊的破碎带。尽管基本观点认为在洋中脊位移之外的破碎带中不发生差异滑动，但存在的一些证据说明

这些洋中脊段确实发生了转换运动。这样的运动通常是小尺度的，所以它们不能被清晰地识别。

这些破碎带的排列方向对剪切运动来说确实是最不合适的方向，因为它们平行于板块运动方向，因此也平行于主应力方向。然而，同样的困境也存在于扩张的洋中脊处，那里的转换断层也具有相同的几何形态。

因此，洋壳中的破碎带是差异水平运动进行协调的位置。如图3-52所示，这样的两条破碎带可以调节高原消减引起的俯冲减慢所导致的差异运动。

洋中脊处的相对扩张速度，也就是新板块生长的速度，通常是对称的。因此，如图3-52（c）所示，如果板块运动在洋中脊的一侧减慢，而扩张速度仍保持对称，那么洋中脊段必须向快速运动的板块发生脊移。洋中脊段发生位移的速度与未受扰动的板块和减慢速度段之间的速度差异应该是一个简单的比例关系。为了进一步说明，图3-52（c）~（e）展示了当速度减慢段的俯冲作用停止时的情况。在这种情况下，洋中脊段以半扩张速度运动。脊移和速度减慢的一个直接结果是板块生长速度的减小和磁异常之间间隔的缩小。

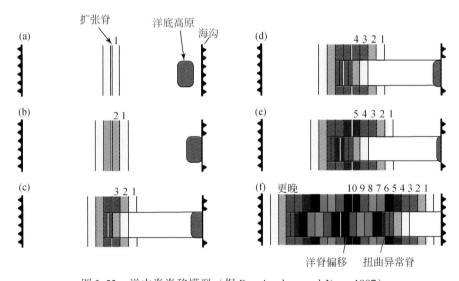

图3-52　洋中脊脊移模型（据Ben Avraham and Nur，1987）

脊移由洋底高原与海沟碰撞导致俯冲过程减慢所引起。洋中脊脊移的结果之一是存在紧密相间排列的磁异常条带

最终，洋底高原被俯冲作用所消耗，或拆离并增生到上覆板块上而消耗，后一种情况下正常俯冲作用保持了下来。这个过程恢复与洋中脊处的正常扩张速度相关，其现今位移也得以永久保留［图3-52（f）］。

3.3　板块重建与构造演化

太平洋板块位于欧亚、北美、南美、纳兹卡、科科斯、南极洲和印度–澳大利亚板块之间，所占面积为地球的1/4，属于全球尺度的一级构造系统。东印度洋洋中脊和大西洋洋中脊的扩张使澳大利亚、北美和欧亚板块都向太平洋板块汇聚，因此，太平洋板块边缘形变和运动历史非常复杂，现今依然是全球活动构造最活跃的地带。这里通过板块重建来系统揭示这个演化过程。

3.3.1　太平洋板块形成机制

目前，地球上最老的洋壳不老于200Ma，存在于西太平洋内，它代表了现今太平洋板块形成的起始时间。Boschman 和 van Hinsbergen（2016）通过研究，认为太平洋板块自190Ma左右开始从古太平洋（泛大洋）中形成，演化至现今的状态。

太平洋三角形洋底位于马里亚纳海沟的东部（图3-1），其包括三个方向的磁异常：北东走向的日本磁条带，北西走向的夏威夷磁条带和东西走向的菲尼克斯磁条带。由这三组磁条带所形成的三角形的几何形态说明太平洋板块产生于洋内的洋中脊–洋中脊–洋中脊（RRR）三节点扩张。这个三节点扩张将太平洋板块与三个先存的大洋板块分离开来，即西北部的依泽奈崎板块、东北部的法拉隆板块和南部的菲尼克斯板块。除了法拉隆板块现今在北美西部大洋中还有一些残余，其他板块都已经俯冲殆尽。

太平洋板块始于依泽奈崎、法拉隆和菲尼克斯板块之间的RRR三节点。在这个三节点上，由于三节点分离成三个新的RRR三节点，太平洋微板块在约190Ma时开始形成。然而，RRR三节点是稳定的，因此这个三节点没有理由会分裂为三个RRR三节点。现今仍存在的RRR三节点（如南大西洋、印度洋和太平洋）就已经稳定了几十个百万年，甚至超过了100Myr。因此，太平洋板块开始形成时的这个三节点并不是简单的RRR三节点。

太平洋三角形磁异常的方向使依泽奈崎–太平洋、法拉隆–太平洋和菲尼克斯–太平洋板块间的相对运动可以重建，间接地也可以重建依泽奈崎–法拉隆–菲尼克斯的相对运动。其相对运动图（图3-53）表明，自190Ma以来，依泽奈崎–法拉隆、法拉隆–菲尼克斯和菲尼克斯–依泽奈崎板块是分散的［图3-54（a）］，因此，它们的板块边界以及太平洋板块诞生的三节点一定是由洋中脊和转换断层组成的。这些洋中脊和转换断层的方向可以通过相对运动速度图推测出来（图3-53）。洋中脊–洋中脊–洋中脊（RRR）、洋中脊–洋中脊–转换断层（RRF）和洋中脊–转换断层–转换断层（RFF）三节点都是稳定的，且这三种三节点可随着时间互相转化。然而，转换断层–转换断层–转换断层（FFF）三节点却是不稳定的［图3-54（b）］，很可能会在三节点形成之后马上在中心打开一个三角形的"空缺"［图3-54（c）］。因此，洋中脊形成了，同时产生了新的洋壳，充填了这个空缺部分，一个新的板块在现在的稳定板块边界组合中诞生了［图3-54（c）］。这个板块系统预测了洋中脊及它们的几何形态，其导致了现今海底观测到的太平洋板块侏罗纪三角形磁异常（图3-55）。

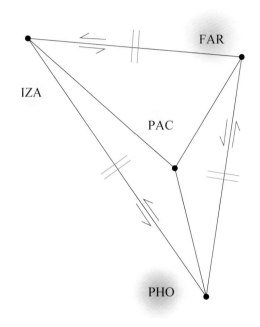

图 3-53　依泽奈崎（IZA）–法拉隆（FAR）–菲尼克斯（PHO）板块系统的相对运动
（据 Boschman and van Hinsbergen，2016）
图中展示了依泽奈崎–法拉隆、法拉隆–菲尼克斯和菲尼克斯–依泽奈崎板块边界转换段的运动方向（蓝色）
和洋中脊方向（绿色）。PAC. 太平洋板块

　　根据定义，一个不稳定的三节点只会暂时作为一个过渡板块边界组合而存在于一个稳定情况和下一个稳定情况之间。在太平洋板块诞生之前，依泽奈崎–法拉隆–菲尼克斯三节点的特征可通过板块构造的基本法则来重建，前提是假设在太平洋板块诞生前后依泽奈崎–法拉隆–菲尼克斯系统的相对板块运动没有变化。不稳定的FFF三节点总体会向稳定的三节点转换，不一定转换为一个稳定的三节点，而可能分裂为几个稳定的三节点（图3-54）。这里两条板块边界一定是保持不变的转换断层，而第三条板块边界一定会发生弯曲，在弯曲的一侧形成转换断层边界，另一侧则形成一条斜向俯冲带。所形成的转换断层–转换断层–海沟（FFT）三节点也是稳

定的，但它会沿着海沟向弯曲部位迁移。在三节点迁移过程中，俯冲带一段的长度会减小，当三节点到达弯曲部位时，不稳定的 FFF 三节点就形成了，这时太平洋板块就开始形成。以太平洋三角形区域的海洋磁异常数据为基础，不可能确定是哪个板块边界存在俯冲段，哪个板块是仰冲板块。因此，三条不同的但形态上相似的板块边界组合都是有可能的。图 3-54（a）展示了其中一种情况，即法拉隆板块俯冲到依泽奈崎板块之下，导致俯冲段走向为北北西–南南东向。

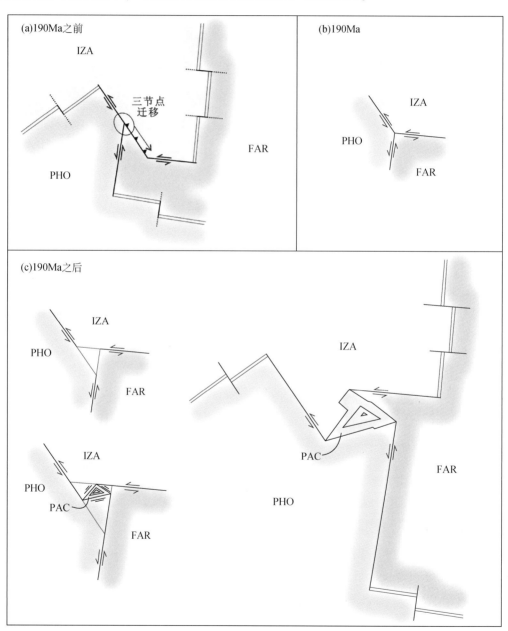

图 3-54　依泽奈崎（IZA）–法拉隆（FAR）–菲尼克斯（PHO）板块系统及太平洋板块诞生的三阶段演化过程（据 Boschman and van Hinsbergen，2016）

PAC. 太平洋板块；IZA. 依泽奈崎板块；FAR. 法拉隆板块；PHO. 菲尼克斯板块

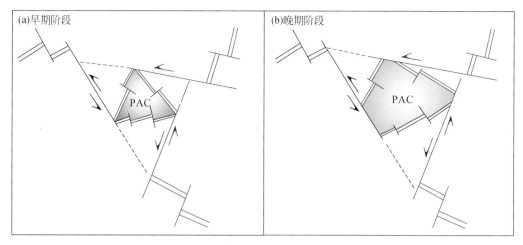

图 3-55　太平洋（PAC）板块诞生的演化过程

不同颜色表示不同洋中脊–转换断层组合系统

3.3.2　太平洋晚白垩世以来的演化历史

Wright 等（2016）恢复了太平洋从晚白垩世（83Ma）至现今的构造演化历史（图 3-56）。在南太平洋，西南极洲板块与查塔姆（Chatham）高原之间的扩张作用起始于磁线理34y（83Ma），很可能是东冈瓦纳裂解期间一系列大陆裂谷作用所导致的。这与中北太平洋内库拉板块初始形成阶段的情形一致。在此期间，阿鲁克（菲尼克斯）–太平洋板块扩张系统是活跃的，包括沿南极半岛和阿鲁克板块附近的南美大陆边缘南部的俯冲作用（图 3-56）。法拉隆板块沿北美和南美西部大陆边缘俯冲，同时新形成的库拉板块沿现今的阿拉斯加和北美西部大陆边缘发生俯冲。西南极洲板块与太平洋板块之间的俯冲以近南北向开始启动。

到磁线理33o（79.1Ma）时，北太平洋的库拉–太平洋板块之间开始了扩张作用，同时北东–南西向的别林斯高晋（Bellingshausen）–太平洋扩张作用在南太平洋开始启动。到磁线理 27o（约61.3Ma）时，别林斯高晋板块已经停止了独立的运动，拼贴到了南极洲板块西部，推动了别林斯高晋–阿鲁克扩张与阿鲁克–西南极洲扩张之间的位移。从磁线理 25y（55.9Ma）开始，库拉–太平洋之间的扩张作用发生了一次大的逆时针旋转。这与太平洋–法拉隆扩张速率的快速增加和太平洋–法拉隆扩张作用小的顺时针旋转一致。太平洋–法拉隆扩张作用发生这次旋转之后，法拉隆板块在磁线理24n.1y（52.4Ma）破裂，在其北段形成了温哥华板块。这次破裂事件似乎与库拉板块同时间的逆时针运动有关。在磁线理 21o（47.9Ma），南太洋进一步重组：随着太平洋–Fseiy 洋中脊向东拓展，与太平洋–阿鲁克扩张作用有关的太平洋一侧的一段被捕获到西南极洲板块之上。在磁线理 18r（约41Ma）期间，库拉-太平洋洋中脊停止扩张,库拉板块合并到太平洋板块中。

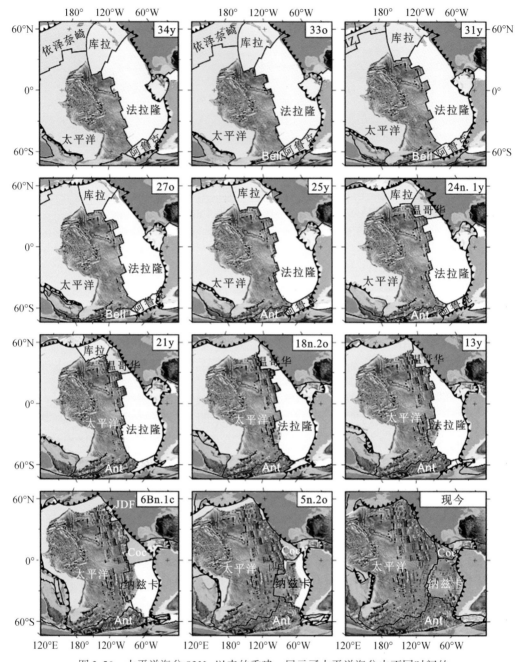

图 3-56　太平洋海盆 83Ma 以来的重建,展示了太平洋海盆内不同时间的
主要海底扩张等时线或主要重建事件(据 Wright et al.,2016)

各个时间节点:磁线理 34y 表示 83Ma;33o 表示 79.1Ma;31y 表示 67.7Ma;27o 表示 61.3Ma;25y 表示
55.9Ma;24n.1y 表示 52.4Ma;21o 表示 47.9Ma;18n.2o 表示 40.1Ma;13y 表示 33.1Ma;6Bn.1c 表示
22.7Ma;5n.2o 表示 10.9Ma。Ant. Antarctic,南极洲;B. Bauer microplate,鲍尔微板块;Bell. Bellingshausen,
别林斯高晋;JDF. Juan de Fuca,胡安·德富卡微板块;Cos. 科科斯微板块

太平洋–法拉隆洋中脊在约 29Ma 时与北美海沟在拓荒者号破碎带附近发生碰撞。在这之后，法拉隆板块经历了一次破碎作用，在磁线理 6Bn.1c（22.7Ma）形成了纳兹卡和科科斯板（图 3-56）。之后继续发生重组，包括在磁线理 5D（约17Ma）形成南太平洋鲍尔（Bauer）微板块，在磁线理 5n.2o（10.9Ma）形成数学家（Mathematician）微板块和里维拉微板块。当太平洋–法拉隆洋中脊逐渐俯冲到北美板块之下后，消失的洋中脊和古板块的残余体到达了大陆边缘。

3.3.3 西北太平洋新生代重建

Konstantinovskaia（2001）对西北太平洋新生代的演化进行了重建，但是这个重建并不完美，没有考虑阿拉斯加南侧原来不是一条弧形俯冲带。有研究揭示，这条大陆边缘原始应当是一条直线。在 Konstantinovskaia（2001）的重建中，亚洲东北部中生代活动大陆边缘是由鄂霍次克–楚科塔（Okhotsk-Chukotka）和锡霍特–阿林（Sikhote-Alin）深成火成岩带限定的 [图 3-57（a）]，这条带发育在倾向北和倾向北西的俯冲带之上。当鄂霍次克微板块在 56～55Ma 停靠在亚洲大陆上时，这个带的岩浆活动停止了。在这次事件之后，这个微板块的东南边界形成了新的俯冲带，成为亚洲面向太平洋的前缘 [图 3-57（b）]。Kvakhona 岛弧和 Sredinny 微陆块组成了中—早白垩世陆缘的增生结构，Iruney-Vatuna 大洋盆地出现在了陆缘的东南部 [图 3-57（a）]。

北美的大陆边缘以马斯特里赫特期（Maastrichtian）–早古生代形成的火山活动为标志，其位于白令海的外大陆架并沿南阿拉斯加造山带分布 [图 3-57（a）]。库拉板块在约 85Ma 起源于太平洋，向北运动，并俯冲到活动大陆边缘之下。库拉板块和太平洋板块之间的边界或者是一条北西走向的巨型转换断层，或者是一系列被北西向转换断层分隔的短洋中脊。Kimura 等（1992）假设库拉–太平洋洋中脊在约 65Ma 时俯冲到北海道–萨哈林（Hokkaido-Sakhalin）活动大陆边缘之下。

Achaivayam-Valaginskaya 岛弧起源于西北太平洋区域，位于其现今位置的东南部 [图 3-57（a）]。古地磁数据揭示，在坎潘期（Campanian）—早古生代，该活动岛弧向西北方向迁移，靠近亚洲。随着岛弧的迁移，Iruney-Vatuna 洋盆的岩石圈已经被俯冲掉 [图 3-57（a），（b）]。Kronotskaya 弧起初位于 Achaivayam-Valaginskaya 弧不远处，并在古新世期间向东南方向移动。古新世—早始新世岛弧间的相对运动可能导致了伸展作用和海底扩张，在 Vetlovka 板块内的岛弧之间形成了新的洋壳 [图 3-57（a），（b）]。

小千岛（Lesser Kuril）岛弧被认为起源于其现今位置的东南部，很可能是 Achaivayam-Valaginskaya 岛弧的西南部 [图 3-57（a）]。火山活动结束后，小千岛岛弧在马斯特里赫特期晚期发生的逆冲和褶皱作用很可能标志了这个岛弧与鄂霍次克微板块之间碰撞作用的开始 [图 3-57 (a)，(b)]。

Achaivayam-Valaginskaya 弧和鄂霍次克微板块东南缘的碰撞自晚古新世末—早始新始开始从南堪察加向北拓展，中始新世时到达 Olutorka 地区 [图 3-57 (b)]。碰撞期间发生的俯冲极性倒转导致 Vetlovka 板块启动了倾向北西方向的洋壳俯冲作用。洋壳俯冲的演化导致了克里亚克（Koryak）–堪察加和中堪察加火山岩带的形成，它们分别形成于中始新世和渐新世新形成的增生边缘上 [图 3-57 (c)]。Kronotskaya 岛弧自晚古新世开始随着 Vetlovka 大洋板块向北西方向迁移。

库拉–太平洋旋转极在约 55Ma 时发生了转换，导致库拉板块运动方向由向北逆时针旋转到了向北北西方向（310°N），库拉–太平洋板块的边界也转变成了一个左行转换断层 [图 3-57 (b)]。在约 55Ma 形成的原阿留申俯冲带导致库拉板块中生代洋壳被捕获 [图 3-57 (b)]。在阿留申西段北侧 [图 3-57 (b)，(c)]，伸展作用和弧后扩张作用在 55～42Ma 时分别发生于维特（Vitus Arch）和鲍尔斯（Bowers）盆地内。

板块运动的新重组发生在约 43Ma。亚洲板块运动速度从东南方向转向西南方向 [图 3-57 (c)]，库拉–太平洋扩张作用停止，库拉板块被太平洋板块合并。这两个板块的运动方向都从北北西向转向北西西向 [图 3-57 (b)，(c)]，速度从 14cm/a 下降到约 3cm/a。

库拉–太平洋板块在约 43Ma 时重组的结果是，太平洋板块向 Kronotskaya 岛弧下的俯冲变成角度很大的斜向俯冲，导致岛弧内火山作用的停止及被斜向转换断层沿岛弧走向分开成不同的岛弧段 [图 3-57 (c)]。这次事件之后，Kronotskaya 岛弧继续随着 Vetlovka 板块被动地运移到西北部，最后，在中新世末停靠在堪察加。Vetlovka 板块被拆离下来，并完全俯冲掉。太平洋板块俯冲带在新形成的增生边缘开始活动，导致在 5Ma 左右形成东堪察加火山带 [图 3-57 (c)，(d)]。因此，出现了亚洲大陆边缘现今的样式 [图 3-57 (d)]。

在太平洋西缘，板块汇聚在约 43Ma 时变为正向。这个重组导致了菲律宾—太平洋边界从转换断层转变成了向西倾的俯冲带 [图 3-57 (b)，(c)]，同时伴随着伊豆–小笠原–古马里亚纳岛弧的形成和西菲律宾弧后盆地的打开。相反，东太平洋边缘转变成了纯走滑运动。大洋板块运动方向的变化导致了沿西阿留申的高角度斜向俯冲，形成了走滑转换断层系统 [图 3-57 (c)]，将原始 Komandorsky 盆地与洋盆分离开来。

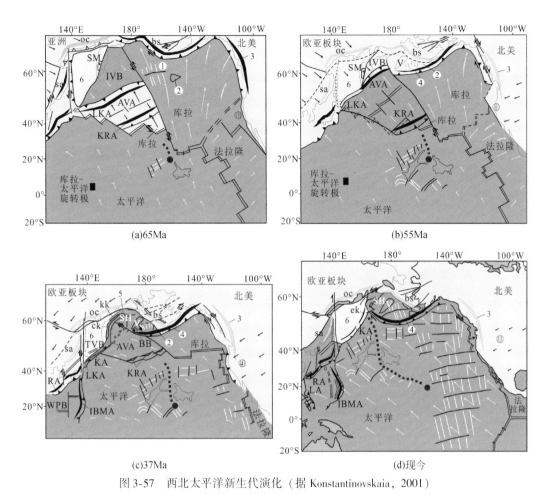

图 3-57　西北太平洋新生代演化（据 Konstantinovskaia，2001）

关键的区分带：活动火山作用（黑色粗线），不活动的火山带（灰色粗线），变形的岛弧地体（黄色区域）。大洋中：红色双实线：洋中脊；白色实线：磁条带；红色虚线：热点轨迹；红色圆点：夏威夷热点；黑色实线：转换断层；oc. Okhotsk-Chukotra（鄂霍次克-楚科塔）；ck. Central Kamchatka（中堪察加）；kk. Korgak-Kamchatka（克里亚克-堪察加）；ek. Eastern Kamchatka（东堪察加）。俯冲带：活动的（黑色三角），不活动的（空心三角），箭头：板块运动速度。sa. Sikhote-aline（锡霍特-阿林）；bs. Bering shelf belts（白令陆架带）；SH. Shirshov Ridge（希尔绍夫海岭）；V. Vitus Arch（维特）；KA. Kuril（千岛）；RA. Ryukyu（琉球）；LA. Luzon（吕宋）；IBMA. Izu-Bonin-Mariana arcs（伊豆-小笠原-马里亚纳岛弧）；WPB. Western Philippine（西菲律宾）；BB. Bowers basins（鲍尔斯盆地）；IVB. Iruney-Vatuna 大洋盆地单元；SM. Sredinny 微陆块；AVA. Achaivayam-Valaginskaya 弧；LKA. 小千岛（Lesser Kuril）岛弧；KRA. Kronotskaya 岛弧；ASLA. 阿拉斯加弧；OC. Okhotsk-Chukotka（鄂霍次克-楚科塔）；CK. Central Kamchatka（中堪察加）；KK. Koryak-Kamchatka（克里亚克-堪察加）；ek. Eastern Kamchatka（东堪察加）。①中生代磁线理；②乌姆纳克高原；③阿拉斯加造山带；④阿留申群岛；⑤原科曼多斯基盆地；⑥鄂霍次克板块

3.3.4　西南太平洋新生代重建

在图 3-58（a）中，Mann 和 Taira（2004）已经收集了 11 个洋底高原和热点轨迹的例子，它们现今沿环太平洋板块或环加勒比板块边界发生俯冲。在这 11 个例子中，只有翁通爪哇高原现今仍继续增生于上覆的岛弧系统上。其他 10 个例子似乎已经俯冲的没有任何明显上地壳前弧增生物质。

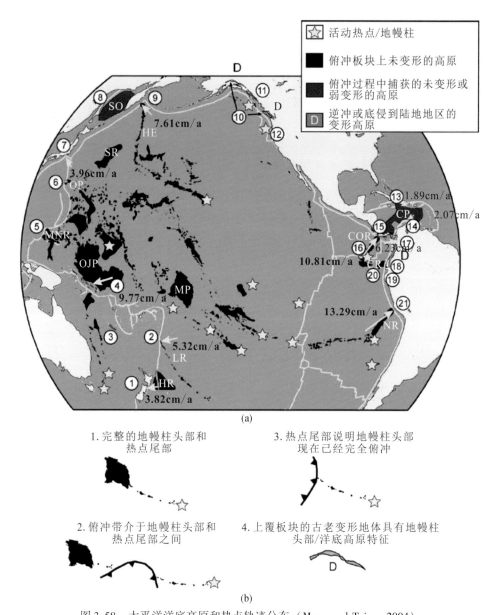

(a)

1. 完整的地幔柱头部和
   热点尾部

3. 热点尾部说明地幔柱头部
   现在已经完全俯冲

2. 俯冲带介于地幔柱头部和
   热点尾部之间

4. 上覆板块的古老变形地体具有地幔柱
   头部/洋底高原特征

(b)

图 3-58   太平洋洋底高原和热点轨迹分布（Mann and Taira，2004）

（a）现今板块边界（黄线）参考系中太平洋和加勒比的大火成岩省、活动热点/地幔柱（黄色五角星）及太平洋和加勒比板块相对于周围板块的运动轨迹图。洋底高原被划分成三类构造背景，如右上插图所示。较大的大火成岩省和热点轨迹简写如下：HE. 夏威夷–皇帝海山链；SR. 沙茨基海隆；SO. 鄂霍次克海；OP. 小笠原高原；MNR. 马库斯内克（Marcus Necker）海脊；OJP. 翁通爪哇高原；MP. 马尼希基高原；HR. 希库朗基高原；NR. 纳兹卡海脊；CR. 卡内基海脊；COR. 科科斯海脊；CP. 加勒比高原。圈内所标数字 1~21 的大火成岩省代表现今正往太平洋和加勒比板块边界下俯冲的洋底高原或热点轨迹，以及包括岛弧或大陆造山带的显生宙碰撞事件过程中可能增生的洋底高原。1. 希库郎基；2. 路易斯维尔海脊；3. 新喀里多尼亚（New Caledonia）；4. 翁通爪哇；5. 马库斯内克海脊；6. 小笠原高原；7. 空知带（Sorachi Belt），北海道，日本；8. 鄂霍次克海；9. 夏威夷–皇帝海山链；10. Wrangellia，加拿大和美国；11. 卡什克里克（Cache Creek）地体，加拿大；12. Siletz 地体，俄勒冈州（Oregon）；13. 加勒比（伊斯帕尼奥拉岛 Hispaniola）；14. 加勒比（荷属安的列斯群岛 Dutch Antilles）；15. 哥斯达黎加（Costa Rica），加勒比；16. 科科斯海脊；17. 西哥伦比亚地体；18. Pinon 建造，厄瓜多尔；19. Raspas 杂岩，厄瓜多尔；20. 卡内基海脊；21. 纳兹卡海脊。（b）板内（1）、俯冲（2，3）、早期造山带（4）情况下，热点或地幔柱头与热点轨迹或"尾端"之间的关系被总结为四种可能的情况

为了支持对所罗门群岛自 5Ma 开始汇聚的解释（图 3-59），Mann 和 Taira（2004）进行了一系列基于计算机的板块重建。重建基于较大和较小板块对（plate pairs）的分级闭合，以 2~4Myr 为间隔展示，包括太平洋–南极洲板块、澳大利亚–南极洲板块、伍德拉克（Woodlark）盆地的打开及北斐济盆地的打开。

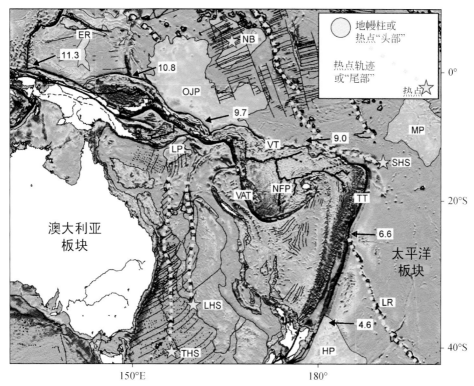

图 3-59　翁通爪哇高原–所罗门岛汇聚带的自由空气重力异常（据 Mann and Taira，2004）

箭头指示太平洋板块相对于邻近板块的运动方向和速率。大的黄色区域是已知或推测的洋底高原，黄色虚线指示热点轨迹或"尾部"。NB. 瑙鲁盆地；ER. 欧里皮克（Eauripik）隆起；LP. 路易西亚德（Louisiade）高原；OJP. 所罗门–翁通爪哇高原；VAT. 瓦努阿图（Vanuatu）海沟；VT. 勇士（Vitiaz）海沟；NFP. 北斐济高原；MP. 马尼希基高原；SHS. 萨摩亚热点；TT. 汤加海沟；LR. 路易斯维尔海脊；HP. 希库朗基高原；THS. 塔斯马尼亚（Tasmanid）热点；LHS. 豪勋爵热点

（1）20Ma（早中新世）

西南太平洋地区在新生代期间存在一个单一的半连续岛弧系统 [图 3-60（a）]。这个岛弧系统的北支称为北美拉尼西亚岛弧系统，包括现今的新爱尔兰岛、所罗门群岛和斐济地区。东支称为汤加–克马德克岛弧系统，包括现今的汤加和新西兰的北岛区域。弧后盆地的打开、大规模的旋转以及横切岛弧走向的走滑断层作用在过去 20Myr 里破坏了这条一度连续的火山链的几何形态。

图 3-60（a）中标记 A7 的虚线区域圈出了上、下地幔（500~600km）中的层析成像异常，该异常与早期的俯冲有关。Hall 和 Spakman（2002）将 A7 异常解释为

太平洋板块在 45~25Ma 向南和西南方向俯冲到北美拉尼西亚–汤加–克马德克岛弧之下的结果。

Audley Charles (1991)、Yan 和 Kroenke (1993) 提出并重建的一个根本区别与这个岛弧系统相对于澳洲大陆的地理起源有关。根据前人提出的构造和古地理解释，北美拉尼西亚–汤加–克马德克岛弧通过太平洋板块在新生代早期向南和向西的俯冲所导致的弧后扩张而断离澳大利亚大陆边缘。古近纪强烈的弧后扩张很可能与洋内岛弧系统之下较老的中生代洋壳消减所产生的强烈俯冲回卷分量有关。

与这种观点相反，Audley Charles (1991)、Yan 和 Kroenke (1993) 认为相同的岛弧系统起源于澳大利亚北部向南俯冲的洋内背景。这种解释与 A7 异常的位置及其南倾形态是不一致的 [图 3-60 (a)]。

北美拉尼西亚弧初始俯冲之前的翁通爪哇高原原始形态如图 3-60 (a) 所示。翁通爪哇高原的厚度很可能向其边缘变薄，正如现今在其北部和东部边缘所观察到的那样。这个高原的热点"尾部"也可能投射到东南部，对应现今正向汤加海沟下俯冲的路易斯维尔热点轨迹 (图 3-59)。现今向西南延伸的翁通爪哇高原俯冲作用将扰乱北美拉尼西亚岛弧系统的瓦努阿图段。在这个重建中，根据相似的岩性和年龄，现今马莱塔岛增生楔中的岛屿拼贴到正在靠近的翁通爪哇高原上。由于翁通爪哇高原斜向进入北美拉尼西亚岛弧系统的俯冲带中，沿着岛弧长度的变形在斐济和瓦努阿图东段随着早中新世的碰撞事件而具有高度的穿时性，之后在所罗门地区发生了上新世—更新世的变形作用 [图 3-60 (a)]。

(2) 16Ma (早中新世)

在这期间，翁通爪哇高原和所罗门岛弧继续向西南方向汇聚 [图 3-60 (b)]。高原距海沟约 500km。弧内裂谷作用和岩浆侵入作用在瓦努阿图弧较老的西部块体处达到顶峰。

(3) 12Ma (中中新世)

翁通爪哇高原和所罗门岛弧继续向西南方向汇聚 [图 3-60 (c)]。此时，高原距海沟约 300km。Cowley 等 (2002) 认为中所罗门弧内盆地形成了一个细长的、以正断层为边界的凹陷，但没有任何汇聚变形的证据。Phinney 等 (1999) 的研究有证据表明，当翁通爪哇高原在靠近北美拉尼西亚俯冲带时发生了弯折，因此在 15Ma 时发生了正断层作用。

(4) 10Ma (晚中新世)

10~8Ma，北美拉尼西亚岛弧系统东段开始沿勇士海沟与现今正在俯冲的翁通爪哇高原东南部发生碰撞 [图 3-60 (d)]。这次汇聚事件的结果是俯冲极性的反转和瓦努阿图弧在 8~3Ma 顺时针旋转所导致的北斐济海盆 NE–SW 向打开。11~8Ma 的火山活动和沉积岩的缺失发生在较老的瓦努阿图西部块体上。被称为"Colo 造山运动"的一段时间的褶皱、隆升和侵蚀作用约在 10Ma 时开始在斐济群岛发生。中新世 Colo 造山运动是一个与翁通爪哇高原有关的汇聚变形早期产物，其在上新世—更新世影响了北美拉尼西亚岛弧的所罗门段。

（5）8Ma（晚中新世）

在这段时间内，瓦努阿图弧相对于所罗门群岛附近翁通爪哇高原厚地壳区域上的一个支点所发生的顺时针旋转导致了左行的斐济转换断层的拓展，并连接到汤加和瓦努阿图海沟上［图 3-60（e）］。火山活动在 7～4Ma 开始发生于较年轻的瓦努阿图东部块体上，这可能是澳大利亚板块北东向俯冲的表现。

（6）6Ma（晚中新世）

瓦努阿图弧相对于所罗门群岛附近翁通爪哇高原上一个支点所发生的顺时针旋转导致左行的斐济转换断层拓展［图 3-60（f）］。Malahoff 等（1982）进行的古地磁研究表明，斐济群岛（Vitu Levu）在晚中新世期间发生了 90°的逆时针旋转，与沿斐济转换断层广阔的右行剪切带一致。瓦努阿图较年轻的东部区域裂谷作用发生在约 5Ma。根据 Petterson 等（1995，1999），所罗门群岛"阶段 2"的火山作用与起始于 6Ma 的圣克里斯托瓦尔（San Cristobal）海沟的北东向俯冲有关。Musgrave（1990）的磁性地层学研究将从马莱塔（Malaita）棱柱体中开阔大洋的远洋碳酸盐岩向更偏陆源的高能碎屑沉积岩的转换时间定为 5.8Ma。Hughes 和 Turner（1977）认为这个相变是靠近的翁通爪哇高原和所罗门岛弧之间亲缘性的证据。

（7）4Ma（早上新世）

这一时期的翁通爪哇高原到达所罗门群岛古海沟位置，因为这一时期的特点是：①马莱塔增生楔东南部的褶皱和隆起的主要阶段；②中所罗门弧内盆地的正断层发生挤压型反转；③基于有孔虫生物地层学和古水深数据可知，马莱塔增生楔内的远洋沉积岩自上新世时从 2km 水深处迅速抬升［图 3-60（g）］。北斐济海盆在 3～0Ma 开始东西向打开。劳海盆在 5.5Ma 开始发生裂谷作用，并在约 3.5Ma 汤加弧快速回卷时开始大洋扩张作用。

（8）2Ma（晚上新世）

到这个时期，马莱塔增生楔东南部已经形成，俯冲作用也已经离开 Kia-Kaipito-Korigole 断层带，在北所罗门海沟处进行［图 3-59（h）］。由于高原的斜向俯冲，更年轻的变形发生在马莱塔增生楔和中所罗门弧内盆地中更靠西的位置。Phinney 等（2004）提出证据认为马莱塔增生楔东南区域不再继续缩短，因为上新世碳酸盐岩盖平铺在下伏高原物质的褶皱上。

（9）0Ma（现今）

今天的边界代表了上述 20Ma 以来构造历史的顶峰。这种岛弧系统发生复杂迁移的一个可能解释是，在中生代，北部翁通爪哇高原进入俯冲带，南部希库朗基高原进入俯冲带，二者共同扮演了"旋转支点"（pivot points）的角色。图3-60（i）简要指示了分散的斐济左行转换断层所分离的瓦努阿图和汤加岛弧的大尺度顺时针旋转作用。图3-60（i）中标记着 A1、A2 和 A3 的虚线区域是 Hall 和 Spakman（2002）所揭示的层析异常。这些层析异常与根据震源中心获得的贝尼奥夫带的延伸吻合得很好。

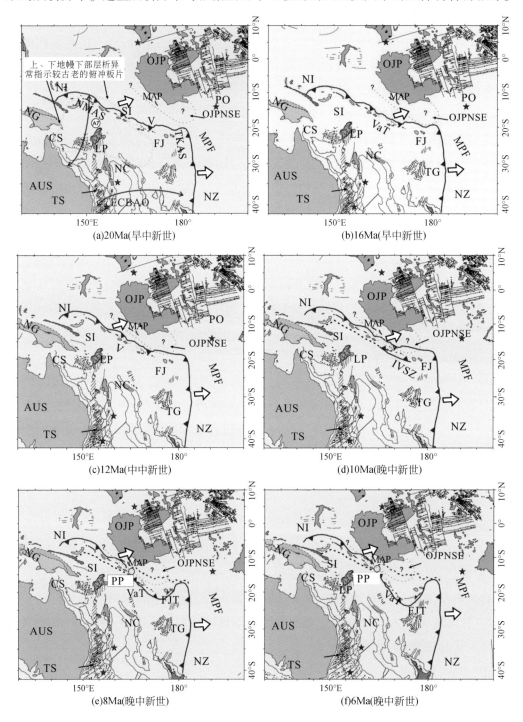

(a)20Ma(早中新世)　　(b)16Ma(早中新世)

(c)12Ma(中中新世)　　(d)10Ma(晚中新世)

(e)8Ma(晚中新世)　　(f)6Ma(晚中新世)

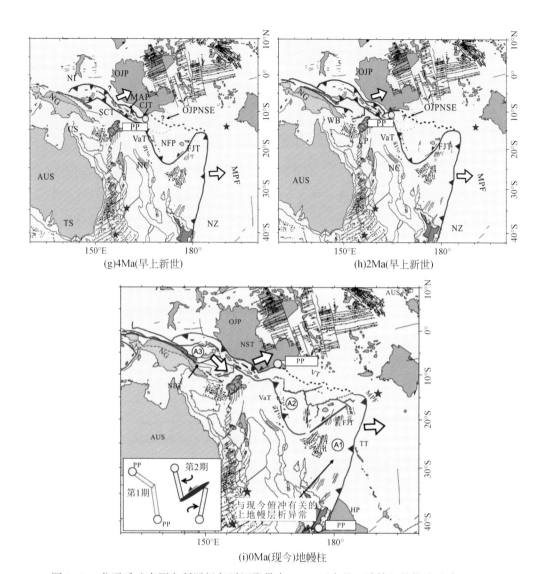

(g)4Ma(早上新世)　　　　　　　　(h)2Ma(早上新世)

(i)0Ma(现今)地幔柱

图 3-60　翁通爪哇高原和所罗门岛弧汇聚带自 20Ma 至今基于计算机的构造重建（a～i）

（据 Mann and Taira，2004）

翁通爪哇和路易西亚德（Louisiade）高原以浅蓝色表示；板块边界为红色，热点为红色五角星；大的白
色箭头指示澳大利亚板块的大致运动方向。NI. 新爱尔兰岛；NG. 新几内亚；CS. 珊瑚海；LP. 路易西亚
德高原；NC. 新喀里多尼亚；NMAS. 北美拉尼西亚弧系；SI. 所罗门群岛；V. 瓦努阿图；FJ. 斐济；
TKAS. 汤加-克马德克岛弧系；NZ. 新西兰北岛；ECBAO（Early Cenozoic back-arc opening）. 早新生代弧
后扩张；AUS. 澳大利亚；TS. 塔斯曼海；OJP. 翁通爪哇高原；OJPNSE（Now subducted edges of OJP）.
OJP 现在的俯冲边缘；MPF（Mesozoic Pacific Ocean Floor）. 中生代太平洋洋底；TG. 汤加；VaT. 瓦努阿
图海沟；IVSZ（Initiation Vanuatu subduction zone）. 瓦努阿图俯冲带前端；FJT. 斐济转换带；PP（Pivot
point）. 支点；PO. 太平洋；SCT. 圣克里斯托瓦尔海沟；WB. 伍德拉克海盆；CJT. 约翰逊海沟；NFP.
北斐济高原；NST. 北所罗门海沟；VT. 勇士海沟；TT. 汤加海沟；HP. 希库朗基高原；NBT. 新不列颠
海沟

3.3.5 西太平洋俯冲板块年龄

现今太平洋板块在生长扩张过程中，其板块边缘也在不断俯冲、消亡。通过地震层析成像技术，人们可以观察到现今俯冲到大陆下的板片形态，并估算不同位置俯冲板片的年龄。以西太平洋陆缘的日本地区为例，地震层析成像结果揭示出太平洋板块向西俯冲到东亚大陆之下，并向东亚大陆腹地延伸超过 2300km。通过将全球板块重建与地震层析成像相结合，揭示出了位于欧亚大陆之下的俯冲板片年龄分布（Liu et al.，2017）（图 3-61）。在靠近日本海沟处，俯冲板片的年龄相对较老，约

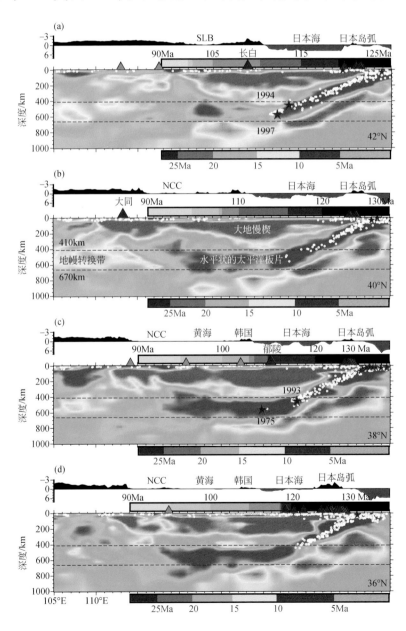

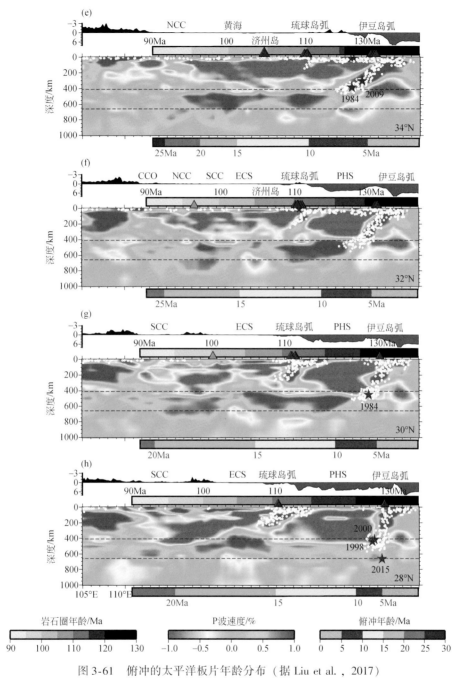

图 3-61　俯冲的太平洋板片年龄分布（据 Liu et al.，2017）

红色和蓝色分别指示低速和高速扰动。每个横剖面上部标有蓝色数字的色标指示俯冲的太平洋岩石圈从西（中国东部）到东（海沟轴附近）的年龄。每个剖面的地形显示在岩石圈色标之上。每个横剖面下部标有红色数字的色标指示了太平洋板片的俯冲年龄。每个横剖面之上的红色和粉色三角分别指示了活动火山和新生代玄武岩的位置。背景层析成像中的地震和大地震（$M \geqslant 7.0$）分别以白色圆圈和红色五角星表示。两条黑色虚线指示了 410km 和 670km 不连续面。CCO. 中国中央造山带；NCC. 华北克拉通；SCC. 华南克拉通；ECS. 东海陆架盆地；PHS. 菲律宾海板块；SLB. 松辽盆地

130Ma。俯冲板片的年龄向西逐渐变新，在其最西缘，年龄约为90Ma。这一结果表明，现今滞留在东亚大陆之下地幔转换带中的俯冲板片是俯冲的太平洋板片，而不是俯冲的依泽奈崎板片。俯冲的依泽奈崎板片应该已经掉落到下地幔中了。在地幔转换带或过渡带中呈水平状的太平洋板片，其滞留形成时间不超过10～20Myr，这一时间被认为远远小于东亚之下大地幔楔存在的时间。太平洋板片的俯冲导致了新生代东亚大陆岩石圈的破坏，表现为一系列的板内火山活动和弧后扩张作用。

3.3.6 加勒比板块重建

加勒比板块是以加勒比海为主体的一个中板块，其毗邻北美板块、南美板块、科科斯板块、纳兹卡板块和大西洋板块，区域构造变形特征受板块东西部俯冲带及南北边缘的大型走滑断层控制（图3-62）。其中北界是开曼左行转换断层，南界是伸入委内瑞拉北部的法尔康右行转换断层。东界为沿小安的列斯弧以东的波多黎各海沟。

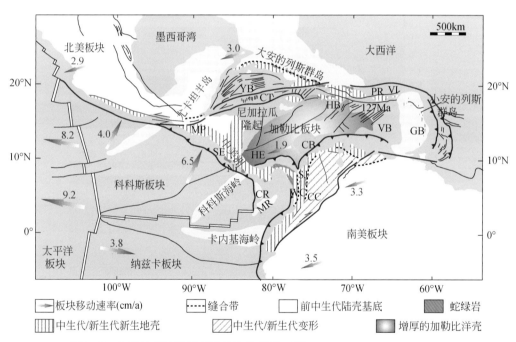

图 3-62　加勒比板块及其邻区的构造简图（据 Meschede and Frisch，1998）

CB. 哥伦比亚（Colombia）盆地；CC. 中部科迪勒拉山脉（Central Cordillera）；CR. 科伊瓦（Coiba）海脊；CT. 开曼（Cayman）海槽；GB. 格林纳达（Grenada）盆地；HB. 海地（Haiti）盆地；HE. 赫斯陡崖（Hess Escarpment）；Hi. 伊斯帕尼奥拉（Hispaniola）岛；J. 牙买加（Jamaica）；MP. Motagua-Polochic 断裂系统；MR. 马尔佩洛（Malpelo）海岭；Ni. 尼科亚（Nicoya）；PR. 波多黎各（Puerto Rico）；SE. 圣艾伦娜（Santa Elena）断层；SJ. 圣哈辛托（San Jacinto）带；VB. 委内瑞拉（Venezuela）盆地；VI. 维尔京（Virgin）岛；WC. 西部山脉（Western Cordillera）；YB. 尤卡坦（Yucatan）盆地。127Ma 表示推测的磁异常等时线

加勒比板块的演化存在两种主要观点：一种是"太平洋"模型，认为加勒比板块的洋壳在晚中生代起始于太平洋区域，之后漂移到现今的位置，即北美和南美板块之间；第二种是替换模型，认为加勒比板块的洋壳形成于现今位置的西侧，但仍然位于北美和南美板块之间。

基于南墨西哥、危地马拉、哥斯达黎加和巴拿马等地构造、地质年代及古地磁的研究，Meschede 和 Frisch（1998）提出了一个详细模型来解释加勒比板块的构造演化过程，这与上述第二种类型吻合。这个模型自晚侏罗世开始，展示了一系列复原重建（图 3-63）。

（1）卡洛夫期/牛津期重建

图 3-63（a）展示了卡洛夫期/牛津期（约 160Ma）的重建情况。在潘吉亚裂解的早期阶段，北美和南美及非洲的陆块仍然具有亲缘性。北美和南美之间裂谷作用的起始标志是 NE-SW 走向的扩张轴，其延伸到东部的中大西洋中，向西延伸到法拉隆和菲尼克斯板块之间的扩张轴。墨西哥湾的打开起始于中侏罗世，很可能结束于巴雷姆期。

"太平洋"模型假设其起源于法拉隆板块上的尼科亚（Nicoya）杂岩。根据这个模型，现今位于加厚的加勒比洋壳西南边缘的尼科亚杂岩在 80Ma 左右时位于赤道附近高原玄武岩的末端。由于尼科亚杂岩是加勒比板块的一部分，从尼科亚杂岩获得的古地磁纬度也限制了加勒比板块的古位置。根据法拉隆板块的运动矢量和速度，获得了尼科亚杂岩的古纬度漂移路径，指示其在晚侏罗世形成时位于赤道南部 30°~40°处。Pindell（1988）认为菲尼克斯板块相对于热点是向南南东方向漂移的，一直持续到巴雷姆期。中侏罗世期间在赤道位置形成的洋底将向南部漂移超过 15°，在晚白垩世时再次到达赤道处。

Meschede 和 Frisch（1998）的模型认为蛇绿混杂岩在整个演化过程中都位于美洲板块内部的某个位置。在图 3-63（a）中，尼科亚杂岩位于北美和南美之间赤道的扩张轴处。侏罗纪形成的洋壳和硅质岩的出现是从古巴、伊斯帕尼奥拉岛和波多黎各等地区获知的，然而，它们都混杂到白垩纪—始新世形成的增生楔中。波多黎各的 Bermeja 杂岩和伊斯帕尼奥拉岛的杜阿尔特杂岩包括早侏罗世燧石。Bermeja 硅质岩存在于北大西洋和加勒比海打开之前，加勒比板块上形成的最老岩石中（普林斯巴期，~195Ma）。

（2）早—中白垩世重建

在侏罗纪—早白垩世，原加勒比海在分离的北美和南美之间打开［图 3-63（b）］。大量的海底扩张磁异常在 Venezuelan 盆地中识别出来。Ghosh 等（1984）提出在 153~127Ma，委内瑞拉盆地以 0.4~0.5cm/a 的速度扩张。盆地中这些 NE-SW 走向的磁异常被用来重建原加勒比海中的洋中脊走向［图 3-63（b）］。这些磁异常可能是加勒比地壳向东迁移导致的变形结果。

北美和南美之间的板块动力学历史及相对运动速率说明，加勒比洋壳的扩张在100Ma左右时的晚阿尔布期停止［图3-63（c）］。在中白垩世期间，火山岛弧活动开始发生在安的列斯群岛（Antilles）北部和南部区域。与岛弧相关的最老的同位素年龄记录在大安的列斯群岛和小安的列斯群岛中，分别是123Ma±2Ma和127Ma±6Ma。玛格丽塔（Margarita）岛上的英云闪长质侵入体可能被解释为洋中脊背景下的斜长花岗岩，揭示了105～114Ma的U-Pb年龄。被解释为代表了早期大安的列斯群岛岛弧的，位于危地马拉、牙买加和古巴的与岛弧相关的蛇绿岩套年龄为中-晚白垩世。这些年龄关系说明在加勒比板块北部和南部边界上启动俯冲作用时，扩张作用几乎同时停止，这个时间为阿普特期/阿尔布期［100～110Ma，图3-63（c）］。

在阿尔布期—圣通期，很可能直至坎潘期，高原玄武岩发生了极大的增厚，并使现今具有异常厚度15～20km的加勒比地壳变硬。一些高原玄武岩可能形成于阿普特期，但主体均形成于阿尔布期或更年轻。形成的高原范围与地球上其他高原类似，如翁通-爪哇高原。

同位素数据指示，加拉帕戈斯热点形成的玄武岩和与加勒比板块有关的玄武岩之间具有相似性。洋壳最老的部分与加拉帕戈斯热点有关，然而其年龄却大致为早中新世，而中美洲陆桥最年轻的蛇绿岩套却形成于晚白垩世。因此，如果加勒比地壳的增厚过程被认为与加拉帕戈斯热点活动有关，那么在加拉帕戈斯热点不活动期间至少还存在40～50Myr的间隔。而且，加勒比高原玄武岩的同位素属性是洋内和洋中脊型玄武岩，它们也可以形成于其他位置，仅靠同位素数据的相似性不能得出加勒比高原玄武岩起源于加拉帕戈斯热点。

根据加勒比的热点参考系，北美和南美板块目前正向加拉帕戈斯热点运动。这个向西的运动是由于大西洋的扩张而在中白垩世期间开始的。因此，古地理重建将美洲板块放回到东边的位置。据此，加拉帕戈斯热点和美洲西部俯冲带之间的距离超过5000km。加勒比板块玄武岩在加拉帕戈斯热点处的形成将导致美洲板块在80～65Ma以25cm/a的速度漂移，这是不现实的，也不被海底磁异常所支持。

太平洋模型考虑了沿北美和南美西缘直到阿普特期都存在一个不间断的向东、北东倾的俯冲带。这个火山链被认为代表了大安的列斯群岛、阿维斯海岭（Aves Ridge）、Leeward Antilles和一些南美地体。在阿普特期/晚阿尔布期，北美和南美板块之间俯冲带的倾向从北东转变成南西，而俯冲带在北美板块和南美板块前缘的南部延伸处保持不变。因此，在西北部和东南部的两条俯冲带必然发生俯冲极性反转。而且，根据这个模型，在同一区域，俯冲极性反转应发生在阿普特期和阿尔布期之间。

（3）晚白垩世重建

哥斯达黎加的上部尼科亚杂岩包括具有初始岛弧和板内玄武岩性质的拉斑玄武岩。岛弧玄武岩被解释为代表了加勒比板块西南边界火山弧的早期阶段产物，其特征是被辉绿岩岩墙侵入的枕状和块状玄武岩。板内玄武岩与加勒比板内的高原玄武岩有关，并主要存在于尼科亚半岛中部，而岛弧玄武岩则沿靠近古海沟的海岸出露。与高原玄武岩有关的玄武岩的出露位置位于加勒比板块的不同地区，如伊斯帕尼奥拉岛（Hispaniola）的南部半岛、波多黎各（Puerto Rico）、阿鲁巴岛（Aruba）等，以及更西部的牙买加（Jamaica）和南部的哥伦比亚和巴拿马。因此，加勒比高原玄武岩省曾经一度占据了整个 Venezuelan 盆地、贝阿塔海岭（Beata Ridge）和哥伦比亚盆地，延伸了一段未知的距离后进入尼加拉瓜（Nicaragua）隆起，很可能向北进入古巴和危地马拉。加勒比火成岩省的地壳结构研究指示，Venezuelan、海地（Haitian）和哥伦比亚盆地区域下伏着不到 10km 厚的正常洋壳。高原玄武岩大多为正常洋中脊型（MORB），或者富集不相容元素的板内玄武岩。

圣通期的重建［图 3-63（d）］展示了占据几乎整个加勒比板块的高原玄武岩。伊斯帕尼奥拉岛的南部半岛、波多黎各、牙买加和尼科亚半岛的高原玄武岩与蛇绿混杂岩有关，并发生在高原玄武岩省的边缘。加勒比的增厚和南大西洋扩张的启动被认为是加勒比海底扩张结束的原因。现今的火山岛弧形成于加勒比板块的西部和东部边界，局部的浅水沉积物形成于蛇绿岩套之上。

沿古巴北缘的倾向南西的俯冲带沿阿维斯海岭一直连续。根据 DSDP 钻井和拖网数据，这个南北走向的海岭是一条晚白垩世和古新世期间活动的岛弧。在玛格丽塔岛，加勒比板块上阿维斯海岭的南部，花岗岩侵入时间为 86Ma。韧性变形发生在早古近纪（66~50Ma）。尽管挤压和逆冲活动发生在墨西哥的华雷斯（Juárez）杂岩中，但古巴岛弧向北西延伸直到中墨西哥蛇绿岩套已不再活动。

古巴岛弧相对于北美板块向北东方向运动，关闭了位于古巴和巴哈马（Bahamas）台地之间的小洋盆。这个洋盆是原加勒比洋的残余，没有受到高原玄武岩影响。这个小洋盆下伏着新形成的且相对较热的原加勒比洋洋壳，导致了晚白垩世和早古近纪期间大面积蛇绿混杂岩的仰冲，现今保存在古巴。沿古巴北岸的缝合线中最上部的构造单元由蛇绿岩套组成，它逆冲到属于巴哈马台地的沉积单元之上，并在古新世—始新世岛弧和巴哈马碰撞过程中增生到北美板块上。

在坎潘期［图 3-63（e）］，法拉隆板块的运动由向北东转变成几乎向东，北美和南美板块之间的相对运动变成微弱的汇聚。之后古巴岛弧很快就开始与巴哈马台地在早古新世发生碰撞。随着古巴和巴哈马台地的碰撞，古巴块体变成了北美板块的一部分。

（4）古近纪重建

北美和南美板块在晚白垩世期间开始向西运动。北美和南美板块现今相对于热点参考系的运动分别约是 3.0cm/a 和 3.3cm/a。加勒比板块的现今运动也是向西的，约是 1.9cm/a，这导致了加勒比板块相对于美洲板块向东运动。假设在白垩纪期间它们具有相同的速率，北美板块和加勒比板块之间速度的差异会形成沿加勒比板块北缘的横向位移，自晚白垩世以来该位移幅度达 1000km，这与区域地质计算的结果非常吻合。在古巴、尤卡坦（Yucatan）和伊斯帕尼奥拉岛之间，尤卡坦盆地在晚白垩世—早新生代打开。尽管现在对这个盆地的年龄和结构还所知甚少，但这最可能被解释为弧后或弧间扩张系统。

由于加勒比板块相对向东运动，开曼（Cayman）海槽开始打开，开曼海槽长1600km，但宽仅 120km，下伏薄的洋壳。根据几何学和重力异常，海槽的打开可以追溯到始新世。东部大致呈东西走向的奥连特（Oriente）断层和西部的天鹅断层又同开曼隆起连接到一起。天鹅断层向西延伸进入左行断裂系统中，而今在危地马拉仍然活动。

在古新世期间［图 3-63（f）］，古巴岛弧下的俯冲被古巴岛弧与巴哈马台地的碰撞所终止。沿危地马拉的左行断裂系统延伸进入尤卡坦盆地，加勒比板块开始向东运动。这个大型的左行转换断层带以墨西哥和危地马拉糜棱岩中清晰的动力信息以及作为拉分盆地的开曼海槽打开所导致的 1050～1100km 位移为特征。另外，南部边界由新生代形成的复杂逆冲、横向运动及裂谷作用所形成。古新世至上新世期间，委内瑞拉北部推覆体的就位及相关含复理石深渊（foredeep）的演化（向东变年轻）表明，它们与加勒比板块的向东运动具有密切的关系。

加勒比板块东南缘的格林纳达（Grenada）盆地在古新世到始新世期间打开，是由新形成的小安的列斯岛弧和老的、死亡的阿维斯海岭岛弧的分离所形成。南北向磁异常最好的解释为弧后盆地打开所形成的东西向伸展盆地［图 3-63（f）］。

尤卡坦和格林纳达盆地在始新世末达到其现今的形态［图 3-63（g）］。古巴和巴哈马台地之间的碰撞随即终止。开曼海槽在尤卡坦和牙买加之间作为拉分盆地形成，这是由沿加勒比板块北界新形成的转换断层发生大规模走滑运动所形成。部分相对向东的运动由出露于伊斯帕尼奥拉岛的破碎带来调节。

始新世期间，法拉隆板块从向东运动转变成向北东运动。这与太平洋板块在 43Ma 时从北北西向运动转变成北西西向运动一致。法拉隆板块运动方向的改变与墨西哥南部古应力方向的转变有关。应力可能通过法拉隆/加勒比板块边界传递。

晚渐新世到早中新世期间，法拉隆板块被撕裂成北部的科科斯板块和南部的纳兹卡板块［图 3-63（h）］。科科斯板块向北北东方向运动，纳兹卡板块向东运动。

由于南美板块向西漂移，巴拿马弧在中新世期间与哥伦比亚西部山脉碰撞，并导致其向北逃逸，进入哥伦比亚盆地。这形成了现今巴拿马弧的北向凸出，并在加勒比板块西南角形成了活动的面向西南的弧后逆冲前缘。

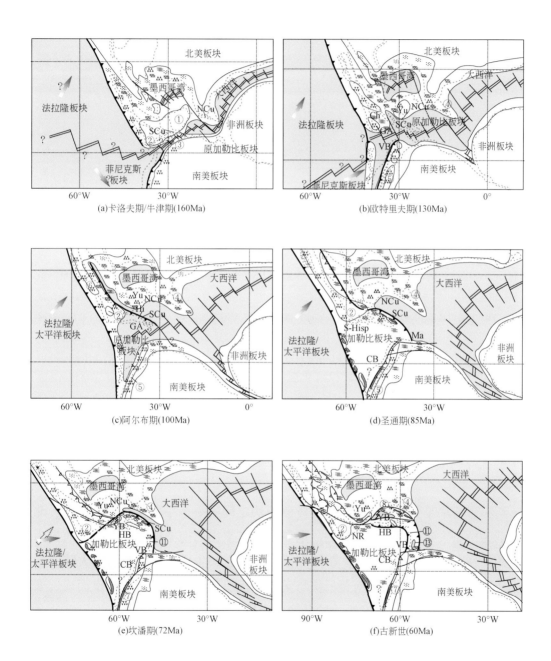

(a)卡洛夫期/牛津期(160Ma)

(b)欧特里夫期(130Ma)

(c)阿尔布期(100Ma)

(d)圣通期(85Ma)

(e)坎潘期(72Ma)

(f)古新世(60Ma)

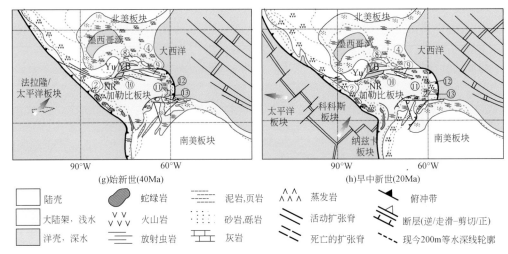

（a）卡洛夫期—牛津期的重建；（b）加勒比地区在欧特里夫期的重建；（c）加勒比地区在阿尔布期的重建；（d）加勒比地区在圣通期的重建；（e）加勒比地区在坎潘期的重建；（f）加勒比地区在古新世的重建；（g）加勒比地区在始新世的重建；（h）加勒比地区在中新世的重建。NCu. 古巴北部；SCu. 古巴南部；Ch. Chortís 块体；GA. 大安的列斯群岛；Hi. 伊斯帕尼奥拉岛；VB. 委内瑞拉盆地；Yu. 尤卡坦；Ma. 玛格丽塔（Margarita）岛；S-Hisp. 伊斯帕尼奥拉岛南部；CB. 哥伦比亚盆地；HB. 海地盆地；VB. 委内瑞拉盆地；YB. 尤卡坦盆地；NR. 尼加拉瓜（Nicaragua）隆起。①尤卡坦盆地（Yucatan）；②Chortís；③大安的列斯群岛（Great Antilles）；④巴哈马群岛（Bahamas）；⑤中科迪勒拉山脉（Central Cordillera）；⑥格雷罗洲（Guerrero）；⑦西科迪勒拉山脉（Western Cordillera）；⑧古巴岛（Cuba）；⑨伊斯帕尼奥拉岛（Hispaniola）；⑩开曼海槽（Cayman）；⑪阿维斯海岭（Aves Ridge）；⑫小安的列斯群岛（Lesser Antilles）；⑬格林纳达盆地（Grenada）

3.3.7　斯科舍板块重建

斯科舍板块是位于南美板块与南极洲板块之间的一个中型大洋板块，南、北边界分别为两条大致平行的转换断层，东界为向东突出的南桑德维奇岛弧，西界为北西向的转换断层带（图 3-64）。斯科舍板块的形态和生成方式都和南美大陆北端的加勒比板块相似，这是由于南美板块与南极洲板块作反方向运动时拖曳而成，安第斯-科迪勒拉正是通过斯科舍板块的转换在南极半岛上再现。

Vérard 等（2012）对斯科舍板块的形成演化进行了重建，具体如下。

（1）165Ma［图 3-65（a）］

冈瓦纳大陆开始发生初始裂解，其中一支裂解发生在斯科舍地球动力单元南部。根据岩浆事件（尤其是定年为 164.1Ma±1.7Ma 的过铝质花岗岩），南美西海岸开始进入裂谷期。因此，冈瓦纳大陆西部地区是空白的。

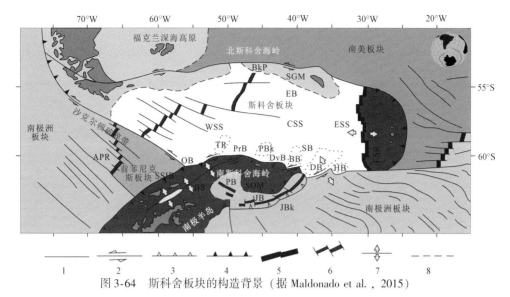

图 3-64　斯科舍板块的构造背景（据 Maldonado et al.，2015）

1. 不活动的转换断层；2. 活动的走滑断层；3. 残留的俯冲带；4. 活动的俯冲带；5. 活动的洋中脊；6. 残留的洋中脊；7. 活动的伸展带；8. 洋-陆边界。APR. 南极洲-菲尼克斯脊；BB. 布鲁斯浅滩（Bruce Bank）；BkP. 巴克（Barker）高原；CSS. 中斯科舍海；DB. 发现者浅滩（Discovery Bank）；DvB. 鸽子（Dove）盆地；EB. Endurance 盆地；ESR. 东斯科舍脊；ESS. 东斯科舍海；HB. 赫尔曼浅滩（Herman Bank）；JB. 简（Jane）盆地；JBk. 简（Jane）浅滩；OB. Ona 盆地；PB. 鲍威尔（Powell）盆地；PBk. 保护者浅滩（Protector Bank）；PrB. 保护者（Protector）盆地；SB. 扫描（Scan）盆地；SGM. 南佐治微陆块；SOM. 南奥克尼郡（Orkney）微陆块；SSIB. 南设得兰群岛（Shetland Islands）块体；TdF. Tierra del Fuego；TR. 恐怖海隆（Terror Rise）；WSR. 西斯科舍脊；WSS. 西斯科舍海

（2）155Ma［图 3-65（b）］

冈瓦纳裂解。斯科舍地球动力单元到达西冈瓦纳。安第斯山地球动力单元［命名为达尔文、南和北 Fuegan、西 Chilenia、孔斯蒂图西翁（Constitucion）和阿雷基帕（Arequipa）］裂离下来，同时一条洋中脊开始形成，产生了罗卡斯弗迪斯（Rocas Verdes）洋。然而，在南佐治亚（Georgia）发现的蛇绿岩套与罗卡斯弗迪斯洋并没有直接联系，而是与南美-南极洲洋的早期打开有关。

（3）142Ma［图 3-65（c）］

安第斯山地球动力单元从西冈瓦纳漂离，洋壳增生发生在马达加斯加西北和西南位置。印度洋的裂谷作用也开始启动。

东冈瓦纳和西冈瓦纳之间的右行剪切通过位于斯科舍地球动力单元北部和南部的一对转换断层来进行调节。根据斯科舍海的磁异常（见 33Ma 时的重建）推断，这样的"解耦"使斯科舍单元从"吻合冈瓦纳"向"吻合斯科舍海打开前"转变。定年为 150Ma±1Ma 的南佐治亚蛇绿岩套证明大洋形成于斯科舍单元东侧和南侧。注意，斯科舍单元保留下来与福克兰（Falkland）高原相对可用来解释地质连续性、沿福克兰高原与岛弧相关岩石的缺失。

(4) 131Ma［图3-65（d）］

安第斯山单元持续漂移离开，而其他横跨太平洋的地球动力单元［命名为潮恩斯（Chonos）、冈萨洛（Gonzalo）、迭戈阿尔马格罗（Diego de Almagro）、史密斯-象山（Smith- Elephant）、南斯科舍脊、亚历山大、贝林豪森（Bellinghausen）、Maher］由于洋内俯冲而向东迁移。那些单元必须起源于"太平洋磁三角带"。由于横跨太平洋的单元已经到达了接近模型中定义的"可接受"的速度极限，碰撞不得不发生在南美洲离岸区。

持续的大洋增生作用发生在东冈瓦纳和西冈瓦纳之间。裂谷作用发生在南美洲和非洲之间，沿两个大陆未来的边缘发生了岩浆活动。南美裂谷盆地很可能与这次伸展作用同期。图3-65中展示了121Ma时南北向到北西—南东向的盆地［命名为奥斯特勒尔（Austral）、马尔维纳斯（Malvinas）、马尔维纳斯高原、Canadon-Asfalto、Peninsula de Valdes、罗森（Rawson）和Claromeco盆地］以及更多东西方向的盆地［圣豪尔赫（San Jorge）、科罗拉多（Colorado）和Saldano盆地］。

(5) 121Ma［图3-65（e）］

横跨太平洋的单元和安第斯山单元碰撞。罗卡斯弗迪斯洋的宽度受横跨太平洋的单元已经达到最大漂移速度这一事实约束。因此，这个大洋的宽度可达3000km，也就是达尔文和巴塔哥尼亚（Patagonia）单元之间的最大距离。

碰撞从北到南是穿时的，导致安第斯单元东部被动陆缘反转，罗卡斯弗迪斯洋开始俯冲。俯冲极性受到安第斯单元内的岛弧岩浆活动及从未在南美海岸发现的同时期岩浆活动所约束。南美洲和南极洲之间的板块边界位于斯科舍单元南侧，并且是转换型的，意味着洋中脊具有许多转换段。

(6) 112Ma［图3-65（f）］

印度裂离马达加斯加。非洲和马达加斯加之间的扩张系统停止，因此洋壳增生集中在马达加斯加和印度之间，很可能与凯尔盖朗（Kerguelen）热点火山作用有关。南美洲和南极洲之间的板块边界仍然是转换型的。南、北罗卡斯弗迪斯洋间距缩短，导致了挤压型的洋内俯冲。

(7) 103Ma［图3-65（g）］

由于白垩纪正极性超时的存在，103Ma和随后的95Ma的重建被插入121Ma和84Ma的重建之间。一些地球动力单元的向东迁移导致了形成南极半岛的碰撞作用。北罗卡斯弗迪斯洋仍然在打开。这个碰撞事件形成了沿南极洲的新洋中脊和新俯冲带，重新划定了菲尼克斯板块的范围。南美和南极洲板块由于强烈的走滑运动而分离，地幔柱头到达地表，形成了北佐治亚隆起。

(8) 95Ma［图3-65（h）］

南美板块从南极洲和非洲分离出去。菲尼克斯板块俯冲到南极洲板块西缘之下，而安第斯单元开始从北到南与南美板块发生碰撞。

（9）84Ma［图3-65（i）］

安第斯单元现在已经与南美板块碰撞，Tierra del Fuego 地区各单元与南极半岛北部单元碰撞，揭示了旋转作用的存在。构造运动仍为转换型。碰撞作用可能也解释了为什么斯科舍地区在打开期间将裂解成碎块（crumb）（见33Ma及更年轻时期的重建）。可以将基底岩石轻易带到地表的碰撞作用与 Tierra del Fuego 地区获得的碎屑锆石年龄是吻合的。注意菲尼克斯－佩尼亚斯（Penas）扩张脊俯冲到 Tierra del Fuego 之下，并至今停留在这个区域。由于洋内俯冲作用，岛弧从太平洋磁三角带区域向南东迁移［图3-65（i）左上角］。

（10）70Ma［图3-65（j）］

迁移的太平洋岛弧采取了南北向位移，因此模型预测沿南美板块存在转换型边缘，且南美山脉的岩浆活动存在中断。菲尼斯克板块持续俯冲到南极洲板块之下，而南美板块相对于南极洲板块向西运动，在 Tierra del Fuego 和南极半岛之间持续为走滑碰撞过程。这个活动陆缘的演化触发了斯科舍海在未来作为一个弧后盆地打开。

（11）57Ma［图3-65（k）］

在太平洋中，岛弧与洋中脊扩张轴碰撞而导致洋内俯冲作用停止。洋中脊向南跃迁，很可能是遇到彼德岛热点所引起，并将菲尼克斯板块与法拉隆板块区分开来。另一个热点，伊斯拉斯奥卡达斯（Islasorcadas）隆起和肖纳（Shoan）海岭都与南大西洋中的洋中脊跃迁联系起来。由于南美板块和南极洲板块之间持续的走滑碰撞，对应科罗内申（Coronation）岛动力单元改变了板块。因此，俯冲带向北部密度更大的洋壳处拓展。

（12）48Ma，40Ma 和33Ma［图3-65（l）~（n）］

南美板块和南极洲板块之间的走滑运动导致了南佐治亚蛇绿岩套的俯冲。老洋壳开始沿斯科舍单元俯冲，进而板片回卷形成了转换断层，对应了今天的麦哲伦－法尼亚诺（Magallanes-Fagnano）断层。板片回卷也诱发了上板块的伸展作用，裂谷过程在48~33Ma 的某个时间开始启动。菲尼克斯－法拉隆洋中脊仍位于 Tierra del Fuego 之下，考虑到这个区域的热流和岩浆作用，这可能具有重要意义。

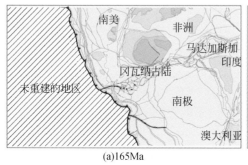

(a)165Ma

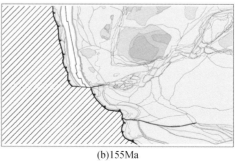

(b)155Ma

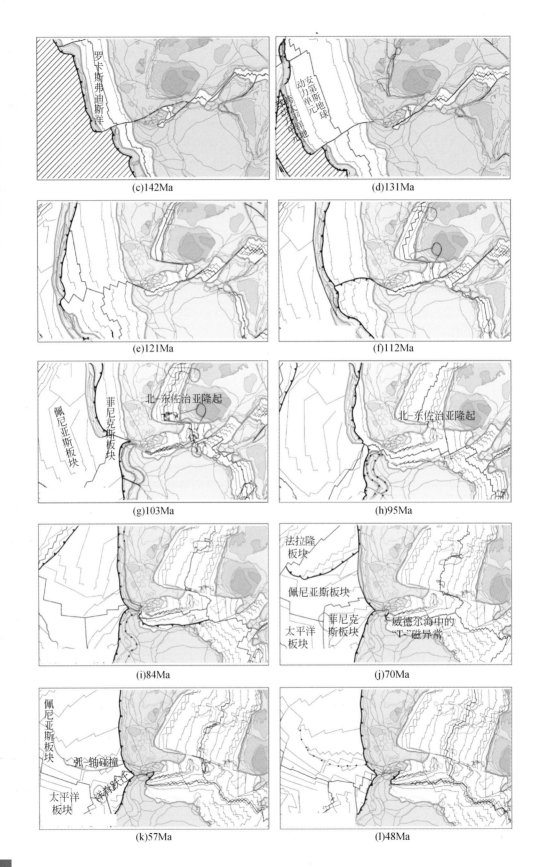

(c)142Ma

(d)131Ma

(e)121Ma

(f)112Ma

(g)103Ma

(h)95Ma

(i)84Ma

(j)70Ma

(k)57Ma

(l)48Ma

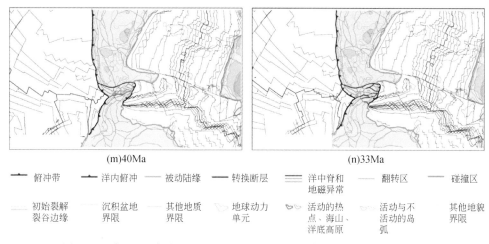

(m)40Ma　　　　　　　　　　　　　　　(n)33Ma

—— 俯冲带　　—— 洋内俯冲　　—— 被动陆缘　　—— 转换断层　　▨ 洋中脊和　　—— 翻转区　　　　碰撞区
　　　　　　　　　　　　　　　　　　　　　　　　　　　　　　 地磁异常

···· 初始裂解　　···· 沉积盆地　　···· 其他地质　　▽ 地球动力　　▽ 活动的热　　▽ 活动与不　　　　其他地貌
　　裂谷边缘　　　　界限　　　　　界限　　　　单元　　　　点、海山、　　　活动的岛　　　界限
　　　　　　　　　　　　　　　　　　　　　　　　　　　　　 洋底高原　　　弧

图 3-65　南极洲–南美板块系统 165～33Ma 的重建（Vérard et al.，2012）

（a）～（d）165～131Ma 的板块重建。（e）～（h）121～95Ma 的板块重建。（i）～（l）84～48Ma 的板块重建。

（m）、（n）40～33Ma 的板块重建。灰色表示大陆部分；深灰色表示克拉通。正交投影

（13）33Ma［图 3-66（a）］

由于板片回卷，几乎所有的斯科舍单元都对其他单元有相对运动［图 3-66（a）］。裂谷作用必然起始于未来的斯科舍海和未来的鲍威尔（Powell）盆地。在太平洋中，洋中脊再次发生跃迁，所以菲尼克斯–法拉隆的板块界线是一条转换断层，它将转化成一条张扭性扩张轴。

（14）29Ma［图 3-66（b）］

鲍威尔盆地的磁异常根据 Chron C_8（26Ma）确定，年龄在 27～30Ma 的地壳性质是过渡型的。然而，它们的磁剖面指示了达～30Ma 的异常，因此洋中脊被标示在模型中。根据这一点，前人认为裂谷作用于 29.7Ma 结束。

（15）27Ma［图 3-66（c）］

未来斯科舍海的裂谷作用还没有结束，鲍威尔盆地持续打开。菲尼克斯—南极洲洋中脊处洋壳增生段平行于俯冲带。这样的格局解决了为什么南极洲被动陆缘取代了活动陆缘。因此，俯冲作用逐段停止了。

（16）26Ma［图 3-66（d）］

斯科舍海中识别出的较老磁异常被解释为 C_8。然而，不同的斯科舍单元，尤其是克拉伦斯（Clarence）脊、恐怖（Terror）隆起、皮里（Pirie）浅滩、布鲁斯浅滩和发现者浅滩，必须互相漂移开。尽管已经将保护者盆地（位于恐怖隆起和皮里浅滩之间）的打开约束得很好，但围绕这些动力单元的增生类型和洋中脊位置仍不清楚。

（17）24Ma［图3-66（e）］

北斯科舍动力单元［Burwood浅滩、戴维斯浅滩、奥罗拉（Aurora）浅滩］沿麦哲伦-法尼亚诺断层滑动。然而，南佐治亚相对于Shag Rocks更快地向东运动，而Shag Rocks相对于奥罗拉浅滩运动的更快，因为沿福克兰高原的被动陆缘必须在大洋岩石圈被回卷过程消耗前撕裂下来。这个时间被选择作为简盆地打开的起始时间，并将简浅滩定义为一个岛弧。

（18）20Ma［图3-66（f）］

一方面，奥罗拉浅滩的向东运动在一定程度上被阻碍，所以南佐治亚和Shag Rocks有足够的时间向北东方向扩张。另一方面，发现者浅滩相比南奥克尼向更东部运动，且能向东南方向扩张。这样的格局导致了中斯科舍海南北向的分离，形成了中斯科舍海内东西向展布的洋中脊。双扩张系统与俯冲板片弯曲处的应力分解有关［图3-66（f）］。这个弯曲本身与南部俯冲洋中脊的悬浮力（形成了板片窗）和北部的板片撕裂有关。中斯科舍海磁异常的年龄仍不确定，但扩张时间跨度已经通过地震单元的层序地层学被很好地确定。板片回卷驱动简浅滩向南极洲-南美板块洋中脊处运动，并加宽了简盆地。

（19）16Ma、13Ma和10Ma［图3-66（g）~（i）］

鲍威尔盆地的扩张轴于18Ma之前停止。模型指出简浅滩的俯冲带与南极洲—南美洋中脊碰撞，发现者浅滩阻止了南奥克尼的迁移。由于模型将中斯科舍海扩张系统与鲍威尔盆地扩张作用的停止联系在一起，停止时间（18Ma）被认为是中斯科舍海打开时间的一个约束。

西斯科舍海和中斯科舍海洋中脊同时持续活动。保护者盆地的打开被确定为Chrons C_{5Dn}（~18~17Ma）和Chron C_{5ACn}（~14Ma）之间。在Chron C_{5C}（16Ma）时，根据模型，南极洲-纳兹卡-菲尼克斯板块三节点开始俯冲。

（20）8Ma［图3-66（j）］

在北东侧，南佐治亚堵塞到北东佐治亚隆起（洋底高原）上。在南侧，简浅滩由于俯冲带与洋中脊碰撞而不再活动。因此，西斯科舍海和中斯科舍海扩张轴被废弃，板块边界跃迁到南三明治岛火山弧处，后者开始撕裂。

（21）6Ma和5Ma［图3-66（k）~（l）］

三明治岛海中确定的较老磁异常是Chron C_{3A}。水深数据揭示了南佐治亚和发现者浅滩之间的高地形。在斯科舍海中发现陆壳属性的岩石是令人震惊的，但这个高地形很可能是南三明治岛的残留弧。

（22）3Ma，2Ma和0Ma及现今［图3-66（m）~（o）］

磁异常指示菲尼克斯-南极洲扩张轴在Chron C_3之后停止活动。这个年龄与南设得兰岛的初始裂解和兰斯菲尔德海峡的打开是一致的。这个同时性可解释如下：当初始裂解发生时，板片回卷发生，南极洲板块之下拖曳菲尼克斯板块的水平应力显著减弱（当南设得兰岛向北西方向运动时），以至阻碍了南极洲和菲尼克斯板块之间的离散。

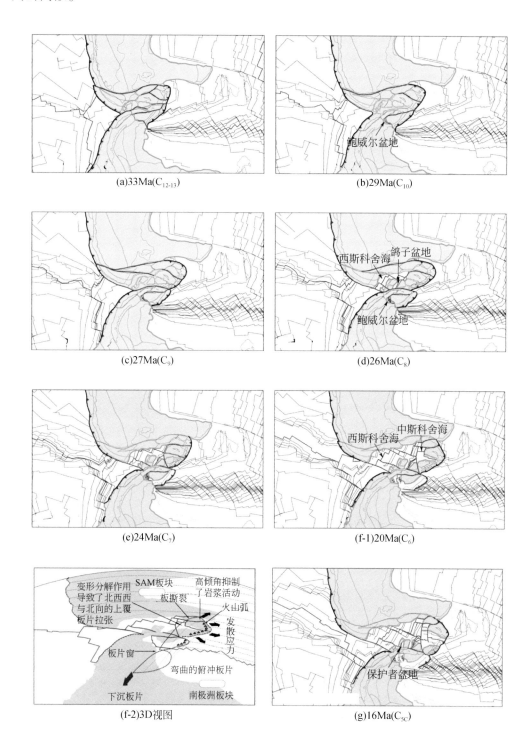

(a)33Ma(C_{12-13})

(b)29Ma(C_{10})
鲍威尔盆地

(c)27Ma(C_9)

(d)26Ma(C_8)
西斯科舍海 鸽子盆地
鲍威尔盆地

(e)24Ma(C_7)

(f-1)20Ma(C_6)
西斯科舍海 中斯科舍海

(f-2)3D视图
变形分解作用导致了北西西与北向的上覆板片拉张 SAM板块 高倾角抑制了岩浆活动
板断裂 火山弧
板片窗 发散应力
弯曲的俯冲板片
下沉板片 南极洲板块

(g)16Ma(C_{5C})
保护者盆地

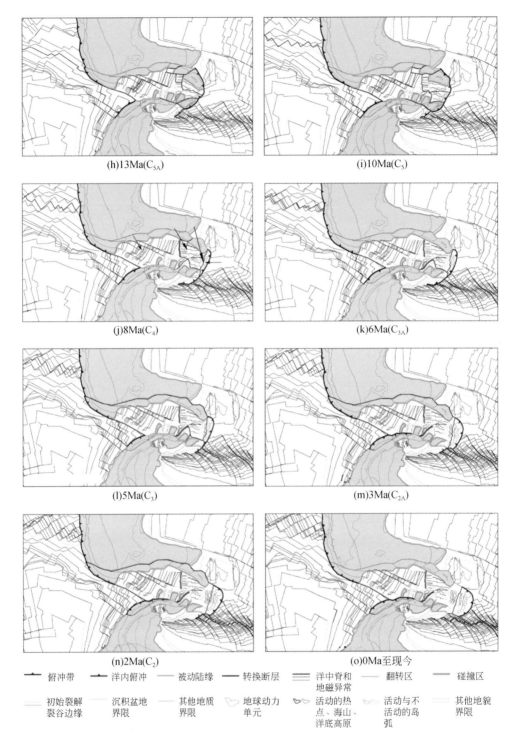

(h)13Ma(C$_{5A}$)   (i)10Ma(C$_5$)

(j)8Ma(C$_4$)   (k)6Ma(C$_{3A}$)

(l)5Ma(C$_3$)   (m)3Ma(C$_{2A}$)

(n)2Ma(C$_2$)   (o)0Ma至现今

俯冲带　　洋内俯冲　　被动陆缘　　转换断层　　洋中脊和地磁异常　　翻转区　　碰撞区

初始裂解裂谷边缘　　沉积盆地界限　　其他地质界限　　地球动力单元　　活动的热点、海山、洋底高原　　活动与不活动的岛弧　　其他地貌界限

图 3-66　南极洲–南美板块系统 33Ma 至现今的重建（Vérard et al.，2012）

（a）~（d）33~26Ma 的板块重建。（e）~（g）20~16Ma 的板块重建。其中，图（f-2）是 20Ma 时的一个 3D 简图，目的是说明驱动力是如何作用于上板块并导致双洋中脊系统的形成。南美板块（SAM）的灰色弯曲虚线只是用来描述板块的形态，尤其是弯曲的俯冲板片。（h）~（k）13~6Ma 的板块重建。（l）~（o）5~0Ma 的板块重建。ANT. 南极洲板块。正交投影

3.4 太平洋板块研究前沿

西太平洋洋陆过渡带（图3-67）构造上横跨欧亚板块、澳大利亚板块和太平洋板块，总体包括古今太平洋板块俯冲所波及的区域，西界大体为大兴安岭–太行山–武陵山重力梯度带，东界至马里亚纳俯冲带（姜素华等，2017），包括第二岛链以

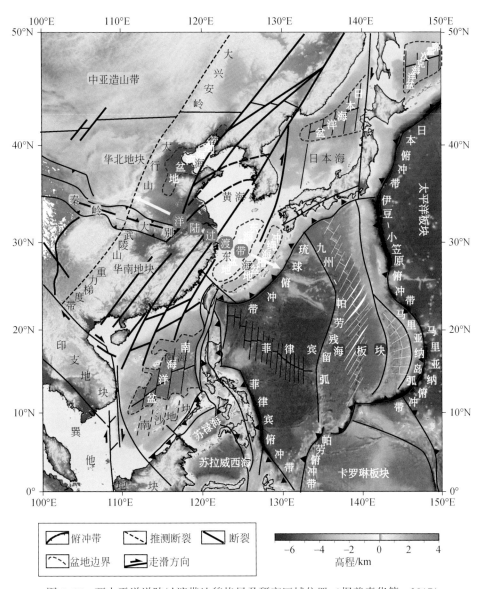

图 3-67　西太平洋洋陆过渡带地貌格局及研究区域位置（据姜素华等，2017）

高程数据源自 BGI 网站，http：//bgi. omp. obs-mip. fr

内的深海大洋区，区域内洋、陆、沟、弧、岛、盆错综复杂，交织组合，壮阔复杂宏伟，是地球上独具特色和魅力的大地构造域。不言而喻，西太平洋及其洋陆过渡带对于中国具有重大意义，它涉及我国东部和东南部大陆岛屿、海域的国土划界，是国土边界权益和军事安全要地，是中国成为海洋强国的基地和走向深海大洋的海域通道，也是中国人口密集、社会经济最发达区域和社会与经济活动重要场所、海陆兼备的地域，这里各类资源能源丰富，有待进一步开发利用，生态环境复杂演变，有待研究并更好保护，这里也是我国与世界各国交往交流的重要场所，而今天又是海洋边境与国界争端的要冲、国家安全的军事前哨，其社会、政治、经济、军事等意义，无疑重大！

同时已如前述，其对地球科学研究意义重大，而且在"两洋一带"（西太平洋、印度洋及相关洋陆过渡带）中，西太平洋及其洋陆过渡带突出而独具特征，不仅对地学的各个学科意义重大，而且仅就固体地球科学来说，其前沿科学意义也十分重要突出。这里是世界最宽广、最复杂的欧亚板块与最古老的太平洋板块的洋陆过渡带，发生与呈现多样复杂的俯冲、碰撞、多重大小多样弧沟系、洋盆、边缘海盆，巨量陆缘沉积系统，剧烈的洋陆间壳幔作用，岩浆热液流体活动，极端条件下的生命与生态环境，以及多种属性的复杂结构构造与动力学过程，有多重岛链、最深海沟、复杂洋陆地表结构地貌，以及西太平洋是太平洋中最大的火山高原区、最大的海山岛链，最老深海地层时代保存区域，其与特提斯洋和印度洋的交接转换的地表到深层的地球动力学作用等。同时其地表系统更是一个独具特色的典型复杂区，可以是一个相对独立的自然大系统，这里地球最高峰和最深海沟并存，地貌短距离纵横剧烈变换起伏，这里是全球大气、大洋冷暖温盐传送带转换控制区，蕴含赋存着太平洋古海洋环境的核心科学问题信息。大气圈、水圈作为地球动力系统的重要组成部分，是与人类生存密切相关的地表系统主要构成部分，对其状态、过程和机制及其与地圈的广泛强大剧烈交互作用及效应，更需要开展深广综合的研究。无疑，西太平洋及其洋陆过渡带是重点解剖并力求突破的理想天然研究基地和实验场。总而言之，西太平洋及其洋陆过渡带具有世界地学的基本重大而迄今仍无解决的前沿基础与应用科学问题，亟待解决，并且对该区开展研究探索，可以带动当代地球科学的发展，满足和适应国家和人类的重大需求。

基于已有研究和目前进展，简要综合概括以下几个关键问题，供讨论。

（1）古今太平洋域板块起源、起始与演化

古今太平洋域板块起源、起始与演化问题，其中突出的问题是：从太平洋域中原三角形或多边形洋内微板块如何起源发展到太平洋域不同板块对东亚大陆边缘的作用、洋陆交接转换到统一洋陆过渡带发展演化过程。

太平洋是地球表壳大洋中的长寿古老大洋，分古今太平洋，历经长期演化，现今处于中心内部伸展与周缘消减收缩演变之中。古今洋域中包括诸多板块，有的已消亡，有的正在生长演化中，是全球最大的洋域，在全球构造中占据重要独特位置。现今太平洋洋中脊以西为太平洋板块，西太平洋至白令海峡—夏威夷群岛—社会群岛等玻利尼亚岛链以西区域，宽阔而复杂，从远洋深海大洋到西侧与欧亚大陆板块交接俯冲拼接的洋陆过渡带，并且存在双重俯冲带与岛链，夹持菲律宾、卡罗琳等板块和东亚系列多样沟弧岛链及边缘海盆，南部与印度-澳大利亚板块、印度洋洋-洋交接拼合，壮观而富有当代地学发展大量前沿信息和人类社会需求。在西太平洋相关的诸多关键科学问题中，首先是原三角形的太平洋板块初始如何形成和其后各板块是如何发展演化的。因为太平洋域各板块的形成演化涉及全球，尤其对解决东亚陆缘很多关键科学问题，极为重要。前人关于这一问题认识分为两派；第一派起始于 RRR 三节点（Engebretson et al.，1985；Müller et al.，2008）（图 3-54）；第二派认为是三条洋中脊走向不交于一点，相向拓展圈定成一个三角形块体，之后围绕该核心向外增生扩大为现今规模。也就是说，太平洋板块完全起源于洋内板块环境。然而，该模式最大的问题是现今新的研究发现，太平洋板块不是原先认为的全部由洋壳组成，其东侧现今板块边界是加利福尼亚湾的洋中脊—圣·安德烈斯大陆型转换断层—胡安·德富卡洋中脊，该边界西侧还存在一小块岛弧地体——格雷罗地体；同样，其西南侧的现今板块边界是阿尔派恩转换型陆缘，在太平洋板块内部存在新西兰西南及邻近海域的坎贝尔海台及查塔姆海隆，最近被认为是淹没的大陆地块。尽管这些都需要深入研究，但已成为太平洋板块起始于完全的洋内环境似乎无法解释的事实。好在目前这块陆壳位于太平洋板块的东侧边缘还可通过洋中脊跃迁和俯冲俘获微陆块来解释，但是对于其太平洋板块西侧古老年龄的三角形核心的形成过程依然没有很有说服力的模式，因而仍值得深入探索。特别是东太平洋海隆的加拉帕戈斯三角形微板块的形成值得进一步研究对比分析。迄今关于太平洋域及其中板块起始也尚无共识，尚需再探索研究。这一问题的研究涉及西太平洋和洋陆过渡带的地质基础及其形成演化与机制，实属基本关键科学问题。

（2）洋中脊千万年行为与增生方式、动力因素

磁条带很好地展现了洋底每百万年的侧向生长过程，瓦因-马修斯假说很好地说明了洋壳侧向生长机制（Vine and Matthews，1963；Vine and Wilson，1965）。但是在 0Ma 磁条带内的洋壳生长行为似乎并不是侧向增生，而表现为垂向增生过程，时间也小于百万年尺度。初步测年结果解释现今洋中脊熔岩流的事件具有千年尺度过程，那么这些千年尺度洋中脊生长行为如何转换为百万年尺度行为就成为洋中脊生长，乃至洋壳形成机制的关键科学问题。若要揭示百万年尺度内的千年洋壳增生方式，就必须获取洋壳的全岩芯，这应当是大洋钻探计划钻穿正常莫霍面的真实需求，尽管海底有些地方莫霍面直接异常剥露海底。对洋中脊每百万年磁条带获取新

鲜岩芯样品，开展精细年代学研究，不仅可以弥补洋壳生长研究中缺失的时间环节，还可以揭示洋壳增生的百万年尺度过程到千年尺度行为，进而研究不同时期或时间尺度下洋中脊岩石成分变化及其控制因素。洋中脊深部岩浆房的什么过程决定了浅部不同时间尺度的行为？岩浆或岩浆房沿洋中脊分段如何分布与迁移、运聚？不同速度洋中脊增生差异的深部基础是什么？这些行为如何控制热液喷口分布？如何利用水听器探测洋中脊行为（如微地震、断裂拓展、流体–岩浆运移）的时空演变？诸多问题都需统一思考研究。

（3）太平洋板块为何转向、如何与洋陆过渡带形变过程关联

前人研究揭示，中生代中晚期太平洋板块转向与华北克拉通破坏密切相关（Zhu et al.，2012），新生代太平洋海山链转向与华北板内盆地形成过程也具有一致性（Huang et al.，2015）。这种关系意味着洋陆过渡带，特别是俯冲带两侧板块，在运动学上应是紧密耦合的。但是如何通过俯冲带研究证实这个过程是耦合还是非耦合运动？俯冲带两侧洋陆板块如何耦合？俯冲是否为板块驱动力？解决这些问题目前尚显困难。现有研究初步发现（Suo et al.，2014，2015；索艳慧等，2017），太平洋板块内的事件序列为：135Ma、100Ma、85Ma、45Ma、21～13Ma（图3-68）。然而，大量西太平洋的板块重建，特别是 Müller 等（2008）的最新重建，也揭示60Ma 之前太平洋板块尚未开启直接作用于东亚陆缘的过程。Liu 等（2017）也揭示俯冲滞留于东亚东部地幔转换带的为太平洋板片，但这个过程仅在30Myr 就完成了。陆地界和海洋界地球科学家研究的成果出现如此大的不同，因此，洋陆过渡带中生代形变过程是否完全与太平洋板块俯冲直接相关还值得仔细考虑（金宠等，2009；张国伟等，2013；张剑等，2017；郭润华等，2017）。迄今的研究认为，古今太平洋域诸板块依次变换转向演化，对东亚洋陆过渡带或大陆边缘有直接作用，但研究也表明，精细重建古今太平洋板块格局及其时空演化才是深化关联洋陆动力过程或关系的关键。

（4）转换断层如何转变为洋内弧

Niu 等（2003）提出板块内部（被动陆缘）发生俯冲启动的条件必然是密度存在差异，正如许多被动陆缘的陆壳和洋壳。然而，一些洋内或板内并不存在密度差，因此，洋内或板内俯冲启动机制仍是 Niu 等（2003）的模式没有完美解决的科学问题。西太平洋马里亚纳岛弧是一个典型的洋内弧。最早由 Hilde 等（1997）提出：马里亚纳岛弧的形成是一条近南北走向的转换断层或破碎带转变为俯冲带，其机制大概是太平洋板块西侧的古老大洋岩石圈比年轻的菲律宾海板块显著增厚，不同厚度的岩石圈接触部位必然产生边界对流（edge convection）（图3-69），触发厚的岩石圈俯冲。这个模式中洋中脊垂直东亚陆缘俯冲，可以解释东亚陆缘的板片窗问题（图1-15，图3-70）。但是，Hilde 等（1997）的模式无法解释古地磁资料揭示的婆罗洲地块近

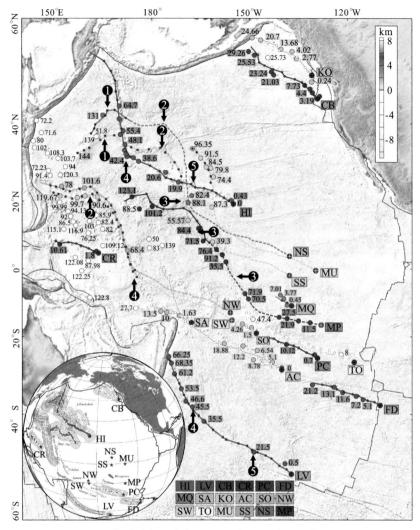

图 3-68　太平洋海山分布及 K–Ar 年龄（索艳慧等，2017）

红色十字圆圈代表活动的热点或地幔柱：AC. Austral-COOK（南库克）；CB. Cobb（科布）；CR. Caroline（卡罗琳）；FD. Fundation（基金会）；HI. Hawaii（夏威夷）；KO. Kodiak（科迪亚克）；LV. Louisville（路易斯维尔）；MQ. Marquesas（马克萨斯）；PC. Pitcairn（皮特凯恩）；SA. Samoa（萨摩亚）；SO. Society Islands（社会群岛）；TO. Tuamotu（土阿莫土）。蓝色十字圆圈代表不活动的热点或地幔柱：MP. Mid-Pacific Mountains（中太平洋海山）；MU. Musicians（音乐家）；NS. Northern Shatsky（北沙茨基）；NW. Northern Wake（北威克）；SW. Southern Wake（南威克）；SS. Southern Shatsky（南沙茨基）。彩色实线代表各热点或地幔柱的活动轨迹，彩色虚线代表推测的活动轨迹，黑色实线表示板块边界。数字代表 K–Ar 年龄（单位 Ma）。

黑色箭头及数字编号代表太平洋板块运动方向或速率发生明显改变的主要事件顺序。

90°旋转的事实。Müller 等（2008）、Seton 等（2012）的板块重建也认为马里亚纳岛弧形成于一条转换断层或破碎带，但不同的是，在其重建模式中，马里亚纳岛弧的原始走向是东西走向，然后旋转为现今的南北走向，这很好地解决了婆罗洲地块的近90°旋转问题。但是，该重建模式中依泽奈崎板块与太平洋板块之间的洋中脊始终是平行东亚陆缘，且该洋中脊于60Ma才开始俯冲到东亚之下。因而，该模式难以解释中国东部、日本等陆缘发育的与洋中脊俯冲相关的埃达克岩的成因（Sun et al.，2007；Kinoshita，2002；张旗等，2001，2008），但可以很好地解释中国东部55～45Ma大规模的抬升事件。因此，有必要考虑，客观上可能更为复杂，其中包括目前尚未认知的问题，甚至可考虑埃达克岩成因的不同机制问题。因此，研究转换断层如何转变为洋内弧的关键是思考研究精细重建洋内板块格局，揭示洋内弧成因及其复杂情况。

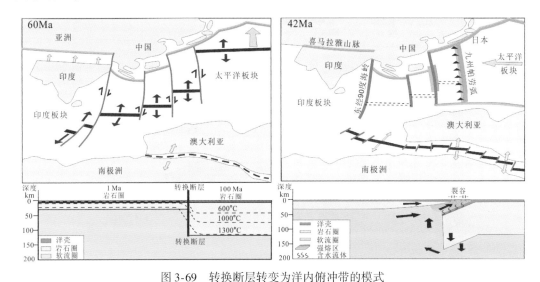

图 3-69　转换断层转变为洋内俯冲带的模式

资料来源：https：//www. le. ac. uk/gl/art/gl209/lecture5/lect5-12. html

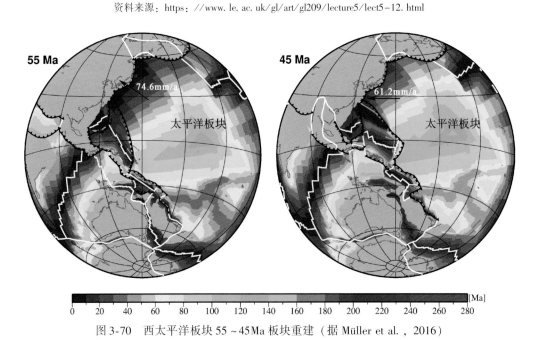

图 3-70　西太平洋板块 55～45Ma 板块重建（据 Müller et al.，2016）

（5）洋中脊为何跃迁和微板块如何形成

在洋内尚存在当前未被人们所认识的复杂构造过程。例如，沙茨基海隆西侧由于洋中脊的跃迁而衍生出一个新的微板块，本书称为跃生微板块（ridge-jumping）；也存在一些海山俯冲或深海洋底高原堵塞俯冲带，导致大陆边缘形成的微板块，称为增生微板块（plateau-docking）；一些弧后盆地打开后，俯冲带和弧后新的洋中脊之间出现一个微板块，如马里亚纳岛弧自身可能就在演化为一个微板块，本书称为裂生微板块（backarc-rifting）；在洋中脊即将消亡到大陆边缘时，锯齿状的洋中脊与弧形海沟往往圈闭出一些微板块，叫残生微板块（ridge-subducting）；相反，在洋中脊部位，由于洋中脊的纵向拓展、链接过程中出现叠接扩张中心，逐渐演变为新的微板块，称为延生微板块（ridge-propagation），等等。这些微板块的形成过程都非常复杂，洋内和洋中脊也复杂多样，搞清楚这些微板块的产生过程、机制，才有助于重建古大洋内部的洋内构造格局，以解决当前古板块重建中洋内构造格局通常是空白的局面。

（6）弧后盆地玄武岩浆成因及其地球化学属性和弧后转换断层成因

弧后盆地一般是指具有洋壳的深水盆地，但是多数弧后盆地洋壳具有显著不同于正常或标准洋壳的厚度。那么其增生机制是否与洋中脊增生机制一样？为什么弧后盆地初始洋壳厚度不同于标准洋壳厚度？其岩浆生长机制是否不同？地球化学特征多大程度受破裂的大陆岩石圈地幔组分影响、俯冲组分影响、大陆岩石圈下软流圈成分（可能不同于洋中脊形成于典型的大洋岩石圈下软流圈之上）影响？数值模拟揭示，一些俯冲带可大尺度地发生突发性后撤，进而在洋内启动新的俯冲带，出现新的弧后盆地，且这些弧后盆地的岩浆起源于大洋岩石圈下软流圈，这些都可能导致弧后盆地地球化学属性的多样性与多解性。对不同扩张速度的洋内弧，其地球化学特性又有何异同（Taylor and Martínez，2003）？弧后盆地的转换断层形成与洋陆过渡带先存走滑断裂有何种关联？例如，冲绳海槽的转换断层走向到底是 NW 向还是 NNE 向（Liu et al.，2016）？如果是 NNE 向，与东亚陆缘大规模同向走滑断裂有何关联？上述问题都涉及洋陆过渡带复杂沟弧盆体系形成演化的洋陆相互作用、复杂机制与其结构属性的多样性结果与效应。

（7）板块驱动力和俯冲带如何启动，主动还是被动俯冲，俯冲后撤是主动还是被动

大洋俯冲与洋内俯冲起始、起因及其作用与动力学意义迄今尚未完全解决，始终事关重要。西太平洋及其洋陆过渡带具有此类突出问题，值得重点解剖研究，以求解决突破。

西太平洋大陆边缘何时何因由被动陆缘转换为主动大陆边缘（索艳慧等，2012；李三忠等，2013）？一系列不同时期的俯冲带是如何形成的？分别始于何时？

有多少种不同成因类型？洋内俯冲如何启动？转换断层是如何转变为俯冲带的（图3-69）？这些问题依然存在巨大争论（McAdoo and Sandwell，1985）。这里主要侧重探索俯冲启动后，俯冲作用是主动俯冲还是被动俯冲，也就是说，俯冲作用是否为板块驱动力，并就其驱动力比较分析，存在什么问题。以下就俯冲作用相关的板块驱动力问题，进行简明评述，供讨论，以促进这一学界普遍关注问题的深化研究。

1）洋中脊推力。大洋软流圈总体是洋中脊处抬起，而俯冲带处降低，岩石圈与软流圈的边界是一个斜面。此斜面在洋中脊轴部的位置最高，在板块的远端较低，岩石圈的横断面是楔形。当岩石圈离开洋中脊时，冷却作用逐渐达到地幔的较深处，使得软流层物质持续不断并新增生于上覆密度较大的冷岩石圈底部，因而越来越厚。岩石圈增厚使整个板块产生水平密度差，并在岩石圈底部形成斜面。洋中脊高耸的地形所固有的势能迫使洋中脊向两侧扩张运动，以达到较低的能量状态。因此，这个拉张型板块边界上分离的板块会在重力作用下引起向下的滑移，称为洋中脊推力。这一过程的主导因素是沿整个岩石圈板块的水平质量差以及岩石圈呈楔形所形成的表面斜坡，导致了板块沿斜坡的滑移运动。经典板块构造理论认为，这种离开洋中脊的重力滑移（或洋中脊推力）是驱动板块运动的一种主驱动力。这种力源于洋中脊轴下不断涌升的地幔物质，就像在板块之间不断打进楔子一样，从而把板块向两侧推开。板块内部应力状态以挤压为主有利于洋中脊推力的模式。据研究，这种力垂直作用于洋中脊，其大小与地势抬高的荷重大体相同，不依赖于扩张的速度。但是，洋中脊推力还存在以下疑问：①液态或黏性的上涌热地幔岩浆能否有能力推动宽达数千千米的固态板块？②假如非常强调洋中脊推力，像菲律宾海、加勒比等不具备洋中脊或洋中脊死亡并石化的板块同样存在着明显的俯冲运动，其驱动力又是什么？③对冰岛及其他地区的一些基性岩墙的观察表明，这些岩墙显然是张裂环境下自由上升侵入的，属于充填裂隙的性质，因而洋中脊岩浆作用不能作为板块侧向运动的驱动力，岩浆不是强行楔入的，故洋中脊推力就不是岩浆侵入所致，而是大洋板块自身的重力拖拉所致，洋中脊岩浆侵入就变成了被动过程，有人称为脊吸力（ridge sunction）。④深潜器考察发现，洋中脊中央裂谷边缘张性裂隙的宽度大于中轴张性裂隙宽度，这种现象也难以用洋中脊推力来解释，尽管20世纪90年代提出了海洋核杂岩来解释。⑤尽管通过计算大洋板块有足够的势能克服底部摩擦阻力并向下滑行，但是大洋板块某些部位的运动方向与向下滑行的方向并不一致。⑥这种模式，必须首先存在洋中脊或软流圈的上拱，才能存在势能差。⑦单独用该力难以解释洋中脊的跃迁和俯冲现象。

2）俯冲板块的重力拖拉力。岩石圈板块从增生边界运移到俯冲带，经过上亿年的冷却，岩石圈增厚，密度变大。当潜没的板块密度超过周边地幔的密度时，它们的密度差便产生了负浮力。因而，板块年龄越大，冷却也越充分，岩石密度就越大，这种负浮力就更大。此外，板块俯冲时伴随的相变，如辉长岩变为榴辉岩，橄榄岩相变为尖晶石相和石榴子石相橄榄岩，从而使板块密度增加，负浮力更大。俯冲板块所具有的负浮力称为重力拖拉力。重力拖拉力传递给整个板块，使其下潜并加速俯冲，而成为原动力。这种动力机制好比水面上的棉花下垂的一角浸在水里，吸水变重的棉花有可能把浮于水面上的整块棉花向下拖拉。特别是，俯冲边界长度最大的太平洋板块具有最高的运动速度，更增加了一些学者对重力拖拉力的青睐。因此，很多人强调俯冲板块的重力拖拉作用，称为俯冲引擎。但是，该模式难以解释以下几个现象：①那些不具有俯冲带的板块（南极洲板块、非洲板块）或仰冲板块（欧亚板块、美洲板块等）的运动就与重力拖拉力无关；②俯冲带的极性倒转和新俯冲带的形成；③正扩张洋中脊的消亡俯冲；④大洋岩石圈能否在一端拖拉时具有足够大的力和强度使数千千米宽的洋底岩石圈作为一个整体运动；⑤海沟外侧外缘隆起的存在，显示俯冲板块常受到阻滞而弹性弯曲，说明重力拖拉力不总是驱动力；⑥重力拖拉力应导致俯冲板块整体处于张应力环境，但大洋板块内部的应力状态总体以挤压为主，如中印度洋的印度–澳大利亚板块内部（Cloetingh and Wortel，1986；Maruyama，1994）。

3）海沟吸引力。由于大西洋扩张，太平洋收缩，这种差异与太平洋独具而大西洋没有的海沟有关，因而，海沟对陆侧板块有一种吸引力。海沟吸引力可把美洲板块和欧亚板块拖向太平洋周围的海沟。由于地球的半径可能保持不变，大西洋不断扩张的同时，太平洋就不断缩小，海沟也将向大洋方向迁移，或在大洋台地与大陆边缘拼合时发生突然跃迁，相对大洋板块来说，微小的深海台地或海山俯冲无法阻挡大洋板块的俯冲或改变其固有运动规律。但是，这种海沟吸引力的物理性质迄今仍旧不清楚，也可能实质上还是深俯冲的大洋板片相变的重力拖拉力所致。

迄今，人们还提出另外两种吸引力：①洋中脊吸引力，洋中脊因降压熔融，软流圈物质向压力较低的洋中脊聚集，因而可能产生洋中脊的吸引力，继而推动地幔对流循环。②地幔柱吸引力，地幔柱（Maruyama，1994）从地幔深处上涌，对洋中脊会有吸引作用，从而使得洋中脊逐渐向地幔柱靠近，称为地幔柱吸引力，使得洋中脊发生跳跃式跃迁。当地幔柱与洋中脊位置一致之后，大量释放热量，作用力降低，洋中脊会在其他作用力影响下与地幔柱脱耦，移离地幔柱，此时地幔柱又可能变成板块运动的阻力。

一些学者从特提斯带和东亚大陆中新生代，甚至从更古老时代的岩石圈板块与大陆的长期持续，且从全球规模性的俯冲汇聚的突出现象思考，并从地球卫星重力研究显示的现代地球超级上升和下降地幔流或柱［位于西太平洋和印度洋与东亚大陆区域］综合考虑，强调地球固体外壳（岩石圈与地壳）相对运动的俯冲引擎作用，以及与之相关的地球深部（地幔）质量、密度的非均一与转化等问题，思考像天文学和物理学中的"黑洞"这样的长期持续巨大超引力问题在地球深层是否存在，进而思考是否是地球外壳运动的驱动力问题。"黑洞"是天文学与物理学中一个当代最具挑战性天文学说之一，正在研究探索与争论之中，新的理论也在不断提出。最初是20世纪70年代由美国物理学家韦勒命名提出，英国天文物理学家霍金极大地发展了黑洞理论，并提出了黑洞在形成过程中，其质量减少的同时还不断外界辐射能量，这就是"霍金辐射"理论。显然作为天体的地球，研究其形成与动力学规律，引用天文物理学的新研究、新理论、新思维是自然的，应当重视，认真对待，慎重深入进行学术思考，借鉴引用，探索求解地球基本核心科学问题。学习理解认识黑洞学说的实质内核，从而面对地球客观，求实深入思考分析、探讨，正如天文物理学中"黑洞"学说的争论探讨一样，我们地球科学面对地球，借鉴思考研究，也是一个更具挑战与艰辛的过程，自然不是短时间内可以解决的。和其他关于地球固体外壳块体运动驱动力的研究争论一样，要在实践研究中持续探索求解。

关于板块运动和俯冲驱动力迄今有多种假说推测与想法，争论也一直在进行中，目前较多学者质疑地幔对流假说，更多倾向于负浮力的认识。但不论如何，板块构造驱动力问题始终是一根本性问题，有待解决。

（8）洋底属性问题：鄂霍次克海基底？洋内陆壳？

以往大洋钻探揭示，洋底发育一些陆壳。但这些陆壳主要散布在慢速-中速的被动陆缘，有的也离陆缘很远，甚至残存于大洋中间。这些现象成为反对板块构造理论的重要依据之一。然而，洋-陆转换带的提出，认为他们就是极度减薄的孤立陆块顺滑脱面脱离母体大陆后的残块，较合理地解释了陆壳为何会出现在洋壳中这个事实。尽管如此，还有一些洋底的地壳属性值得思考。例如，鄂霍次克洋的地壳厚度近20km，人们常认为是过渡地壳。但地球上有洋壳和陆壳之分，有无"过渡壳"，尚是一个较含糊有争议的概念。Yang等（2013）提出，鄂霍次克洋为深海高原（洋壳）增生堵塞俯冲带所致，而深海高原正常的地壳厚度可以达20km厚，具有洋壳组成。但到底是洋壳还是减薄的陆壳，目前该区尚无到基底的钻孔，也值得今后注意。此外，在新西兰外海最近发现海平面以下存在一块巨大的陆壳，同样也无钻孔证实，其起因、来源都需值得深入开展研究。特别是对于大陆边缘大陆地壳增生方式或地质历史演化中陆壳增长模式有多少种，也尚需要思考和开拓创新研究。这些问题涉及大洋形成及基底的复杂性和洋陆交接转换等一系列基础性根本问题，值得持续深入研究。

（9）西太平洋和印度洋及其洋陆过渡带与成矿-成藏-成灾

成矿-成藏-成灾问题是"一带一路"倡议中既有重要社会、经济需求又有重要科学意义的问题。这类问题，尤其近岸洋陆过渡带已有不少研究成果，但由于政治外交形势和国际争端问题，在区域成矿与成藏、环境与灾害等科学问题上，整体还存在很多需进一步加强研究和勘探的问题。

1) 西太平洋深水远洋区，我国整体掌握薄弱，当前关键是在中国冲出第二岛链的同时，如何加强海洋科学考察，掌握更多实际资料，争取远洋公海资源、领土权益，统筹聚焦科学问题。特别需要国家整体统筹、思考、规划西太平洋深海远洋区的科学前沿战略目标、实现途径和关键科学问题。

2) 西太平洋洋陆过渡带，尤其针对近岸边缘海盆的长期研究与勘探，国内外都做了不少工作，现已有一定的基础研究和成果积累，目前关键是在国际海洋权益争端趋紧的形势下，如何在已有研究和成果基础上，综合深入整体与时空分带分区分层，聚焦核心问题，认知属性、特点、规律，统一筹划，重点突破，特别是亟须明确西太平洋洋陆过渡带油、气、水合物和金属成矿整体与各自区块、层带目前的关键问题和需重点突破的问题是什么？

3) 西太平洋洋陆过渡带地表系统研究已有不少研究和成果，现最需要的是其大科学、多学科、统一整体、交叉融合，开展地表系统成矿–成藏–成灾问题的合作研究，提出整体表生成矿–成藏–成灾系统的根本科学问题，进行新研究，获得新发现、新规律、新认识，总结认知新理论。

4) 现在我国需要对印度洋、非洲东侧洋陆关系、属性及其成矿–成藏进行综合系统深入评价研究，利用"梦想号"建设契机，促进中国—非盟、中国—东盟政府间更为广泛的大型国际科技合作，推动"一带一路"的海上丝绸之路建设。

5) 加强印度洋洋中脊热液硫化物成矿、太平洋富钴结壳或锰结核勘探区域的成矿地质背景和成矿潜力评价与研究，发展先进的海底探采技术和设备，选拔一些有德行、有真才实学的高端人才担当国家海外勘探重任，维护国家形象和超越国土的国家权益。

6) 需要对印度洋周缘不同类型洋陆过渡带进行区域海洋地质背景和成矿–成藏综合研究，认识印度洋陆缘不同区域与整体特征、规律和潜力价值的综合整体协调深入研究，首要是整体内部与周缘考察研究，实际掌握、评价、制订规划，重点攻关突破。

7) 从洋陆过渡带深层资源、能源潜力方面进行分析，深层含油气残留盆地是未来能源接替区。深层油气成藏系统与表层水合物成矿系统存在何种关联？水合物分解有无导致浅表灾害链的发生？如何防治与监测？

（10）深碳循环、水循环、元素循环、生源要素循环与全球变化

广袤海底的上亿年沉积记录就是全球变化的历史档案。要构建地球地表系统理论，必须认知深时地球气候变化，因而通过大洋钻探获得更多岩芯，细化全球不同时空古气候记录，对约束全球古海洋、古环流、古气候等地球系统动力学问题模

拟，增强人类认知、预测地球系统未来长周期演变趋势的能力，对规范人类行为和建设宜居地球非常重要。深海沉积物运移到海沟，不仅伴随生源要素的输运和循环，最终还俯冲消减到地幔深部，发生脱水、脱碳、脱硫等，不仅决定深部碳循环或碳储存，同时还以火山喷发、盆地无机二氧化碳藏、碳酸盐岩的化学沉积等形式释放或保存到地球表层系统，决定地球表层系统的碳循环。地表系统与地球深部系统是统一整体地球复杂动态系统的组成部分，紧密相关互馈，深碳循环以及人类活动等应是地球系统中的一个统一复杂物质、元素运动系统，需要我们去探索、认识、揭示。地球物质和化学元素循环，如碳循环，有着多样复杂的循环交流运动系统，有海水-岩石圈界面的元素循环、有壳-幔的元素循环、有洋陆岩石圈的元素循环，导致一系列不同类型的成岩-成矿过程。这些过程都是目前海底科学十分关注的研究方向，也是深部找油气找矿和深海远洋找油气找矿扩大资源亟须探索研究的理论课题。

除上述科学问题之外，还需要关注以下有关西太平洋的具体重要科学问题。

1）特提斯构造在东亚如何转换为西太平洋构造域？

2）西太平洋洋陆过渡带中生代陆缘性质：安第斯型还是华南型或者是陆内与陆缘复合型？

3）西太平洋大陆边缘的独特性复杂性与油-气-水合物成藏机制？

4）海底灾害的深部背景和浅部动因是什么？例如，水合物分解是海平面变化所致，还是内动力触发？是水合物分解导致海底滑坡还是海底滑坡导致海底水合物分解？

5）板块重建后，HIMU 和 DUPAL 地球化学异常是否可能对应 JASON 和 TUZO？

第4章 印度洋板块系统演化

印度洋是非洲大陆、印度大陆、澳大利亚大陆和南极洲围限的海域，历经了冈瓦纳古陆和劳亚古陆的裂解和各板块碰撞拼合过程并受其深部的影响，具有特殊的构造意义。整个印度洋的水深平均为3900m，并由南西向北东方向逐渐加深，到其东部边缘部分，深度增加到和太平洋西部相似。

印度洋的构造格局以一庞大的"入"字形的洋中脊体系占主导地位（图4-1），位于5°S~27°S的部分为其主干中印度洋洋中脊（Central Indian Ridge，CIR），CIR向北延伸的部分称作卡尔斯伯格洋中脊（Carlsberg Ridge），南面的两个分支（从27°S开始）分别称作西南印度洋洋中脊（Southwest Indian Ridge，SWIR）和东南印度洋洋中脊（Southeast Indian Ridge，SEIR），洋中脊水深通常为2000~3000m。按

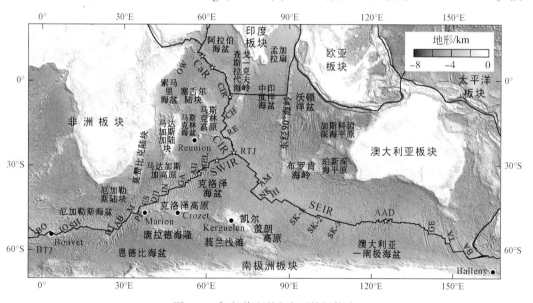

图4-1 印度洋地形和主要特征构造

黑线表示板块边界，AAD. Australian-Antarctic Discordance，澳大利亚–南极洲不连续带；CaR. 卡尔斯伯格洋中脊；CIR. 中印度洋洋中脊；SEIR. 东南印度洋洋中脊；SWIR. 西南印度洋洋中脊。红色斜体字母标记转换断层，BO. Bouvet；IO. Islas Orcadas；SH. Shaka；DT. Du Toit；AB. Andrew Bain；M. Marion；PE. Prince Edward；ES. Eric Simpson；DⅡ. Discovery Ⅱ；IN. Indomed；GA. Gallieni；AⅡ. Atlantis Ⅱ；MEL. Melville；AM. Amsterdam；NK. North Kerguelen；HI. Hillegom；SK-1. South Kerguelen-1；SK-2. South Kerguelen-2；SK-3. South Kerguelen-3；GE. George；TA. Tasman；BA. Balleny；RE. Réunion；CH. Chagos；OW. Owen。黑色圆圈为已探明热点或地幔柱（引自 Wikipedia），Balleny. 巴勒尼；Bouvet. 布韦；Crozet. 克洛泽；Kerguelen. 凯尔盖朗；Marion. 马里昂；Réunion. 留尼汪。黄色五星为已探明的海洋核杂岩位置（引自 Blackman，2009）。BTJ. Bouvet 三节点；RTJ. Rodriguez 三节点

照扩张速率划分，印度洋的三支洋中脊分别为：超慢速扩张的西南印度洋洋中脊（SWIR）、慢速扩张的中印度洋洋中脊（CIR）和东南印度洋洋中脊（SEIR）。

热点或地幔柱［如西南印度洋的马里昂（Marion）、中印度洋的凯尔盖朗（Kerguelen）和东南印度洋的巴勒尼（Balleny）等］、大型转换断层［断距＞30km，如西南印度洋的安德鲁·贝恩（Andrew Bain）、中印度洋的查戈斯（Chagos）和东南印度洋的塔斯曼（Tasman）等］和海洋核杂岩等特殊构造单元在印度洋均有发育（表4-1，图4-1）。当洋中脊和热点这两个岩浆单元相互作用时，热点的活动强度会得到放大，形成范围宽广的洋底高原，如东经90度海岭（Ninetyeast Ridge）、查戈斯-拉克代夫海岭（Chagos- Laccadive Ridge）、马达加斯加海底高原（Madagascar Plateau）等。这些洋中脊和海岭把印度洋分割成许多大小不等、年代不同的深水盆地，如西面的索马里海盆（Somali Basin）、马斯克林海盆（Mascarene Basin）、马达加斯加海盆（Madagascar Basin）、莫桑比克海盆（Mozambique Basin）和厄加勒斯海盆（Agulhas Basin）；北面的阿拉伯海盆（Arabian Basin）；东面的中印度洋海盆（Central Indian Basin）、沃顿海盆（Wharton Basin）；南面的东南印度洋澳大利亚-南极海盆（Australia-Antarctic Basin）和西南印度洋克洛泽海盆（Crozet Basin）、恩德比海盆（Enderby Basin）等（图4-1）。海盆中地形一般起伏不大，有沉积物覆盖，除了中印度洋海盆北部的孟加拉扇和阿拉伯海盆印度河扇沉积厚度可达几千米乃至万米外，其他海盆的沉积物厚度多在200～1000m。印度洋的大陆边缘，以大西洋型的被动边缘为主，但其东北边缘为一条太平洋型活动陆缘的巽他—爪哇海沟岛弧系（王述功等，1998）、北部有莫克兰俯冲带。印度洋复杂的构造背景和特殊构造单元的存在为其构造-岩浆作用及其演化过程的研究提供了良好的场所。

表4-1 印度洋转换断层要素（断层名称见图4-1）

洋脊	名称	走向	断距/km	活动时期/Ma
SWIR	BO	NE 65°	240	0～50
	IO	NE 65°	100	0～70
	SH	NE 65°	180	0～70
	DT	NE 65°	160	0～70
	AB	NE 65°	720	0～>120
	M	NE 65°	125	0～>120
	PE	NE 65°	155	0～>120
	ES	NE 65°	100	0～60
	DII	NE 65°	320	0～60
	IN	NE 65°	135	0～60
	GA	NE 65°	90	0～60
	AII	NE 65°	190	0～50
	MEL	NE 65°	125	0～30

洋脊	名称	走向	断距/km	活动时期/Ma
CIR	OW	NE 65°	450	0～50
	CH	NE 65°	240	0～60
	RE	NE 65°	210	0～60
SEIR	AM	NE 65°	470	0～40
	NK	NE 65°	120	0～40
	HI	NE 65°	330	0～30
	SK-1	NE 65°	180	0～30
	SK-2	NE 65°	130	0～30
	SK-3	NE 65°	120	0～30
	GE	NE 65°	415	0～>50
	TA	NE 65°	700	0～>50
	BA	NE 65°	350	0～>50

西南印度洋洋中脊（SWIR）作为南极洲板块和非洲板块的边界，西自布韦三节点（Bouvet Triple Junction，BTJ，55°S、00°40′W）向东到罗德里格斯三节点（Rodriguez Triple Junction，RTJ，25°30′S、70°E），延伸约7700km，持续活动100多个百万年（Patriat et al.，1997；Marks and Tikku，2001）。西南印度洋洋中脊被海底高原和热点所环绕，其中，位于SWIR南侧约250km的马里昂隆起，标志了现今马里昂热点或地幔柱的位置；同样，位于西南印度洋洋中脊南侧的克洛泽群岛或者德尔卡诺（Del Cano）隆起标志了现今克洛泽热点的位置（图4-1）。

受洋中脊–热点或地幔柱相互作用、大型转换断层和海洋核杂岩等特殊构造的影响，西南印度洋洋中脊的很多地质地球物理特征表现为沿洋中脊轴向变化，主要包括：脊轴地形、洋中脊与扩张方向的夹角、洋壳厚度、重磁异常以及长寿命转换断层的存在与缺失等。各项特征具体表现为：沿轴地形变化较大，除转换断层影响的区域外，西南印度洋洋中脊地形自西向东逐渐变低，重力值自西向东逐渐变高，洋壳厚度逐渐减薄（图4-2）。但其全扩张速率较低，为12～18mm/a，沿轴变化不大（Sauter and Cannat，2010），平均扩张速率为14mm/a，有效扩张速率更低，属于超慢速扩张洋中脊，且多为斜向扩张。

西南印度洋洋中脊自西向东被若干条大型长期活动的南北向转换断层错断，转换断层规模不一，活动时期不一（表4-1）。前人将西南印度洋洋中脊粗略地分成多级多个段落：最西部是被紧密间隔性转换断层分割的，介于布韦三节点到位于10°E的Shaka转换断层（SHFZ），扩张方向和洋中脊正向扩张方向的交角为9°～25°，也为斜向扩张脊（Sauter and Cannat，2010）；在SHFZ和16°E之间，斜向扩张方向最大，达

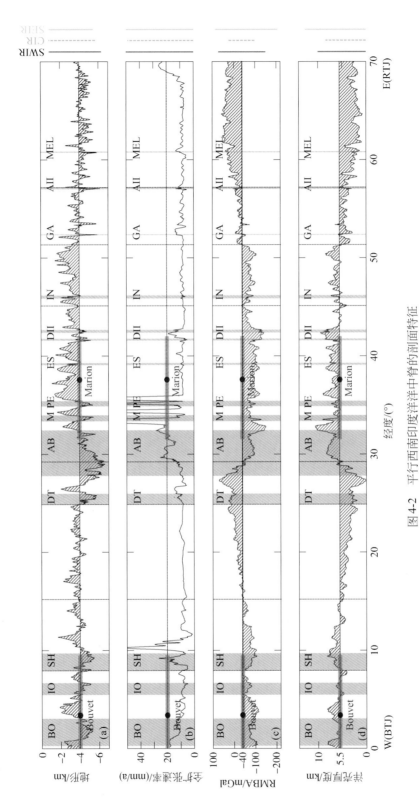

图4-2 平行西南印度洋中脊的剖面特征

RMBA：剩余地幔布格重力异常；灰色阴影为转换断层发育位置，红色圆圈为热点投影到洋中脊上的位置，红色粗线为热点的影响范围，名字见图4-1

51°，也被称为斜向超级扩张段，平均水深约4000m（Dick et al.，2003）；在16°E~25°E长约600km的洋中脊段则被称为正向超级扩张段，平均水深约3500m（Dick et al.，2003）；再向东，洋中脊被Du Toit（DTFZ）、Andrew Bain（ABFZ）、Marion（MFZ）和Prince Edward（PEFZ）转换断层分别错移了160km、720km、125km和155km；继续向东，洋中脊被Eric Simpson（ESFZ）、Discovery Ⅱ（DIIFZ）、Indomed（INFZ）和Gallieni（GALFZ）转换断层分割为三个次级段，扩张以25°斜交洋中脊正向扩张总体方向，长约2200km，轴部平均水深3200m左右，两侧为较为宽阔的水下隆起（Georgen et al.，2001），在这个宽阔隆起段中部，DIIFZ和INFZ之间的水深达3600m，较邻区深；在GAL和64°E之间扩张方向和洋中脊正向扩张方向的斜交达30°，被东部的Atantls Ⅱ（AIIFZ）和Melville（MELFZ）转换断层分割，且洋中脊发生巨大的错移（Sauter et al.，2001），而该隆起东部的MELFZ和69°E之间的轴部水深最深达4730m（图4-2）。

中印度洋洋中脊作为印度-澳大利亚板块和非洲板块的边界，从北端（10°N、57°40′W）到南部的罗德里格斯三节点延伸约6000km，持续活动约90Myr。中印度洋洋中脊与两侧的海底高原近于平行排列，其中，位于洋中脊东翼的查戈斯-拉克代夫海岭为德干（Deccan）高原向南的延伸，其覆盖的洋壳年龄大于30Ma；位于中印度洋洋中脊西翼的塞舌尔-撒雅德玛哈浅滩-拿撒勒-毛里求斯-留尼汪（Seychelles-Saya de Malha Bank-Nazareth Bank-Mauritius-Réunion）群岛覆盖的洋壳年龄为70~30Ma，留尼汪隆起标志了现今留尼汪地幔柱的位置。中印度洋洋中脊自北向南发育欧文（OWFZ）、查戈斯（CHFZ）和留尼汪（REFZ）三条大规模的转换断层（表4-1），其间还有大量次级断距转换断层（图4-1）。中印度洋洋中脊现今全扩张速率为15~20mm/a，大于西南印度洋洋中脊的扩张速率，介于超慢速和慢速（图4-3）。中印度洋的总体水深较浅，小于4km；自中印度洋洋中脊向两翼水深逐渐增加（图4-3）。中印度洋东部为东北印度洋，发育独特的东经90度海岭、逆冲推覆构造、死亡的沃顿洋中脊及爪哇俯冲带等构造。

东南印度洋洋中脊作为南极洲和澳大利亚板块的南北分界，西起罗德里格斯三节点，向东（63°S，168°24′E）延伸了约12 000km。东南印度洋洋中脊南翼的凯尔盖朗高原和巴勒尼岛分别标志了现今凯尔盖朗地幔柱和巴勒尼热点的位置。自西向东发育9条大规模转换断层和多条小断距转换断层，断层活动时间持续约50Myr（表1-1）。东南印度洋洋中脊水深普遍较浅（2~4km），小于西南印度洋洋中脊和中印度洋洋中脊的水深；现今全扩张速率大于25mm/a，大于西南印度洋洋中脊和中印度洋洋中脊，为慢速扩张脊。除了受大型转换断层和热点或地幔柱影响的区段外，东南印度洋洋中脊的剩余地幔布格重力值（RMBA）普遍高于西南印度洋洋中脊和中印度洋洋中脊的重力值（>-40mGal），洋壳厚度小于西南印度洋洋中脊和中印度洋洋中脊的洋壳厚度（<5.5km）（图4-4）。此外，该洋中脊还发育特征的澳大利亚-南极洲不连续带（AAD）。

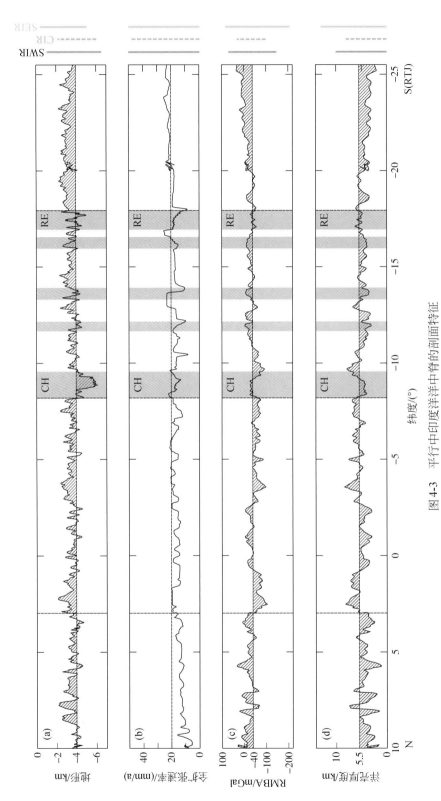

图 4-3　平行中印度洋洋中脊的剖面特征

RMBA：剩余地幔布格重力异常；灰色阴影为转换断层发育位置，缩写名字见图4-1

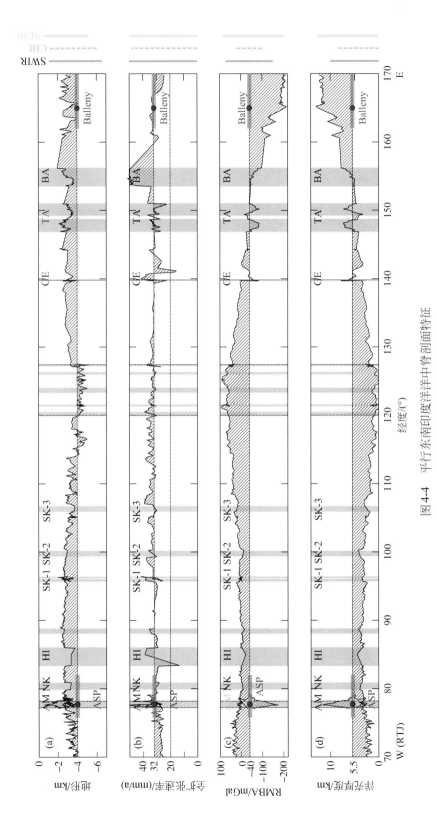

图 4-4　平行东南印度洋洋中脊剖面特征

RMBA：剩余地幔布格重力异常；灰色阴影为转换断层发育位置，红色圆圈为热点投影的洋中脊上的位置，红色粗线为热点的影响范围，缩写名字见图4-1

4.1 构造单元划分

洋底地貌地形与构造密切相关，由于洋底很少受到像陆地上的风化剥蚀等影响，因而总体上反映了构造地貌（morphotectonics 或 morphostructure）的特征，因而，洋底地貌是构造地貌的本征反映。现今可以通过多种手段获得精细的洋底构造地貌，如 TOBI（towed ocean bottom instrument）侧扫声呐、深水多波束、浅地层剖面、P-Cable 系统、海底视像技术等。以往，从全球海底地貌和板块构造角度，常将海底地貌划分为以下几大类：相连的全球性洋中脊、被洋中脊分割的深海平原（深海盆地）、叠加在深海海盆上的复杂成因的各类海山群或海山链、切割洋中脊的转换断层和对应伸入深海平原（深海盆地）的破碎带、海沟（俯冲带）。这种划分有利于探讨单一洋盆从生到死的几个到几十个百万年时间尺度的对称或不对称增生方式和过程，但难以探讨更为复杂、精细、更短时间尺度的海底构造演化过程，特别是洋中脊精细构造过程。

同时，洋中脊分段性也对洋盆内构造单元的划分具有参考价值。一般认为错断（offset）距离 > 30km 的大型转换断层为洋中脊的一级分段（segment）；出现在两条大型转换断层之间的斜向剪切带、横向错断、叠接扩张中心等为洋中脊次级分段的划分原则（表 4-2）。此外，洋中脊分段主要受地幔岩浆周期性脉动上涌，即受岩浆供应方式制约。一般认为，洋中脊下部为源于上地幔的轴向岩浆房，受围岩性质、构造环境和温压条件等的影响，岩浆房顶面上涌的高度、速度和岩浆供应量在洋中脊不同区段有明显差异：

1）离地壳表面越浅的区段，岩浆供应充足，成为一段洋中脊的膨胀域或发源地，而向两端岩浆供应量逐渐减少，洋中脊分段结束。

2）岩浆在上升途中，主体受到不同导热性质围岩的吸热、分解和隔挡作用，逐步分化为不同等级的熔岩流中心，每个不同规模熔岩流中心对应于相应分段级别的洋中脊发源地，导致洋中脊分段拓展（李三忠等，2005）。

表 4-2 SWIR 分段原则及不同级别洋中脊段特征

级别		1 级	2 级	3 级
脊段长度/km		600 ± 500	400 ± 75	150 ± 50
脊段寿命/a		$>10\times10^6$	$>1\times10^6 \sim 10\times10^6$	$\approx10^4 \sim 10^5$（？）
脊段增长率	长期迁移	$0 \sim 30$mm/a	$0 \sim 15$mm/a	不确定-无离轴形迹
	短期增长	$0 \sim 120$mm/a	$0 \sim 60$mm/a	不确定-无离轴形迹

级别	1 级	2 级	3 级
类型	转换断层大增长型裂谷	间断，轴部隆起	斜向剪切带，裂谷接合点，横向断层，火山间的间隔
断距/km	720～90	135～90	≈10
断错年龄/a	>20×10⁶ (4×10⁶)	<10×10⁶ (2×10⁶)	<10×10⁴
深度异常/m	1000～2500	<1000	50～300
离轴形迹	折线型曲线不整合带	直线型不整合带	直线型和斜线型雁列式不整合带
是否为高振幅磁化	是	是	很少
轴岩浆房是否破裂	总是	是	是
轴低速带是否破裂	是	否，但体积缩小	体积略有缩小
是否有地球化学异常	是	是	通常是
高温通道是否破裂	是	是	是（不适用）

3）根据岩浆供应量分析，超慢速扩张脊由连接的岩浆和非岩浆增生洋中脊段（或称贫岩浆段）组成。岩浆增生洋中脊段扩张方向与洋中脊延伸方向垂直或呈较大角度相交，岩浆供应充足，其横向地形剖面表现为复杂崎岖的马鞍状高地，其中心多为圈闭型 RMBA 负值区，洋壳较厚。非岩浆增生洋中脊段扩张方向与洋中脊延伸方向可呈任意角度，鲜有火山活动，洋壳较薄（一般缺少洋壳的第三层），地幔橄榄岩直接裸露海底，表现为弱磁性和正 RMBA。洋中脊分段在缓慢和快速扩张下可能有不同的起因，即它们可能有不同的成因机制与动力要素。正是洋中脊之下地幔上涌和洋中脊分段机制的根本性差异导致了不同洋中脊之间和洋中脊内部的地形、RMBA 和扩张速率等的相关性。

此外，为探讨区域尺度洋盆或局部洋中脊的精细构造演化，李三忠等（2015a，2015b）提出了一种服务区域或局部洋底演化研究的洋底地貌单元划分的新原则。

4.1.1　构造单元划分原则

首先，从整个印度洋出发，根据最新一个"增生期"的区域洋盆和演化一致性的差异（马宗晋等，1998），印度洋被划分 3 个一级构造地貌单元：西南印度洋洋盆、中印度洋洋盆和东南印度洋洋盆（图 4-5）。然后，对西南印度洋盆地以不同洋中脊生成的洋壳和具有不同走向的转换断层、特定扩张方向转变事件的年龄、特定异常事件形成并叠加在正常扩张洋壳上的地貌（如地幔柱或热点）为原则，进一步划分为4个二级构造地貌单元（图4-5），除一个弥散型的热点相关的异常康拉德隆起—马达加斯加海台—克罗泽海台等单元外，其他分别是：>120Ma 的洋壳地貌（Ⅱ-1）、>80Ma 的南侧洋壳地貌（Ⅱ-2）、>40Ma 的南侧洋壳地貌（Ⅱ-3）、<40Ma 的洋壳地貌（Ⅱ-4）。

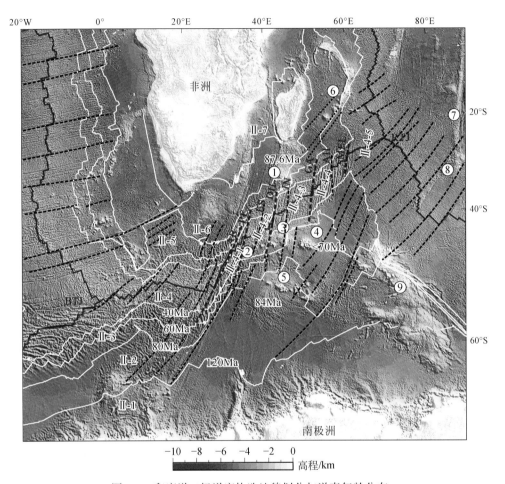

图4-5 印度洋二级洋底构造地貌划分与洋壳年龄分布

①马达加斯加（Madagascar）海台；②马里昂（Marion）热点；③德尔卡诺（Delcano）隆起；④克洛泽（Crozet）海台；⑤康拉德（Conrad）隆起；⑥留尼汪（Réunion）隆起；⑦东经90°海岭；⑧布罗肯（Broken）隆起；⑨凯尔盖朗（Kerguelen）隆起。转换断层：AB. Andrew Basin；PE. Prince Edward；ES. Eric Simpson；DⅡ. Discovery Ⅱ；IN. Indomed；GA. Gallieni；AⅡ. Atlantis Ⅱ；MEL. Melvillie。三节点：BTJ. 布韦三节点（Bouvet Triple Junction）；RTJ. 罗德里格斯三节点（Rodrigues Triple Junction）。二级构造地貌单元：>120Ma 的南侧洋壳地貌（Ⅱ-1）、120~80Ma 的南侧洋壳地貌（Ⅱ-2）、80~40Ma 的南侧洋壳地貌（Ⅱ-3）、<40Ma 的北侧洋壳地貌（Ⅱ-4）、80~40Ma 的北侧洋壳地貌（Ⅱ-5）、120~80Ma 的北侧洋壳地貌（Ⅱ-6）和>120Ma 的北侧洋壳地貌（Ⅱ-7）。

以西南印度洋为例（图4-6），随后，侧重小于40Ma 的洋壳地貌（Ⅱ-4），以大型转换断层和其间的洋中脊构造地貌的相似性，将研究区划分为4个三级构造地貌单元（即西南印度洋中脊的一级分段，图4-6），自西向东分别是：Prince Edwards 和 Andrew Bain 转换断层以西的超级洋中脊段（Ⅱ-4-1）、Andrew Bain 和 Discovery Ⅱ 转换断层间的超级洋中脊段（Ⅱ-4-2）、Discovery Ⅱ 和 Gallieni 转换断层间的超级洋中脊段（Ⅱ-4-3）、Gallieni 和 Melvillie 转换断层之间的超级洋中脊段和 Melvillie 转换断层以东的超级洋中脊段（Ⅱ-4-4）。它们具有不同的扩张速率，且扩张方向和洋中脊具有不同的交角。之后，选择 Discovery Ⅱ 和 Gallieni 转换断层间的超级洋中脊段（Ⅱ-4-3），以次级转换断层为界，将该三级构造地貌单元再划分了 3 个四级构造地貌分段（即西南印度洋中脊的二级分段，图4-7）：Indomed 破碎带以西两个（Ⅱ-4-3-1 和 Ⅱ-4-3-2），以东一个（Ⅱ-4-3-3）且较长。

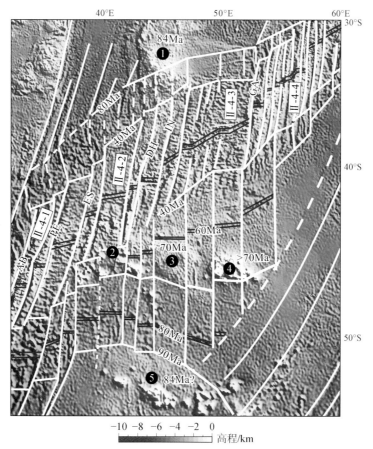

图4-6　西南印度洋三级洋底构造地貌划分与水深分布

三级构造地貌单元：Ⅱ-4-1 为 Prince Edwards 和 Andrew Bain 转换断层以西的超级洋中脊段；Ⅱ-4-2 为 Andrew Bain 和 Discovery Ⅱ 转换断层间的超级洋中脊段；Ⅱ-4-3 为 Discovery Ⅱ 和 Gallieni 转换断层间的超级洋中脊段；Ⅱ-4-4 为 Gallieni 和 Melvillie 转换断层之间的超级洋中脊段；Ⅱ-4-5 为 Melvillie 转换断层以东的超级洋中脊段。其余地貌单元和转换断层名称同图4-5

为了详细了解洋中脊宏观行为，可以进一步根据该段微构造地貌，将 Indomed 破碎带以东（Ⅱ-4-3-3）的洋中脊段自南向北划分为三个五级微构造地貌单元，分别为：北侧地貌单元（Ⅱ-4-3-3-1）、中央裂谷地貌单元（Ⅱ-4-3-3-2）和南侧地貌单元（Ⅱ-4-3-3-3）(图4-7)。

以中央裂谷地貌单元（Ⅱ-4-3-3-2）为例，根据洋中脊走向变化和火山岩等为原则，可以自西向东精细划分为3个六级构造地貌单元（即图4-6西南印度洋中脊的三级分段）：正向扩张地貌单元（Ⅱ-4-3-3-2-1）、斜向裂谷地貌单元（Ⅱ-4-3-3-2-2）和斜列扩张地貌单元（Ⅱ-4-3-3-2-3）。

因为洋壳主要起源于洋中脊，为了详细了解洋中脊微观行为，以断裂组合样式、倾向、走向等构造特征和微地貌特征为原则，选择斜列扩张地貌单元（Ⅱ-4-3-3-2-3），最终自西向东划分为3个七级构造地貌单元（即图4-7中洋中脊三级分段的斜列扩张地貌成因类型的细分），分别称为：直线型雁列式组合段（Ⅱ-4-3-3-2-3-1）、斜线型雁列式组合段（Ⅱ-4-3-3-2-3-2）和斜线型侧列式组合裂谷段（Ⅱ-4-3-3-2-3-3）。此外，还区分出与洋中脊行为不同的构造地貌单元，如与热点或地幔柱相关的构造地貌，它们往往叠加在上述不同构造单元之上，可以单独编号（图4-6）。如克洛泽热点和马达加斯加热点，它们表现为深海台地，可以和洋中脊发生脊-柱相互作用，从而表现出一些特殊的微构造地貌，如35°E~40°E的串珠状离轴火山或长垣地貌。

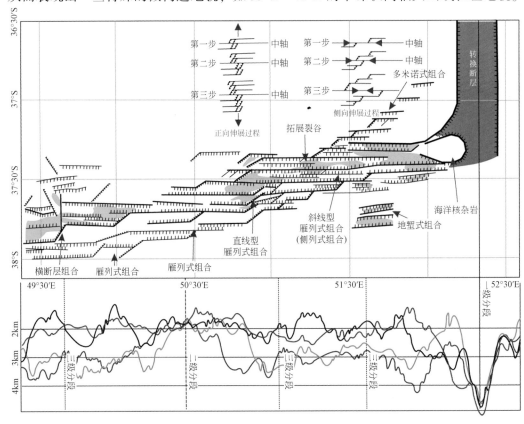

图4-7 西南印度洋 Indomed 和 Gallieni 转换断层间的洋中脊构造分段

剖面图为沿轴地形

4.1.2 构造地貌单元分级

4.1.2.1 一级构造地貌单元

（1）中印度洋地形（Ⅰ）

中印度洋的总体水深较浅，小于4000m；自CIR向两翼水深逐渐增加（图4-5）。

（2）西南印度洋地形（Ⅱ）

该构造地貌单元水深一般在3000m以上，一些异常地貌水深多在1000～2000m。受复杂构造影响，可进一步分成多级别和多类型的构造地貌单元。总体地貌以破碎带曲折且较长、走向NNE向（新的洋壳区）和SN向或NNW向（老的洋壳区）为显著特征（图4-5）。下文的更次级的构造地貌单元分类均以西南印度洋为例。

（3）东南印度洋地形（Ⅲ）

该构造地貌单元水深一般在4000m以上，东北角水深大于5000m。而西南角水深相对较浅，与受热点影响有关；总体地貌以破碎带较长、走向NE向为显著特征（图4-5）。

4.1.2.2 二级构造地貌单元

（1）>120Ma的洋壳地貌（Ⅱ-1）

>120Ma的南侧洋壳地貌：位于Conrad隆起以南，水深总体小于4000m，局部有离轴火山锥。洋中脊总体近EW走向，洋底形成于120Ma之前，死亡的转换断层和相应的破碎带为NE走向（图4-5）。

>120Ma的北侧洋壳地貌：主要分布于非洲大陆以东和Madagascar水下台地以西，中部水深总体大于5000m，地形相对平坦。年代学表明，洋底形成于140～120Ma，死亡的转换断层和相应的破碎带也为NNE走向，记录了西南印度洋的早期演化历史（图4-5）。

（2）120～80Ma的洋壳地貌（Ⅱ-2）

120～80Ma的南侧洋壳地貌：位于Marion、Delcano、Crozet热点群以南，总体水深大于4000m。洋中脊总体也近EW走向，洋底形成于120～80Ma，死亡的转换断层和相应的破碎带也为SN走向（图4-5）。

120～80Ma的北侧洋壳地貌：中部叠加有Madagascar水下台地，高原水深浅于3000m，且中段有一些离轴火山和Madagascar台地相连。未见洋中脊，但磁条带总体也近EW走向，洋底形成于120～80Ma，死亡的转换断层和相应的破碎带也为SN走向。Madagascar高原或台地的年代学结果表明，其形成于90Ma（图4-5）。

（3）80 ~ 40Ma 的洋壳地貌（Ⅱ-3）

80 ~ 40Ma 的南侧洋壳地貌：Conrad、Delcano 和 Crozet 等三个高原或台地的年代学结果表明，它们形成于 70Ma 左右。Conrad、Delcano 和 Crozet 等三个高原相对洋中脊位置分别是坐轴、偏轴和离轴，水深相对 80 ~ 40Ma 的北侧洋壳地貌水深较浅，可能与 Crozet 和 Delcano 热点有关（图 4-5）。

80 ~ 40Ma 的北侧洋壳地貌：位于 40 ~ 80Ma 的洋壳地貌以北，水深总体大于4000m，西部和东部水深大于4000m（图 4-5）。

（4）<40Ma 的洋壳地貌（Ⅱ-4）

自西向东，洋中脊宽度逐渐变窄，水深总体浅于3000m，由中部向南北两侧水深加深，且北侧水深明显大于南侧水深。洋中脊可以被大型转换断层划分为三个超级分段。东段次级转换断层等间距密集分布，地形和坡度变化较大；中西两段转换断层相对稀少，且贯通性较差，地形和坡度变化不如东段明显，可能与 Madagascar 热点与<40Ma 的洋中脊相互作用有关（图 4-5）。

4.1.2.3　三级构造地貌单元

（1）Prince Edwards 和 Andrew Bain 转换断层以西的超级洋中脊段（Ⅱ-4-1）

整体长度较长，被次级转换断层分割为 6 段，是正向扩张脊段，中部总体上水深偏浅，其北部水深最深大于5000m。脊轴地貌特征具有与太平洋海隆相似的最宽阔的地形地貌，和超慢速扩张脊不吻合，是西南印度洋最为异常的脊段，可能与 Marion 和 Madagascar 热点的额外岩浆供应有关。但它还具有中央裂谷，这点又和慢速–超慢速扩张脊特征类似（图 4-6）。

（2）Andrew Bain 和 Discovery Ⅱ 转换断层间的超级洋中脊段（Ⅱ-4-2）

一般来说，超慢速扩张脊其地形都是陡峭的地形，坡度较大，且中央裂谷显著，但是这段超级洋中脊段出现异常，地形相对平缓，坡度较小，异常的中央裂谷地形水深在3000m 左右，但又显示出快速扩张脊的特点，这种地形地貌和地幔柱–洋中脊相互作用显著的冰岛类似，可能表明有异常岩浆的加入（图 4-6）。

（3）Discovery Ⅱ 和 Gallieni 转换断层间的超级洋中脊段（Ⅱ-4-3）

这段洋中脊也是异常的中央裂谷地形，水深也在3000m 左右，但是异常宽度没有 Andrew Bain 和 Discovery Ⅱ 转换断层间的超级洋中脊段的显著，可能表明额外岩浆供给相对少（图 4-6，图 4-7）。

（4）Gallieni 转换断层以东的超级洋中脊段（Ⅱ-4-4 和 Ⅱ-4-5）

该超级洋中脊段为正常的中央裂谷地形，水深也在4000m 左右，次级转换断层极其发育，至少 6 个四级段，密集且近等间距分布（图 4-6）。

4.1.2.4　四级构造地貌单元

（1）Indomed破碎带以西（Ⅱ-4-3-1和Ⅱ-4-3-2）

相对东侧这两个单元较窄，中部洋中脊相对水较大，但两侧水深相对东侧单元变浅，可能与Madagascar高原密切相关。

（2）Indomed破碎带以东（Ⅱ-4-3-3）

总体特征是中部为一个相对高地形区域，洋底形成年龄小于10Ma，向两侧水深逐渐加深，年龄逐渐变大。

4.1.2.5　五级构造地貌单元

（1）北侧地貌单元（Ⅱ-4-3-3-1）

北侧水深由3000m向北逐渐加深到4000m，西部发育几条NNE向的破碎带，东部海山分布复杂，精细地貌表现为雁列式的海山排列。

（2）中央裂谷地貌单元（Ⅱ-4-3-3-2）

中央地形相对高起，这与洋壳年轻有关，洋壳可能没有经受充分冷却，水深在2000~3000m，中部发育不连续的裂谷，单个裂谷表现为菱形，类似拉分盆地，与洋中脊的拓展连接有关。

（3）南侧地貌单元（Ⅱ-4-3-3-3）

南侧地貌单元的西部也发育几条NNE向的破碎带，但不明显，东部海山分布在精细的地貌图上也表现为雁列式的海山排列。因此，南侧的地貌格局和北侧地貌单元的格局基本对称、类似，是洋中脊对称生长的表现，但是水深总体相对北侧较浅，主体水深在2000~3000m，这可能和南部的Crozet热点相关。

4.1.2.6　六级构造地貌单元

正向扩张地貌单元（Ⅱ-4-3-3-2-1）：扩张方向和洋中脊段垂直。

斜向裂谷地貌单元（Ⅱ-4-3-3-2-2）：裂谷轴和上一级次的洋中脊总体走向斜交。

斜列扩张地貌单元（Ⅱ-4-3-3-2-3）：中央裂谷轴在该段由几个斜列的裂谷组成（图4-4）。

4.1.2.7　七级构造地貌单元

（1）直线型雁列式组合段（Ⅱ-4-3-3-2-3-1）：表现为两侧平行洋中脊的主断层基本平行洋中脊展布，但斜交洋中脊的断层随着洋中脊不断扩张，斜交断层不断向两侧外移，导致斜交断层呈雁列式，但它们的中心依然沿一条垂直洋中脊的直线分布（图4-7）。

（2）斜线型雁列式组合段（Ⅱ-4-3-3-2-3-2）：表现为两侧平行洋中脊的主断层基本平行洋中脊展布，呈雁列式展布；斜交洋中脊的断层随着洋中脊不断扩张，斜交断层也不断向两侧外移，导致斜交断层也呈雁列式，它们的中心沿一条与洋中脊斜交的斜线分布（图4-7）。

（3）斜线型侧列式组合裂谷段（Ⅱ-4-3-3-2-3-3）：表现为两侧平行洋中脊的主断层基本平行洋中脊展布，呈侧列式展布；斜交洋中脊的断层随着洋中脊不断扩张，斜交断层不断向两侧外移，导致斜交断层呈雁列式，它们的中心也沿一条与洋中脊斜交的斜线分布（图4-7）。

根据调查精细程度，每个七级构造地貌单元还可以进一步细分微地貌类型，如Sauter等（2002）划分的平顶海山（flat-topped seamounts）、丘状台地（hummocky terrains）和平缓岩流（smooth flows）及构造发育区（tectonised area），在不同的区段这四种微地貌所占比例是变化的，通常以一种或某两种为主。这种非常精细的微地貌划分对研究扩张速率低于10mm/a的洋中脊生长行为和增生方式非常有用。

4.2　典型构造分析

Sandwell等（2014）发表的基于卫星测高计算的重力垂直梯度数据（vertical gravity gradient data，VGG）揭示出东北印度洋古近纪海底的一系列特殊的典型线状构造，如死亡的印度–南极洲洋中脊、假断层和Mammerickx微板块等，精度可高达6km。借助磁异常特征限定的线状构造年龄，可以更好地恢复东北印度洋的构造演化历史。根据这些新的技术手段，洋底构造细节越来越清晰，研究越来越深入。

4.2.1　地幔柱–洋中脊相互作用

印度板块向北漂移过程中经过留尼汪、凯尔盖朗等地幔柱时，在洋底分别产生了规模巨大的大火成岩省和可以指示其运动轨迹的海底高原或海岭等特殊地貌（Curray and Munasinghe，1991；Storey et al.，1995；Müller et al.，1997），这些大火成岩省和特殊地貌多表现为相对周边水深较浅、面积较大、负重力异常等特征。热点或地幔柱特征多样，如活动强弱、规模大小、与洋中脊的相对位置关系等，洋中脊–热点相互作用的重要参数之一就是两者的相对运动和位置关系，相对位置的远近在地球化学（尤其是同位素）特征上有明显的体现；同时，洋中脊–热点相互作用强度随二者距离的增大而逐渐减小直至消失。归纳起来，洋中脊–热点相互作用过程大致经历了三个阶段。

1）热点靠近洋中脊的离轴作用，岛状或链状海山群、线型海岭形成；富集型的地幔柱物质逐渐混染到亏损地幔，同位素地球化学显示出地幔亏损程度逐渐减小的特征。

2）热点到达洋中脊的中轴作用，洋中脊之下热异常并有充足岩浆供应，形成海底火山平原或海底高原；地幔亏损程度达到最低。

3）热点逐渐远离洋中脊的离轴作用，海山、海脊和海岭出现；地幔亏损程度逐渐加大。大火成岩省、海岭等所表现出的不同的地质、地球物理特征为建立洋中脊-热点相互作用的热力学模式提供了依据。

4.2.1.1 马里昂热点

马里昂（Marion）热点是印度洋一个潜在的最为古老的热点（>184～183Ma），形成了南非的卡鲁（Karoo）溢流玄武岩（Frey et al.，2000），也有可能形成了马达加斯加白垩纪溢流玄武岩的主体（Storey et al.，1995；Mahoney et al.，1991）。靠近马里昂热点的西南印度洋洋中脊区段发育 ABFZ、MFZ、PEFZ 等多条大型转换断层，如果以 700km 作为地幔柱的影响半径，则 GAFZ 和 MFZ 分别控制了马里昂热点影响的东西边界，这两条断层围限的区块洋壳厚度陡然增厚（图4-2）。

根据洋壳厚度、同位素地球化学等特征，可以将该热点的活动划分为三个阶段。

1）90～70Ma 位于西南印度洋洋中脊以北并逐渐靠近洋中脊的离轴作用。广泛分布的玄武岩和流纹岩等的地球化学及岩石学数据明确揭示，90Ma 时马里昂热点位于马达加斯加东部（Storey et al.，1995），与现今的位置没有太大差别，可以看作马里昂热点在最近90Ma 以来相对地磁极基本没有移动的证据。90Ma 时卡鲁海台和康拉德海台在位置上重合。马里昂热点自 87.6Ma 开始在马达加斯加南部和马里昂岛之间形成了马达加斯加海脊，岩浆作用持续了 6Myr（Storey et al.，1995；Georgen et al.，2001；O'Neill et al.，2003），在强烈的热点活动作用下表现为该时期该区域较低的重力异常和超厚洋壳（图4-8）。84Ma 时马里昂热点位于马达加斯加东南，此时康拉德和马达加斯加海台基本分开，康拉德隆起所在的洋壳已经形成（张涛等，2011）。该阶段罗德里格斯三节点位于马达加斯加海台东侧并且缓慢向北东方向移动。

2）70～30Ma 中轴岩浆作用。约70Ma 时罗德里格斯三节点进一步靠近马里昂热点，在 SWIR 两侧形成分别形成 Del Cano 隆起的东部和马达加斯加海台的东南部，此时位于印度大陆东南的克罗泽热点所处的洋壳南部也已出现。约60Ma 时罗德里格斯三节点快速向北东方向移动，其移动的速度达到了现今扩张速率的 8 倍，连续而稳定地生成了 INFZ、GAFZ 和 AIIFZ。此时马里昂热点接近或位于 SWIR 之上，强

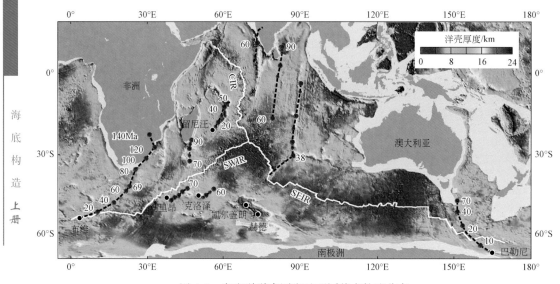

图 4-8　印度洋洋壳厚度及不同热点轨迹分布

图中数字代表年龄，单位为 Ma。黑色圆圈为现今热点位置。

烈的岩浆活动导致 Del Cano 隆起的中部开始形成。60Ma 之后 SWIR 越过马里昂热点开始向北移动，克罗泽热点此时也已经过 SEIR 进入南极洲板块，SWIR 南翼在马里昂热点和克罗泽热点的联合效应下表现为超负的重力异常和超厚的洋壳。在此期间，GAFZ 和 DIIFZ 分别作为马里昂热点活动效应的东西边界，形成了 SWIR 上自西向东收缩的"V"形海台。

3）30Ma 以来的近轴岩浆作用。在此期间 SWIR 逐渐远离马里昂热点，但一直处在热点的影响范围之内。20Ma 以来 SWIR 相对于马里昂热点由正北方向改为向东运动，在 SWIR 南翼形成了近东西方向分布的超负重力异常和超厚洋壳（图 4-8）。在整个过程中，克洛泽热点轨迹并不存在明显的地形异常（张涛等，2011）。

4.2.1.2　留尼汪地幔柱

留尼汪（Réunion）地幔柱现今位于中印度洋洋中脊西侧、洋壳年龄为 65Ma 的海底之上。拉克代夫-查戈斯（Laccadive-Chagos）脊和南马斯克林（Mascarene）高原均被认为是 65Ma 以来留尼汪地幔柱的活动在印度洋留下的特殊构造。90Ma 左右，马里昂热点的强烈活动造成了马达加斯加高原附近广泛分布的玄武岩和流纹岩，随后印度板块从非洲板块裂离，塞舌尔高原与印度板块分离，毛里求斯等微陆块从马达加斯加高原裂离，马斯克林海盆打开［图 4-9（a）］。84～61Ma，相对于非洲板块，印度板块的运动速度有三次大幅度增加（从 5cm/a 增加至 15cm/a），时间分别为 80Ma、73.6Ma 和 70Ma［图 4-9（b）］，导致非洲-印度板块洋中脊逐渐向西南方向跃迁，形成了一系列 NE-SW 方向的转换断层，如毛里求斯转换断层。毛

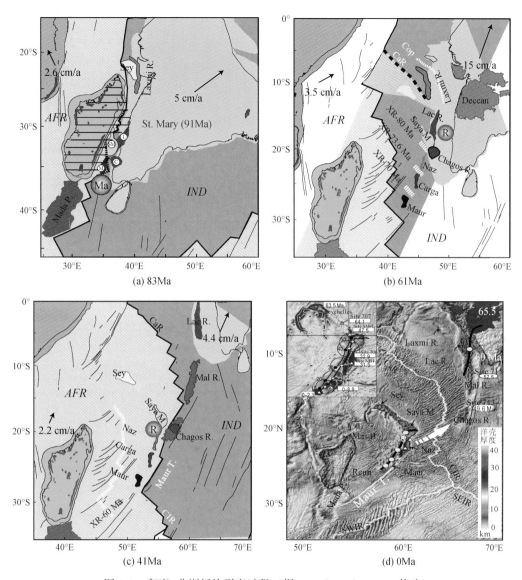

图 4-9　印度-非洲板块裂离过程（据 Torsvik et al.，2013 修改）

AFR. 非洲板块；IND. 印度板块。黑色箭头指示板块的运动方向和运动速度。R. 留尼汪（Réunion）热点；Ma. 马里昂（Marion）热点。白色点线表示消亡的古洋脊 XR，红色数字表示古洋脊年龄。（a）83Ma，Mascarene 海盆打开。M. 毛里求斯（Mauritius）；C. 查戈斯（Chagos）；SM 和 Saya M. Saya de Malha 浅滩；L. 拉克代夫（Laccadive）海脊。这些微陆块仍和马达加斯加（Madagascar）一体或者刚从马达加斯加裂离，位于非洲板块上，但经过后期三次洋中脊南西方向的跃迁，最终归位与非洲板块之上。（b）61Ma 时，留尼汪地幔柱活动导致了洋中脊南西方向的跃迁，卡尔斯伯格（Carlsberg）洋中脊出现。（c）41Ma 时，洋中脊发生北东方向的跃迁，除查戈斯海脊之外的其他微陆块重新返回非洲板块。（d）CIR（中印度洋洋中脊）现今洋壳厚度。黑色粗线表示留尼汪热点活动轨迹，黄点表示不同时期的热点位置，白色字为年龄。Sey. 塞舌尔；Laxmi R.. 拉克希米海脊；Mada P.. 马达加斯加高原；CaR. 卡尔斯伯格洋中脊；Lac R.. 拉克代夫海脊；Deccan. 德干高原；Chagos R.. 查戈斯海脊；Naz. 拿撒勒；Carga. 卡加多斯；Maur. 毛里求斯；Mal R.. 马尔代夫海脊；Maur T.. 毛里求斯转换断层；Reun. 留尼汪；Mas B.. 马斯克林海盆；Mada P.. 马达加斯加高原

里求斯等微陆块沿这些转换断层也逐渐迁移到北东方向的印度板块（Torsvik et al.，2013）。在此期间约 65.5Ma 时，位于印度西南的留尼汪地幔柱（距离非洲-印度板块扩张中心约 500km）开始强烈活动，导致了非洲-印度板块的快速分离和德干玄武岩溢出，塞舌尔高原和拉克西米海脊之间的海底扩张开始，卡尔斯伯格洋中脊出现。约 60Ma 时，非洲-印度板块洋中脊开始向北东方向跃迁，马斯克林海盆扩张终止 [图 4-9（c）]。留尼汪热点的活动可以划分为两个阶段。

1）60～56Ma，留尼汪热点靠近中印度洋洋中脊的离轴过程。60Ma 时留尼汪热点位于卡尔斯伯格洋脊的东南 [图 4-9（b）]；至 56Ma 时，非洲-印度板块继续向西南方向运动，非洲-印度板块洋中脊北段与卡尔斯伯格洋中脊重合，完整的中印度洋洋中脊雏形开始出现。毛里求斯微陆块（拉克代夫除外）和塞舌尔高原位于非洲板块之上，留尼汪地幔柱逐渐靠近非洲板块并位于中印度洋洋中脊之上。

2）56Ma 以来远离洋中脊的离轴运动。40Ma 左右，位于缓慢运动（~2cm/a）的非洲板块之下的留尼汪地幔柱再次强烈活动，它对洋中脊的吸引作用导致洋中脊向西南方向跃迁，查戈斯洋中脊从马斯克林高原裂离并成为印度板块的一部分 [图 4-9（c）]。40Ma 之后，留尼汪热点活动减弱，热点与中印度洋洋中脊的距离也逐渐增大（Torsvik et al.，2013）[图 4-9（d）]。沿现今马斯克林高原向南至毛里求斯一线，玄武岩样品的同位素分析结果表现出同位素的亏损程度随时间减弱的特征，也印证了留尼汪热点逐渐远离洋中脊的推论。

4.2.1.3　凯尔盖朗地幔柱

凯尔盖朗（Kerguelen）地幔柱被认为位于凯尔盖朗群岛之下，49°S、69.5°E 位置（Frey et al.，2000）。当印度从澳大利亚-南极洲分离出来，凯尔盖朗地幔柱开始活动至今至少已有 115Myr，也许长达 130Myr 之久。凯尔盖朗地幔柱被认为对包括东经 90°海岭（Ninetyeast Ridge，NER）、布罗肯海岭（Broken Ridge）和海洋的第二大高原凯尔盖朗高原（Kerguelen Plateau）在内的印度洋盆地的广泛热点火山作用起了重要作用。此外，凯尔盖朗地幔柱亦形成了南半球喷发的玄武岩特征、DUPAL 同位素异常。凯尔盖朗和赫德（Heard）群岛建造在古老的凯尔盖朗台地的北半部，较高的大地水准面指示存在地幔物质上涌现象。其上的玄武岩有着强烈的 DUPAL 特征。Graham 等（1999）根据 77°E～88°E 东南印度洋洋中脊脊段玄武质玻璃的 He 同位素分析结果，揭示该脊段存在高 ^{3}He/^{4}He 值的地幔柱组分供应（Graham et al.，1999），该地幔柱从地球浅部北北东向流向东南印度洋洋中脊，与软流圈物质流模型的结果一致（Mara and Jason，1998）。这种地幔柱与印度洋岩石圈的相互作用对整个印度洋盆地地球化学和构造演化有潜在的影响。

现今的火山中心在北部凯尔盖朗高原上（Barling，1994），自北向南凯尔盖朗高原年龄具有递进关系：近来在最北端的 1140 和 1139 钻孔获得年龄分别为 34Ma 和 68Ma，在中部高原获得（1138 钻孔）100.4Ma±0.7Ma 的年龄（Duncan，2002），南部高原年龄为 119～118Ma（1136 钻孔）（Duncan，2002）和 112～110Ma（749 和 750 钻孔）（Coffin et al.，2002）。凯尔盖朗高原对应着印度–澳大利亚板块上年龄大于 95Ma 的布罗肯（Broken）高原（Duncan，2002；O'Neill et al.，2003），两者沿东南印度洋洋中脊对称分布。凯尔盖朗地幔柱的活动可以划分为以下三个阶段（Charvis et al.，1995）。

1）位于古洋中脊之下的中轴活动。约 115Ma 时，凯尔盖朗地幔柱开始活动，南极洲板块和印度板块开始裂离，东印度洋北西—南东方向的海底扩张开始，东南印度洋洋中脊的西段和沃顿（Wharton）洋中脊出现，洋壳性质的凯尔盖朗南部高原和布罗肯海底高原也开始出现，此时岩浆供应速率较大、地幔温度高。

2）100～38Ma 的板内火山活动。至 100Ma 时，沃顿洋中脊位于凯尔盖朗地幔柱之上并向北运动，凯尔盖朗高原也向北拓展。直至 84Ma 时，沃顿洋中脊开始远离凯尔盖朗地幔柱。60Ma 时，布罗肯高原和凯尔盖朗高原开始裂解，东南印度洋洋中脊中段出现。此时伴随着地幔温度的降低，凯尔盖朗地幔柱活动较弱、岩浆供应速率也降低，较为年轻的凯尔盖朗北部高原形成（Charvis et al.，1995）。在凯尔盖朗南部高原和布罗肯高原发现的年龄大于 85Ma 的玄武岩，表现出带有陆壳性质的 Sr-Nd-Pb 同位素和微量元素组成，可能的解释为在南极洲板块和印度板块分离过程中，地幔柱遭到了循环的陆壳物质的混染作用或者是陆壳碎片在此地的残留（Frey et al.，2000）。Elan Bank 就被认为是一个位于南部高原西缘的不早于 124Ma 的微大陆残片（Weis et al.，2001）。

3）38～25Ma 位于洋中脊之上或位于洋中脊附近的逐渐减弱的中轴活动。

4）～25Ma 以来逐渐远离洋中脊的离轴活动。在圣保罗（St. Paul）高原南东约 60km 的东南印度洋洋中脊之上，发现了类似凯尔盖朗高原同位素性质的玄武岩样品，有人推断可能是倾斜的凯尔盖朗地幔柱头与洋中脊相互作用的结果（Michard et al.，1986）。

东经 90 度海岭是位于东印度洋的一条南北向长约 5500km、东西向宽 100～200km 的水下火山型海岭。其最南端自 30°S 一直向北延伸，最后淹没在巨厚的孟加拉冲积扇之下。海岭平均水深 2500m，比两侧洋盆高出 2km 左右。最南部与布罗肯海岭相连，ODP254 和 1141 钻孔获取的玄武岩测年数据分别为 37Ma 和 95Ma，表明海岭南部的形成时期晚于布罗肯海岭。根据地貌可将海岭从北向南分为三段差异明显的部分：5°S 以北呈现较宽而不连续的火山块；5°S 一直到 Osborne Knoll 表现为狭长、连续、线性展布的海岭；Osborne Knoll 以南部分又重新变宽、线性程度降低。海岭东西两侧分别为广袤而平坦的沃顿洋盆和中印度洋洋盆，平均水深约 5000m。

从水深地形图（图4-10）中可以很清楚地看到，在沃顿洋盆（Wharton Basin）中存在若干条与海岭展布大致平行的转换断层。

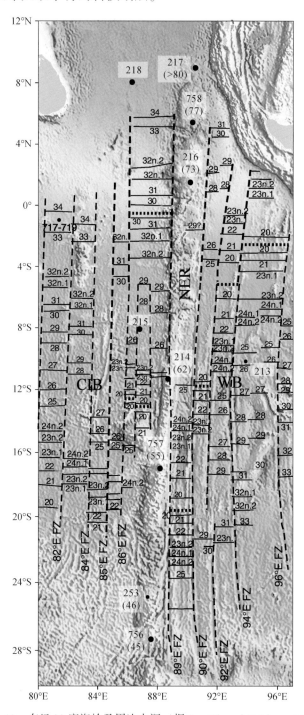

图4-10　东经90度海岭及周边水深（据 Sreejith and Krishna，2015）

黑色点为 ODP 和 DSDP 钻孔位置以及对应的年龄，黑色虚线为破碎带（FZ），黑色点线为死亡的洋中脊，细实线为磁条带，数字为磁条带编号。NER. 东经90度海岭，WB. 沃顿洋盆，CIB. 中印度洋洋盆。

东经 90 度海岭以南为东南印度洋洋中脊，其与海岭最近位置距离约为 900km。Gervemeyer 等（2001）对该地区广角反射地震的调查结果表明，东经 90 度海岭东西两侧为正常的洋壳厚度，为 6.5 ~ 7.0km。而在海岭正下方的地壳受到海岭负载以及底侵的影响，最厚可达 24km。板块重构结合磁条带对比的结果揭示了从澳大利亚板块、南极洲板块和印度洋板块分裂到印度洋形成的发展过程：自晚白垩纪以来，南极洲板块与澳大利亚板块缓慢裂解，一直持续到 46Ma。在此期间，在凯尔盖朗热点以及印度洋板块向北漂移的共同作用下，东经 90 度海岭北部以及中部形成。之后 3Myr（46 ~ 43Ma），凯尔盖朗海台南部 Labuan 盆地与澳洲板块西南侧的 Diamantina Zone、北凯尔盖朗海台与布罗肯海岭先后相继分开。在 43 ~ 37Ma，伴随着热点的一期岩浆活动，塑造了东经 90 度海岭的南部。东南印度洋洋中脊继续扩张，在 37Ma 将海岭与热点隔开，东经 90 度海岭的生长过程到此结束。东经 90 度海岭是热点、板块扩张与洋中脊迁移共同作用的产物。凯尔盖朗热点提供了海岭形成的物质来源，印度洋板块扩张完成了海岭空间展布，东南印度洋洋中脊控制了岩浆物质喷出的位置，影响到海岭的空间连续性和几何形态。

4.2.1.4　巴勒尼地幔柱

巴勒尼（Balleny）岛链是约 10Ma 以来巴勒尼地幔柱导致的板内火山作用的结果。巴勒尼玄武岩样品的 $^{40}Ar/^{39}Ar$ 定年揭示出巴勒尼火山活动大概以 7cm/a 的速度自南向北有规律地活动，与南极洲板块向南扩张的速率一致，故推断在此阶段巴勒尼热点在做远离洋中脊的离轴岩浆作用（图 4-8）。

在 81Ma 时，太平洋–南极洲洋中脊向西推进，塔斯曼海海底开始扩张（Bradshaw，1989），可能与巴勒尼地幔柱活动同时发生（Lanyon et al.，1993）。Duncan 和 Hargraves（1990）曾将巴勒尼地幔柱的活动轨迹从巴勒尼群岛经现在的澳大利亚–南极洲洋中脊，即东南印度洋洋中脊，恢复到东塔斯曼海台，认为巴勒尼地幔柱于 45 ~ 40Ma 在塔斯曼东部受到塔斯曼碱性玄武岩的异常同位素和微量元素特征的影响。表征巴勒尼碱性火山岩的低 $^{87}Sr/^{86}Sr$（0.7029 ~ 0.7031），高 $^{143}Nd/^{144}Nd$（0.5128 ~ 0.5130）及特殊的 Pb 同位素比值与放射性成因更显著的太平洋–大西洋洋中脊玄武岩部分一致，并组成 Hart（1988）的不富集地幔组合中的巴勒尼同位素特征，后者包括亏损 MORB 地幔和 HIMU 端元地幔组分。巴勒尼火山岩缺失富集地幔组分（EM），这是高纬度洋岛玄武岩（OIB）的特征（Hart，1988）。尽管巴勒尼火山岩有其典型的洋岛玄武岩不相容元素的富集，但它们具有将 HIMU 端元与其他 OIB 玄武岩相区别的其他地球化学特征（Weaver，1991）。年龄约小于 47Ma 的巴勒尼碱性玄武岩与巴勒尼火山岩相似，具有低 $^{87}Sr/^{86}Sr$、高 $^{143}Nd/^{144}Nd$ 及明显低的 $^{206}Pb/^{204}Pb$。塔斯曼古近纪火山区是受到该时期冈瓦纳之下巴勒尼地幔柱的上涌而发育起来的。

约 45Ma 时，澳大利亚-南极洲板块的扩张速率显著加快，巴勒尼地幔柱活动增强，塔斯曼厚层玄武岩堆积。此时，塔斯曼古近纪碱性火山活动造成的巴勒尼地幔柱物质在岩石圈下的侧向流和在澳大利亚-南极洲板块的东南印度洋洋中脊，正试图与其东面继续向西推进的太平洋-南极洲洋中脊连接。地幔柱物质溢流施加在下伏于塔斯曼下增厚岩石圈的力，促使东南印度洋洋中脊沿塔斯曼破碎带向南迁移了约 1000km（Veevers and Li，1991），GEFZ、TAFZ 和 BAFZ 大型转换断层依次形成。约 10Ma 时，东南印度洋洋中脊与太平洋-南极洲洋中脊彻底贯通，东南印度洋洋中脊大概位于巴勒尼地幔柱之上。随着澳大利亚-南极洲洋中脊的北移，巴勒尼地幔柱导致了南极洲板块的板内火山作用。巴勒尼地幔柱的活动可能与塔斯曼海、西南太平洋和冈瓦纳东部裂离的海底扩张启动有关（Lanyon et al.，1993）。

4.2.2　微板块

按照组成和性质划分，微板块可以分为微陆块、微洋块和微幔块（Li et al.，2018）。印度洋发育的微陆块包括塞舌尔、马达加斯加、莫桑比克、厄加勒斯、埃朗浅滩（Elan Bank）、纳多鲁列斯，通常被认为是冈瓦纳大陆裂解成因。重力数据揭示出印度洋也存在微洋块，本节只对微洋块进行讨论，下述内容中的微板块也特指微洋块。

微板块形成和洋中脊拓展的研究最早开始于太平洋，已有四十多年。海底扩张过程中，洋中脊的跃迁或拓展性生长可以导致微板块从一个大板块转移或增生到另一个大板块。洋中脊的拓展性生长更容易捕获刚性的岩石圈块体，形成微板块。由此，微板块最初被定义为被两条活动的洋中脊所围限的、相对周围板块独立旋转的刚性岩石圈块体（Mammerickx and Klitgord，1982）。海底扩张活动逐渐变弱直至在洋中脊某一端停止，导致微板块从洋中脊脱离并慢慢转化为相邻主板块的一部分。可见，微板块由两部分组成：捕获的岩石圈板块和两条洋中脊在双扩张过程中增生的岩石圈板块。后来，基于东南太平洋星期五（Friday）微板块的研究，Tebbens 等（1997）认为洋中脊在持续扩张即不发生死亡的情况下，也会形成微板块。星期五微板块是太平洋-纳兹卡-南极洲三节点从 12Ma 开始阶段式跃迁过程中形成的。三节点的一支——智利洋中脊即纳兹卡-南极洲洋中脊不断向其北部的纳兹卡板块拓展，在其两侧分别形成具有负重力异常的星期五和 Crusoe 假断层。这两条标志了微板块边界的假断层在洋中脊两侧不对称分布，证实了微板块在形成过程中发生了旋转（图 4-11）。

由此，根据洋中脊的活动性，微板块被划分为活动型和死亡型两种（Matthews et al.，2016）。在东北印度洋东经 90 度海岭西侧、21.5°S 附近，VGG 揭示出洋壳

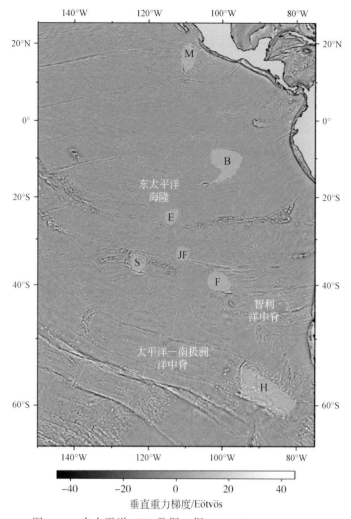

图 4-11　东太平洋 VGG 数据（据 Sandwell et al.，2014）

绿色透明区块标识了活动型或死亡型微板块。太平洋-南极洲洋中脊和东太平洋海隆为 VGG 正异常，智利洋中脊为 VGG 负异常。死亡型微板块：B. 鲍尔（Bauer）；F. 星期五（Friday）；H. 哈德孙（Hudson）；M. 数学家（Mathematician）；S. 塞尔扣克（Selkirk）。活动型微板块：E. 复活节（Easter）；JF. 胡安·费尔南德斯（Juan Fernandez）

年龄为 47.3～43.4Ma 的死亡型 Mammerickx 微板块的存在 [图 4-12（a）和（c）]。Mammerickx 微板块北部边界为一条近 NWW-SEE 向、长度超过 500km 的死亡洋中脊，这条死亡洋中脊由一系列 30～70km 长、左阶排列的次级脊段组成，总体表现为 VGG 负异常；其南部边界为一条 NW-SE 向、长 350km 的假断层，总体表现为 VGG 低异常（图 4-12 和图 4-13）。两条边界均斜交于现今一系列南北向展布的转换断层（图 4-12 和图 4-13 中的 A、B、C、E）。Mammerickx 微板块北侧年龄超过 49.3Ma的洋壳内识别出 W 形构造行迹，推测为洋中脊反复的、向前或向后的跃迁行为所导致（Morgan and Sandwell，1994）。Mammerickx 微板块最东部的南北两侧、年龄为 49.2～43.4Ma 的洋壳内均识别出海底丘陵地貌（AHF）：南侧近东西向，垂直于磁条带展布；北侧 AHF 的走向相对于南部逆时针旋转了 25°，不垂直于洋中脊或磁条带分布，说明北侧 AHF 在形成之后或形成过程中发生了逆时针旋转。

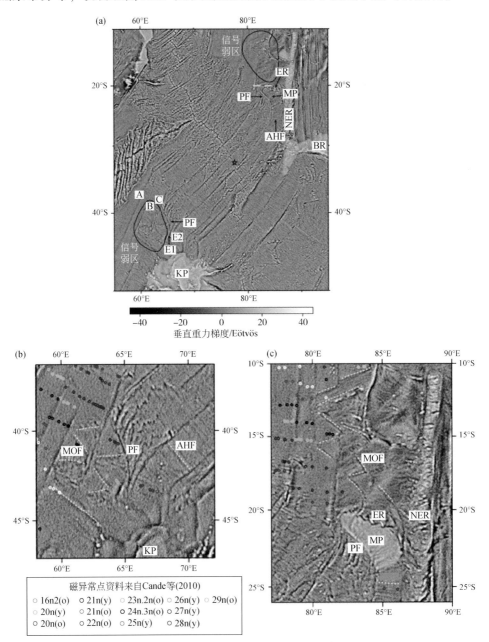

图 4-12　印度洋 VGG 数据揭示的洋底构造

（a）黄色透明区块为大火成岩省（黑色实线为微板块的发育范围）；（b）凯尔盖朗高原北部微板块；（c）Mammerickx 微板块。AHF. 海底丘陵（Abyssal Hill Fabric）；BR. 布罗肯海岭（Broken Ridge）；ER. 死亡洋中脊（Extinct ridge）；KP. 凯尔盖朗高原（Kerguelen Plateau）；MOF. 断错洋中脊的迁移轨迹（Migrating Offset Fabric，由于洋中脊拓展的前后移动形成 W 形，用白色虚线表示，表现为负的 VGG 异常）；MP. Mammerickx 微板块（Mammerickx Microplate，绿色透明区块）；NER. 东经 90 度海岭（Ninetyeast Ridge）；PF. 假断层（Pseudofault）；

A、B、C 为不同的破碎带代号，详情见正文。

在南极洲板块内部、凯尔盖朗高原北侧，同样识别出一条 NW–SE 向、VGG 低异常的假断层和年龄超过 49.3Ma 的洋壳内的 W 形构造行迹 [图 4-12（b）]。这些构造形态与印度板块内部识别出来的构造形态相对于东南印度洋洋中脊对称分布，假断层的东端分别起始于同一条转换断层（图 4-12 和图 4-13 的 E1 和 E2）的南、北两端，走向与之垂直。说明这些对称的构造行迹是在东南印度洋打开之前形成的，东南印度洋洋中脊于 43.4Ma 沿假断层、平行于破碎带 E1 和 E2 方向开始扩张，假断层等构造行迹在东南印度洋洋中脊两侧对称分布。Mammerickx 微板块的形成过程如图 4-14 所示。

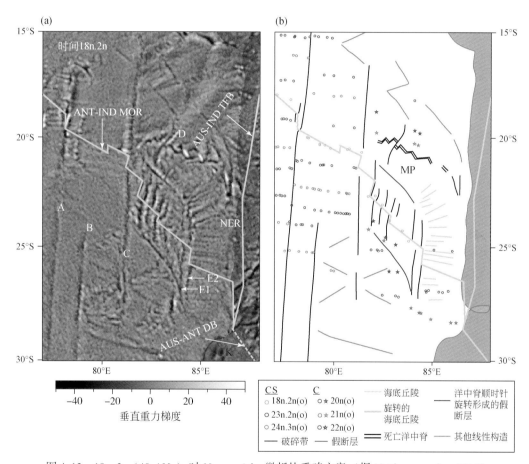

图 4-13　18n.2n（40.1Ma）时 Mammerickx 微板块重建方案（据 Matthews et al.，2016）

（a）VGG 数据；（b）构造解释方案。ANT-IND MOR. 南极洲–印度洋洋中脊（Antarctic-Indian mid-oceanic ridge）；AUS-ANT DB. 推测的澳大利亚–南极洲边界（Australian-Antarctic diffuse boundary）；AUS-IND TFB. 澳大利亚–印度转换断层（Australian-Indian transform boundary）；K. 凯尔盖朗高原（Kerguelen Plateau）；NER. 东经 90 度海岭（Ninetyeast Ridge）；MP. 微板块（Mammerickx microplate）；A、B、C、D、E1、E2 为破碎带代号，详情见正文。

板块运动方向的改变（Schouten et al.，1993；Bird and Naar，1994；Eakins，2002）和热点–快速扩张脊的相互作用被认为是洋中脊拓展和微板块形成的触发或

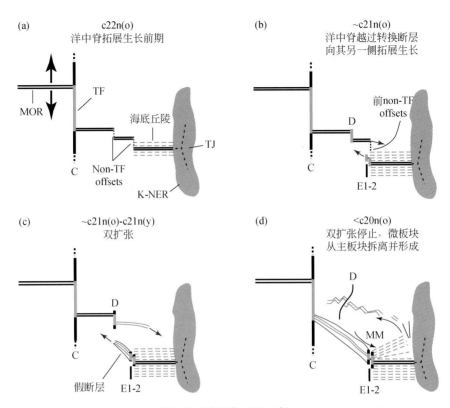

图 4-14　Mammerickx 微板块形成演化过程（据 Matthews et al.，2016）

（a）22n（o）（49.3Ma）：印度–南极洲洋中脊南北向扩张，洋中脊自西向东依次被转换断层 C、两个非转换断层错断，洋中脊东段向西拓展性生长，其两侧发育海底丘陵地貌。在此之前，印度–南极洲洋中脊非转换断层错断的脊段反复向前或向后的跃迁，在年龄超过 49.3Ma 的洋壳内形成 W 形构造行迹。（b）21n（o）（47.3Ma）：两个非转换断层错断分别发展为破碎带 D、破碎带 E1 和 E2，洋中脊东段（破碎带 E2 以东）继续向西拓展性生长，海底丘陵地貌继续发育。（c）洋中脊东段越过破碎带 E1 和 E2 继续向西拓展性生长，形成假断层，被破碎带错断的洋中脊北段（D-E 段）持续活动一小段时间（47.3～45.7Ma），洋中脊双拓展行为出现，Mammerickx 微板块开始形成，D-E 段沿东南方向趋向于微板块核心弯曲伸长并逐渐死亡，破碎带 D 和微板块也随之发生逆时针旋转行为。（d）20n（o）（43.4Ma）：洋中脊双扩张停止，微板块从印度板块拆离出来。伴随着微板块的旋转，洋中脊北侧的海底丘陵也发生了逆时针旋转；之后，东南印度洋洋中脊沿假断层位置开始扩张，假断层和 W 形构造行迹在东南印度洋洋中脊两侧对称分布。桃红色区块为盖尔盖朗地幔柱成因的凯尔盖朗高原和东经 90 度海岭（K-NER），转换断层或破碎带（TF）用绿线表示，非转换断层错断（Non-TF offsets）用洋红色虚线表示，灰色双线表示死亡的洋中脊。MOR. 洋中脊（mid-oceanic ridge）；TJ.（印度洋–南极洲–澳大利亚）三节点（triple junction）

驱动机制（Hey et al.，1985；Bird and Naar，1994；Hey，2004）。位于热点之上的洋中脊形成热且薄弱的洋壳，应力相对集中，沿此洋中脊更容易发生应力场和板块运动方向的改变，如复活节和 Mammerickx 微板块。Mammerickx 微板块形成之前，位于凯尔盖朗地幔柱之上的印度–南极洲洋中脊已经快速扩张了几十个百万年，巨大的盖尔盖朗高原也早已存在，传统的热点–快速洋中脊相互作用貌似不能触发

Mammerickx 微板块的形成，但其对洋底复杂的地貌形态有重要影响。Matthewsa 等（2016）推测，印度-欧亚板块的软碰撞导致了原先的非转换断层错断生长为转换断层，触发了印度-南极洲洋中脊向西的拓展性生长、Mammerickx 微板块的形成。

4.2.3 欧文破碎带

欧文破碎带自希巴海脊（Sheba Ridge）北东向延伸至莫克兰（Makran）海沟，长约800km，分割了阿拉伯、索马里和印度板块，通常被认为是印度洋的转换型大陆边缘（图4-15）。转换型大陆边缘在三大类大陆边缘中研究最少，也是印度洋大陆边缘的最大特色之一。最新的多波束资料和地震资料揭示，欧文破碎带由6条北北东-南南西向、右行右阶排列的走滑断层组成（Fournier et al.，2011），可见，从长时间尺度看，破碎带并非是板块构造理论描述的没有相对运动的不活动构造带

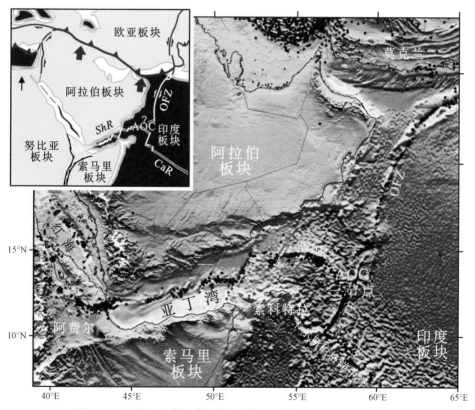

图4-15　欧文破碎带及邻区构造特征（据Fournier et al.，2011）

AFT. 阿卢拉-费尔泰转换断层（Alula-Fartak transform fault）；CaR. 卡尔斯伯格洋中脊（Carlsberg Ridge）；OFZ. 欧文破碎带（Owen fracture zone）；OTF. 欧文转换断层（Owen transform fault）；R. 洋中脊（ridge）；ShR. 希巴海脊（Sheba Ridge）；ST. 索科特拉转换断层（Socotra transform fault）；AOC. 亚丁-欧文-卡尔斯伯格三节点

（无地震分布）。欧文破碎带自北向南控制了 Beautemps-Beaupré 和 20°N 走滑拉分盆地的形成（图 4-16），总断距达 10 ~ 12km、走滑速率为 3±1mm/a。希巴海脊、欧文破碎带和卡尔斯伯格洋中脊连接成亚丁–欧文–卡尔斯伯格（AOC）三节点，欧文破碎带尤其是 AOC 三节点的运动学研究，有助于探讨阿拉伯–索马里板块的相对运动和亚丁湾的打开过程。

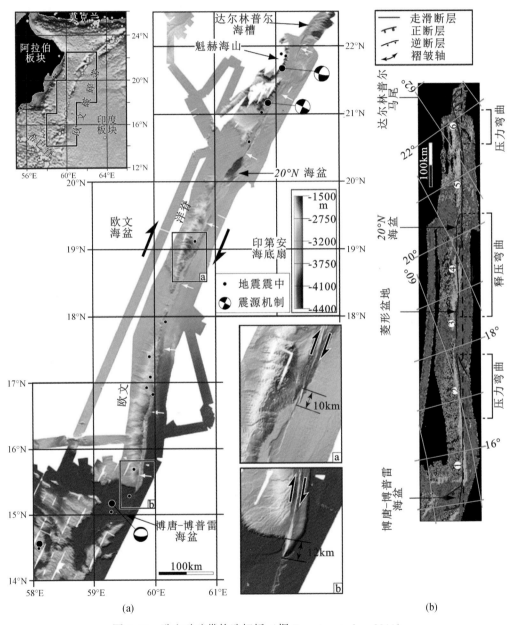

图 4-16　欧文破碎带构造解析（据 Fournier et al.，2011）

新生代时期，新特提斯洋向北东俯冲消亡于欧亚大陆之下，现今的莫克兰俯冲带仍在持续活动。自渐新世时期，俯冲的新特提斯洋板块拖曳力的远程效应和阿费尔地幔柱的活动（Bellahsen et al.，2003），促使阿拉伯板块裂离非洲板块。早中新世开始，亚丁湾海底扩张开始，希巴海脊自东向西朝向阿费尔地幔柱拓展性生长，亚丁—欧文—卡尔斯伯格三节点生成。亚丁湾扩张期间，阿拉伯板块与印度板块之间推测为一条古欧文破碎带（Chamot-Rooke et al.，2009）。直至~6~3Ma，沿土耳其至伊朗一线，阿拉伯-欧亚板块开始碰撞（Axen et al.，2001），安纳托利亚地块向南西挤出（escape），导致该区域广泛的板块重组事件（Armijo et al.，1999），现今的欧文破碎带才开始形成并持续3±1mm/a的走滑速率（Fournier et al.，2011）。

4.2.4 巽他–班达弯山构造

印度洋东北缘为一条复杂的太平洋型活动陆缘。1986 年 10 月~1987 年 5 月，中国进行了第三次南极考察暨首次环球科学考察，共获得 52 780km 的太平洋、大西洋、印度洋三大洋连续重力剖面，填补了我国在大西洋和印度洋重力资料的空白，为海洋地质学和地球物理学研究提供了丰富的第一手资料。穿越该区的一条重力剖面揭示，在巽他弧前有两个强的负空间异常，最西侧一个约–650mGal，它与巽他海沟相对应。与典型的太平洋型活动陆缘相比，这里的海沟不发育，水深仅 4000m，可能主要是来自北方的孟加拉海扇物质的迅速堆积使海沟内沉积厚度比较大造成的，印度洋海水的向北（或略偏东）运动，以及这里发生的主要是走滑运动也是一个重要原因。另一个负的空间异常较大，可达–1000mGal 以下（图 4-17）。引起该异常的原因比较复杂，位于该异常中心的高地是尼科巴海岭（Nicobar Ridge）的向南延伸部分，其东侧为东倾的西安达曼（West Andaman）断层，再向东为明打威前弧盆地的延伸部分（图 4-17）。尼科巴海岭西侧有一水深 2200m 的洼地，位于巽他弧前的构造高（structural high）部位。因此，推测上述三个构造可能是造成该显著负异常的主要原因。巽他弧前的构造高即安达曼–尼科巴–尼亚斯海脊十分发育，增生杂岩受东倾的冲断层错动而形成叠瓦状的楔形山。在重力剖面图上，形成了上述两个负异常峰之间的相对重力高，最大值为+350mGal。西苏门答腊火山弧之上为相对重力高，其东侧的弧后盆地北苏门答腊盆地异常相对降低，最低值位于陆架外侧，其值可达–200mGal 以下，这可能与北苏门答腊盆地厚的古近纪沉积有关。可见，印度洋东北陆缘重力异常面貌复杂，反映该地区处于极不均衡状态，印度洋的北向运动并与岛弧之间呈转换运动是造成该处非典型海沟发育的主要原因。

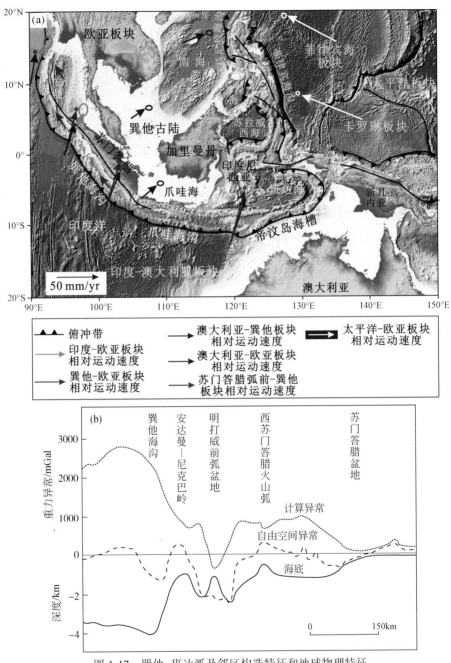

图 4-17 巽他–班达弧及邻区构造特征和地球物理特征

4.2.4.1 巽他弧

作为从苏门答腊到印度尼西亚群岛南部边缘的巽他（Sunda）–班达（Banda）弧，是印度–澳大利亚板块俯冲到欧亚板块东南部之下的一个火山弧（图4-18）。现今，澳大利亚板块沿巽他海沟，即自缅甸（Burma）向南延伸至松巴（Sumba）一线，以6～7cm/a的速率向北北东方向23°运动，与欧亚板块（也有人将其称为欧亚板块中的巽他微板块）发生斜向聚敛俯冲。巽他俯冲带发育完整的沟–弧–盆体系，主要包括巽他海沟、巴里桑（Barisan）岛弧、安达曼（Andaman）海盆地等（图4-18）。巴里桑岛弧宽约100km，以安山岩、英安岩、流纹岩等为主的新生代火山岩直接覆盖在三叠纪地层之上；火山活动最晚起始于渐新世，自南向北活动性减弱，北部的缅甸地区火山活动已经停止，说明其俯冲活动可能也已停止而东巽他仍在继续。除此之外，这一斜向聚敛俯冲在缅甸（Burma）两侧被解耦为两种不同形式的断层运动：

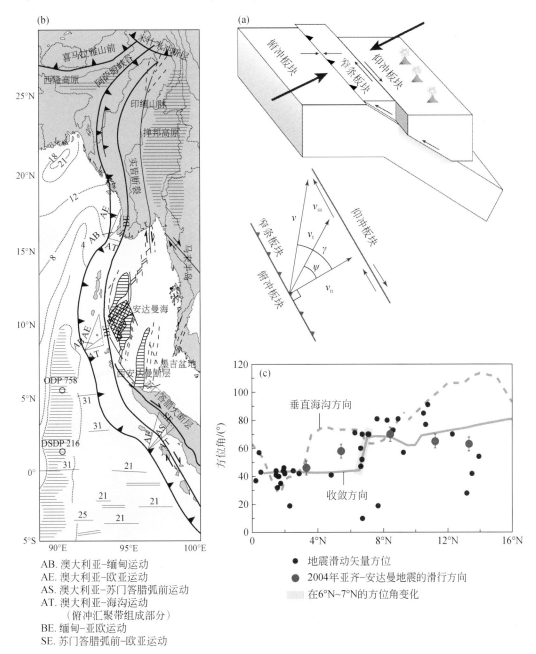

AB. 澳大利亚–缅甸运动
AE. 澳大利亚–欧亚运动
AS. 澳大利亚–苏门答腊弧前运动
AT. 澳大利亚–海沟运动
　　（俯冲汇聚带组成部分）
BE. 缅甸–亚欧运动
SE. 苏门答腊弧前–欧亚运动

● 地震滑动矢量方位
● 2004年亚齐–安达曼地震的滑行方向
▨ 在6°N~7°N的方位角变化

图4-18　班达弧、安达曼海构造特征及板块运动方向（据McCaffrey，2009）

一是沿着巽他海沟发生在印度-澳大利亚板块与缅甸微板块之间的正向俯冲，在仰冲的欧亚板块上表现为缅甸微板块西侧沿着巽他海沟发育的低角度逆冲断层；二是发生在缅甸微板块与欧亚板块主体之间的大规模走向平移运动，在仰冲的欧亚板块上表现为缅甸微板块东侧的北北西走向的苏门答腊（Sumatran）右行走滑断层（马宗晋和叶洪，2005；McCaffrey，2008）（图4-18）。这些断层控制了安达曼弧后盆地的发育（见4.2.5节）。

4.2.4.2 班达弯山构造

班达弧自帝汶岛（Timor）向北延伸至斯兰岛（Seram）和布鲁岛（Buru），呈一个近于180°弯曲、向东凸出的线状岛弧（图4-17），包括内弧（火山弧）和外弧（非火山弧）。内弧的火山活动始于晚中新世（Abbott and Chamalaun，1981；Barberi et al.，1987；Honthaas et al.，1998）；外弧由帝汶岛、斯兰岛和布鲁岛等岛屿组成，逆冲推覆构造（包括原地地层和外来岩体）发育（图4-19）。关于外弧的原地地层，帝汶岛为一套中二叠世至早中新世深海沉积岩，发育紧闭褶皱、反转断层和冲向北西的逆冲推覆构造；在斯兰岛、布鲁岛和澳大利亚西北陆架为中生代—新生代的同一套岩石和构造类型，只是转变为西南方向的逆冲（Barber et al.，1981；Audley Charles，1988）。关于外弧的外来岩体即逆冲推覆体，自下而上主要由Lollotoi和Mutis混杂堆积体（Barber et al.，1981）、晚侏罗世-始新世复理石、早上新世浅海碳酸盐岩组成；帝汶岛的逆冲推覆体厚度要大于斯兰岛。

班达弧特殊的构造形态被很多学者定义为"班达弯山构造"（Milsom，2005；Pownall et al.，2017）。"弯山构造"（Orocline）最早由Carey（1955）提出，被定义为造山带某段绕一垂直轴发生构造旋转形成的弯曲。根据古地磁研究，一部分呈弧形弯曲的造山带在其形成时就呈现弯曲形态；而其余的部分则是由形成时的近似直线型的造山带，因后期差异性构造旋转而导致其走向变化而形成的弯曲，即弯山构造（Marshak，1988，2004；Eldredge，1985；Weil et al.，2010）。可见，班达弯山构造的形成并非可以用简单的单一俯冲角度的斜向俯冲来解释，其经历了复杂的差异性构造旋转过程。关于这种差异性构造旋转的成因，主要认为和俯冲带的回卷后撤有关（Spakman and Hall，2010；Hall，2002；Pownall et al.，2013；Hall and Spakman，2015）。

新生代早期，澳大利亚西北大陆为一个北西向延伸的、狭窄的苏拉海角（Sula Spur），苏拉海角与澳大利亚围限形成一个班达湾。新特提斯洋向欧亚板块下俯冲形成一条近北东东、直线型展布的俯冲带，随着新特提斯洋的消亡，约23Ma，苏拉海角最先与欧亚板块陆-陆碰撞，使早先直线型的俯冲带在陆-陆碰撞处向北西弯曲。

中中新世（约16Ma），苏拉海角向北西方向的强烈挤入，导致位于其西侧的俯冲带向南东方向回卷（rollback）后撤并开始封堵班达湾；同时，形成一种高温-超

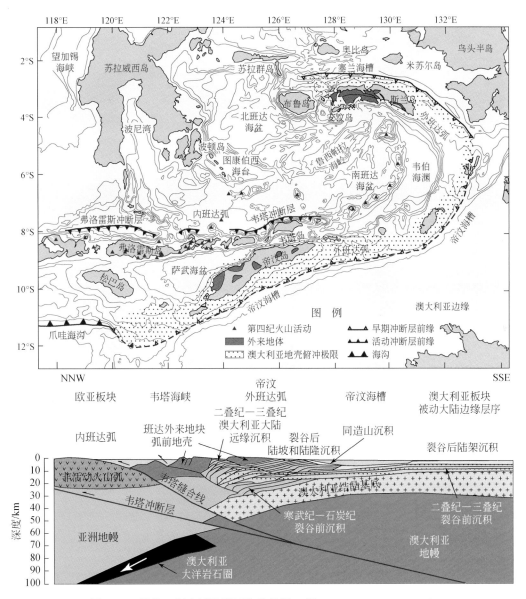

图 4-19　巽他—班达弧及邻区构造特征（据 Hall and Wilson, 2000）

高温环境下的地幔隆升和地壳熔融，这在斯兰岛的 Kobipoto 变质核杂岩中有所记录。俯冲带的回卷后撤引起弧后扩张，北班达海盆（12.5~7.2Ma）（Hinschberger et al., 2000）和南班达海盆（6.5~3.5Ma）（Honthaas et al., 1998；Hinschberger et al., 2001）依次打开。北班达海的打开使苏拉海角的部分陆块分裂出来，拼贴为苏拉威西的一部分；残留的苏拉海角在后期碰撞过程中逐渐分裂为现今的斯兰、布鲁、安汶（Ambon）等陆壳碎块。北班达海的扩张在约 6Ma 停止，其伸展应量被苏拉海角吸收转成化西斯兰的 Kaibobo 拆离断层和 Kawa 走滑断层。直至 3.5Ma，班达湾消亡、班达弯山构造定型，Kobipoto 变质核杂岩出露在安汶岛之上（图 4-20）。关于班

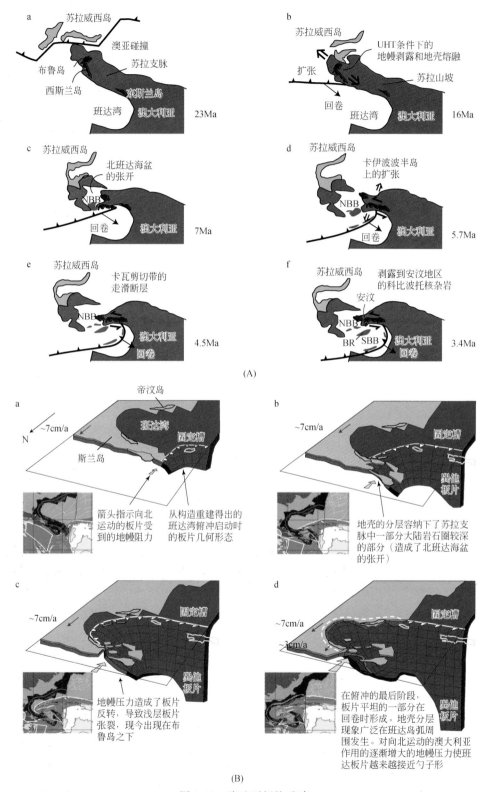

图 4-20　班达弧板块重建

（A）为平面图；NBB. 北班达海盆（North Banda Basin）；SBB. 南班达海盆（South Banda Basin）；
BR. 班达海脊（Banda Ridges, Pownall et al., 2017）。（B）为立体图（Spakman1 and Hall, 2010）

达弯山构造的成因还有一种解释，认为印度-澳大利亚板块俯冲过程中被撕裂为两个或多个板片，这些被撕裂的板片具有不同俯冲方向和俯冲角度，俯冲作用的差异性导致俯冲带弯曲（Cardwell and Isacks，1978；Das，2004）。

4.2.5　弧后走滑拉分盆地——安达曼盆地

安达曼盆地通常被认为是发育在西巽他的弧后盆地。印度-澳大利亚板块的斜向俯冲被解耦为低角度逆冲断层和大规模走滑断层两种不同的断层形式。在安达曼盆地的表现为：盆地东、西边界分别受实皆（Sagaing）右行走滑断裂和西安达曼右行走滑断裂控制，盆地内部又受控于一系列近南北向延伸的转换断层，平面上表现为右行右阶的断层组合样式（Raju et al.，2004）（图4-18）。可见，安达曼盆地可以被确定为一个弧后走滑拉分盆地。

安达曼弧后扩张脊为北东—南西走向，北部与实皆断裂相连延伸至缅甸，南部与Semengko断裂相连进入巽他，中间被一条位于94°21′E、近南北向、断距为11.8km的转换断层一分为二：活动的西部脊段（A和B）和不活动的东部脊段C。西部脊段总体地形复杂，沉积物相对较薄，不发育中央裂谷，南、北两侧分别发育Sewell和Alock隆起，与弧后扩张作用相关的岛弧岩浆作用仍在继续；自西向东依次发育六条南北向走滑断层，分别用F1～F6表示；脊段A南北两侧分别两条线状脊，两条线状脊向A段西端收缩构成V字形地貌（图4-21），推测为A段向西拓展生长形成的假断层。东部脊段C发育中央裂谷，受北部缅甸河流体系沉积物的供应，沉积物较厚、地形相对平坦（Raju et al.，2004）。

关于其演化过程，其演化完全可与南海海盆早期扩张进行类比，表现为洋中脊向西拓展、洋盆自东向西的打开过程（图4-21）：晚古新世时期，印度板块和欧亚板块发生碰撞，伴随着正向挤压，刚开始是右旋及苏门答腊岛弧北部和西部的弯曲。大约在始新世时形成断裂，伸展作用从苏门答腊经过现今安达曼海一直延伸到实皆断裂。在晚渐新世，缅甸地块是一小断块，拼接到印度板块，印度板块俯冲到缅甸地块之下，并朝北向亚洲板块移动。在早中世，弧后拉张作用开始形成海底，弧后岩浆作用形成Alock和Sewell隆起，此时形成的盆地称为安达曼海原型盆地。中中新世这些边界特征由陆坡下部沿北西—南东伸展作用发生分离。由于中心安达曼海凹陷扩张作用，Alock和Sewell发生分离。在中始新世期间，安达曼海代表一种典型的岛弧体系，由于印度板块快速向北移动，澳大利亚板块缓慢向北移动，太平洋板块向西楔入运动，三个块体边界汇聚形成的一种典型岛弧体系。根据古地磁研究结果，安达曼弧后盆地真正的海底扩张开始于4Ma，脊段B向西拓展生长并在其两侧形成假断层，西部脊段的一系列南北向断裂向北、向西迁移生长并演化成分割洋中脊的转换断层（Raju et al.，2004；Raju，2005）。

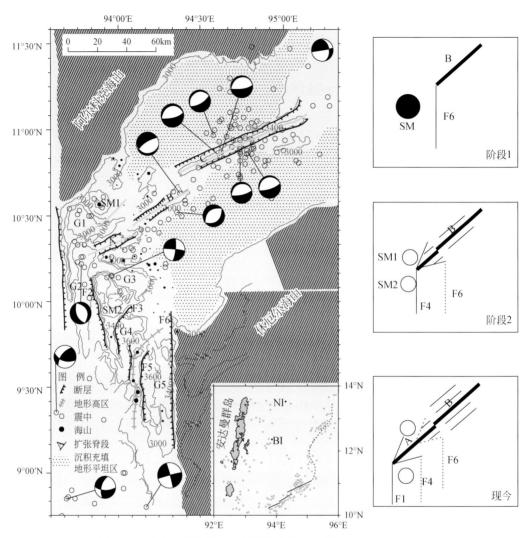

图 4-21　东安达曼海构造解析和演化模式（据 Raju et al.，2004）

F1～F6 代表不同的断裂系统；G1～G5 表示地堑编号；A～C 标记了不同的弧后扩张脊段；黑色圆圈代表海山、圆圈越大表示海山越高（大圆圈表示高度>1000m、中圆圈表示高度介于 500～200m、小圆圈表示高度小于200m）。地震震中数据来自国家地震信息中心（National Earthquake Information Center）；图中只标记了 1973～1999年地震强度大于 4.5 级、震源深度<100km 的地震。索引图中实线表示正在扩张的洋中脊、虚线代表了推测的扩张中心；BI. 巴伦岛（Barren Island），NI. 纳孔达姆岛（Narcondam Island）

4.3　板块重建与构造演化

印度洋的打开和冈瓦纳大陆解体密切相关，主要经历了三个阶段（图 4-22，图 4-23）。第一阶段，即初始裂谷阶段发生在早侏罗世（～180Ma），在东、西冈瓦纳大陆之间形成了一个海峡通道，在索马里、莫桑比克和威德尔海盆（已知的最老的海底磁异常 156Ma) 可能发生海底扩张。第二阶段发生在早白垩世 (～130Ma)，东、西冈瓦纳大陆这两个板块系统被三个板块所取代，即南美洲、南极洲和非洲–印度板块 [图4-22 (c)]。第三阶段在晚白垩世 (90～100Ma)，当澳大利亚和新西兰从南极洲板块分裂开来并和其他向北逐渐远离非洲板块和南极洲板块的印度板块上分裂开来的其他一些小型陆块，如马达加斯加和塞舌尔向北移动 [图4-22 (d)]，这个曾经的大陆最终完成了解体过程。

在许多事件中，大陆分离通常与地幔柱相关的溢流玄武岩喷出有紧密的关系 (图4-23)，并且与现今已知的位于热点地区的火山岛链联系起来。但是，在印度洋的特定热点和玄武岩的相关性存在一些争议，因为 120Ma 之前由于冈瓦纳大陆板块移动相对于固定热点的参考坐标和一些接近的热点之间还存在不确定性，因此，热点和玄武岩的相关性存在一些争议 (图4-24)。

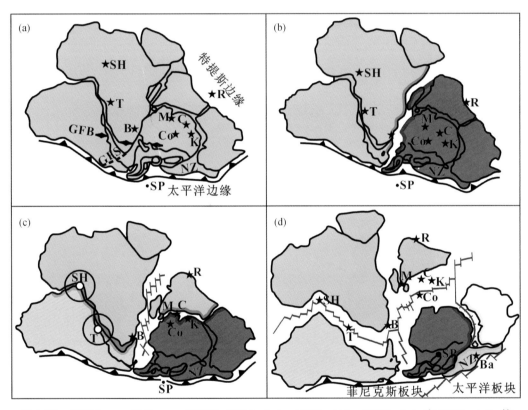

图4-22　基于 Lawver 和 Scotese (1987) 200Ma (a)，160Ma (b)，130Ma (c) 和100Ma (d) 的冈瓦纳大陆重建 (据 Storey et al.，1995)
板块重建表明了各个时期主要板块 (不同颜色代表不同板块)、活动裂谷边缘 (深颜色)、主俯冲带的位置，和 Lawver 和 Scotese (1987) 利用冈瓦纳大陆的坐标标示的现今地幔热点的位置，Lawver 和 Scotese (1987) 重建是基于地幔热点之间位置固定的这一假设，标示出在 200～160Ma 印度洋热点的位置是如何到达较厚的南极东部克拉通之下的。热点产生大量的玄武岩浆通过部分充填的符号表示，圆形表示 2000km 地幔柱头的大小。缩略词如下：Ba. 巴勒尼 (Balleny)；B. 布韦 (Bouvet)；C. 克罗泽 (Crozet)；Co. 康拉德 (Conrad)；K. 凯尔盖朗 (Kerguelen)；M. 马里昂 (Marion)；R. 留尼汪 (Réunion)；SH. 圣赫勒拿 (St Helena)；T. Tristan da Cunha；GFS. Gastre 破碎带；GFB. 冈瓦纳大陆褶皱带；MB. 莫桑比克海盆 (Mozambique Basin)；NZ. 新西兰陆块；SP. 南极。图示洋中脊 (红色)，粗略展示了主板块的边缘

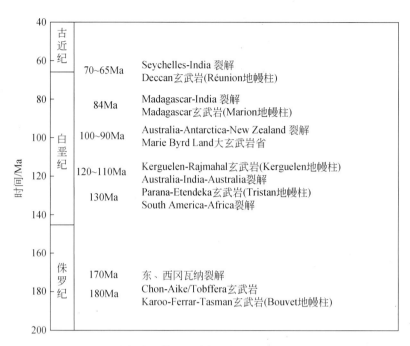

图 4-23　冈瓦纳大陆解体主要事件格架（据 Storey et al.，1995）

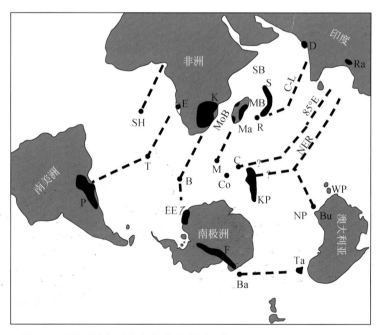

图 4-24　冈瓦纳大陆热点轨迹示意图（据 Storey et al.，1995）

图中展示了溢流玄武岩和已知的热点之间最可能的关系。黑色圆点表示热点位置：B. 布韦；Ba. 巴勒尼；Bu. 班伯里；Co. 克洛泽；D. 德干；E. 伊藤德卡；M. 马里昂；R. 留尼汪；SH. 修纳；T. 特里斯坦。其他地名：EE. Explorer 陡崖（以前是海倾火山岩楔状体）；F. Ferrar；K. 卡鲁；KP. 凯尔盖朗高原；Ma. 马达加斯加岛；NP. Naturaliste 高原；P. 巴拉那；Ra. 拉吉马哈；Ta. 塔斯曼；WP. Wallaby 高原；C-L. 查戈斯–拉克代夫；MB. 马斯克林海盆；MoB. 莫桑比克海盆；NER. 东经90°海岭；SB. 索马里海盆；S. 塞舌尔群岛

板块重建模型认为，东冈瓦纳大陆初始裂谷作用发生在早侏罗世（180Ma），其裂解进程导致新特提斯洋逐步消亡。在新特提斯洋南部，西南印度洋的打开始于155Ma 西南印度洋北部马达加斯加与非洲东缘的逐渐打开（Chu and Gordan，1999；Royer et al.，2006；Stamps et al.，2008）；随后，位于澳大利亚西北部的印度洋东北部洋盆出现了早白垩世的洋壳，最老的磁条带年龄为 130Ma（Powell et al.，1988）；120Ma 左右，印度板块与南极洲板块的裂解（Storey et al.，1995）使现今的印度洋逐渐形成并全面打开。因此，这里围绕主要洋中脊扩张–拓展和热点–洋中脊相互作用的重大地质事件，集中重建 130Ma 以来印度洋的构造过程，解析其宏观构造演化格局。

4.3.1　印度洋洋中脊构造过程重建

印度洋的形成与东冈瓦纳大陆裂解、新特提斯洋消亡相关（图 4-25）（Ben Avraham et al.，1995；Livermore and Hunter，1996），其中西南印度洋现为南极洲板块和非洲板块的分界线，导致了西南印度洋在 Andrew Bain 和爱德华王子（Prince Edward）转换断层之间极其复杂的破碎带，因而该带记录了整个西南印度洋的扩张历史（Bernard et al.，2005），在爱德华王子和 Discovery II 转换断层之间的最老磁条带年龄为 155Ma，是非洲板块和努比亚（Nubia）与索马里（Somalia）板块之间的弥散性离散边界［图 4-25（a）］（Chu and Gordan，1999；Royer et al.，2006；Stamps et al.，2008）。澳大利亚西北部陆大架到洋盆的地震剖面揭示，印度洋东北洋盆的伸展始于三叠纪和侏罗纪，但最老的洋壳年龄为 130Ma，初始洋壳形成后，洋中脊发生了几次跃迁，现今这些死亡的洋中脊增生在澳大利亚西北部的大陆架附近（Powell et al.，1988）。到 120Ma 左右，印度洋老的 RRR 三节点洋中脊形态初步形成，其中，马达加斯加和非洲之间多为转换型大陆边缘分隔［图 4-25（b）］。

4.3.2　洋中脊–热点相互作用过程

1）120～84Ma，伴随着欧亚板块与正裂解的东冈瓦纳大陆之间的新特提斯洋的逐渐向北消亡，印度洋逐渐打开［图 4-25（b）和图 4-26］。其中，印度洋东北部的沃顿（Wharton）洋中脊的扩张导致澳大利亚西北部一些小碎片（如现今位于苏门答腊的 Sikuleh、Natal、Lolotoi 等微地块）裂离澳大利亚，这些微地块向北漂移，增生到了西缅地块南缘。印度次大陆与冈瓦纳大陆主体的分离发生在早白垩世，这个时期发生了一幕广泛的火山事件，即拉吉马哈–孟加拉（Rajmahal-Bengal）盆地中120～110Ma 的火山事件。而在马达加斯加广布玄武岩和流纹岩，与马里昂热点活动

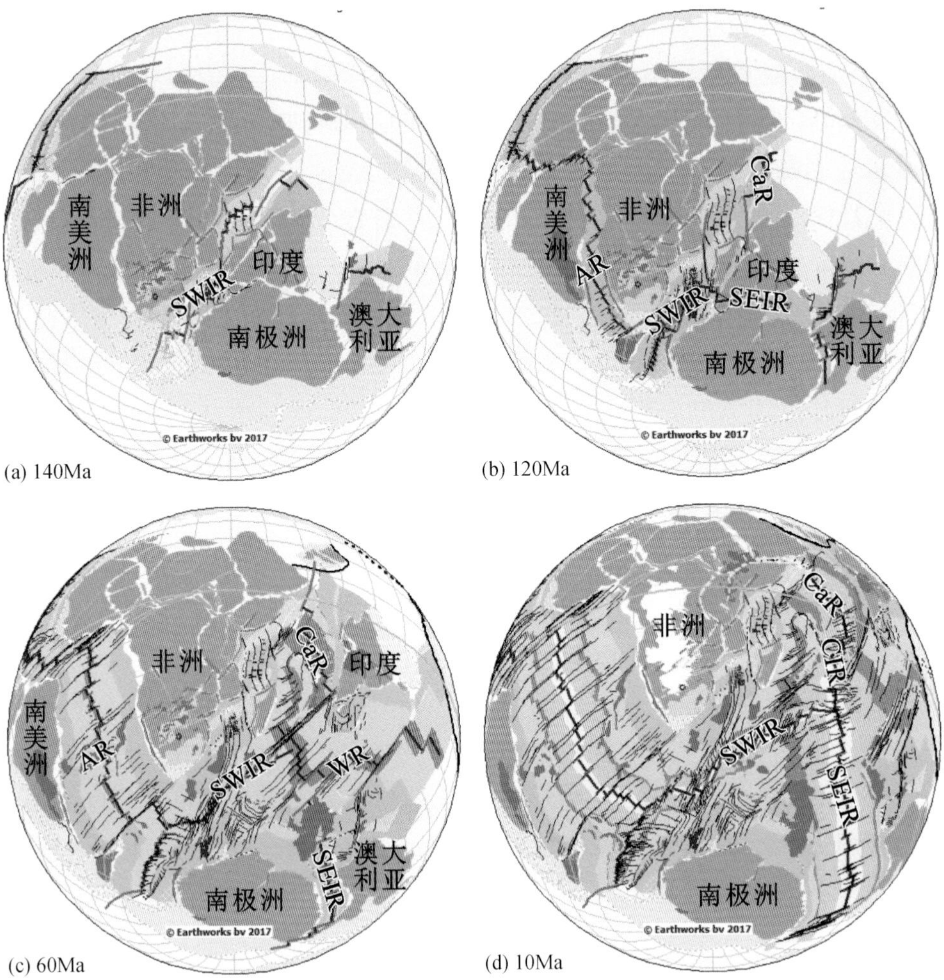

(a) 140Ma (b) 120Ma (c) 60Ma (d) 10Ma

图 4-25 印度洋的区域洋底演化（引自 https：//www. reeves. nl/gondwana）
洋中脊名称：AR. 大西洋洋中脊，CaR. 卡尔斯伯格洋中脊，CIR. 中印度洋洋中脊，SEIR. 东南印度洋洋中脊，SWIR. 西南印度洋洋中脊。

有关，热点形成最早时间约为 87. 6Ma，岩浆喷发持续了 6Myr（Storey et al. ，1995）。陆区和洋区的岩浆活动均得到了组分不同的地幔基质中熔体的补充。随后，马达加斯加和塞舌尔微陆块分离（图 4-27），其间逐渐形成马斯克林盆地，印度—非洲板块扩张中心与古西南印度洋分支的交点即为古罗德里格斯三节点（RTJ），位于现今罗德里格斯三节点的南部；古罗德里格斯三节点在 120Ma 以后出现在印度、南极洲和澳大利亚之间，是三大板块扩张中心的交点。而 120Ma 左右，印度大陆、非洲大陆和南极洲之间出现地幔柱，导致了古罗德里格斯三节点位于克罗泽与马里昂、凯尔盖朗热点之间。之后，克罗泽以南存在一支 NWW 向的洋中脊，与地幔柱作用形成的统一海底高原，此时，马达加斯加海台、康拉德海台在位置上重合（图 4-26）；转换断层和破碎带总体为南北走向。90Ma，马里昂热点位于马达加斯加岛的东部，古罗德里格斯三节点位于马达加斯加海台南侧，并缓慢向北东方向移动。84Ma，马里昂热点位于马达加斯加海台的南部，南部的康拉德海台和北部的马达加斯加海台基本分开（图4-27）。之后，非洲板块和古罗德里格斯三节点继续北东向移动并逐步靠近马里昂热点。

在白垩纪中期（约100Ma），随着澳大利亚和南极大陆地壳伸展地区海底扩张的开始（95Ma±5Ma），古东南印度洋洋中脊向东延伸。与冈瓦纳大陆初期分裂历史相比，澳大利亚从南极大陆分离与大量的火山活动并无联系。被动边缘被归为非火山活动区，代表了大陆分离的一种典型区域，伴随着无地幔柱影响的一段缓慢裂谷阶段。正如之前提出的印度板块从南极大陆分离一样，它们可能与新特提斯洋盆北部板块构造机制的改变有关。新特提斯洋底向北俯冲到欧亚大陆之下，可能产生拖曳澳大利亚板块远离南极大陆的长期影响。

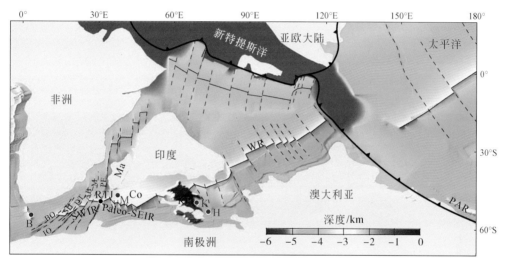

图4-26 100Ma印度洋洋底构造格局

KP. 凯尔盖朗高原；Ma. 马达加斯加岛；Co. 康拉德隆起；WR. Wharton洋中脊；PAR. 大西洋—南极洲洋中脊；
SWIR. 西南印度洋洋中脊；SEIR. 东南印度洋洋中脊。热点：B. 布韦热点；M. 马里昂热点；K. 凯尔盖朗热点；
H. 赫德（Heard）热点。黑色圆点为罗德里格斯三节点（RTJ）。黑色虚线为转换断层，断层名注释同图4-1

2）84～60Ma，非洲板块–印度板块之间的扩张中心发生过三次跃迁［图4-25（c）］，最早扩张始于84Ma（图4-27），形成于拉克希米海脊与印度西侧大陆架之间，与马里昂热点活动有关，其记录还有印度西部大陆架西侧的拉克希米盆地中发现的84～65Ma磁条带；印度西部大陆架的中部大陆架海脊和Pratap海脊杂岩年龄也正好为84Ma，但为裂谷初始阶段的岩浆活动产物，这次裂解分裂了马达加斯加和印度次大陆。第二次洋中脊向西跃迁到拉克希米海脊以西，这一过程最早出现于65Ma，形成了西北印度洋的古卡尔斯伯格洋中脊，且阿拉伯海打开，塞舌尔微陆块裂离印度板块。之后，留尼汪热点轨迹叠加在西北印度洋洋中脊上。西南印度洋在16°E～25°E的正向超级扩张段，也至少起始于83Ma（Bergh and Barrett，1980），且西南印度洋洋中脊西侧1000km和东侧2500km受邻近快速洋中脊驱动，分别向南西和北东方向发生了移动（Patriat et al.，1997），且向南西与北东向的洋中脊拓展速率分别为15mm/a和35mm/a（Royer et al.，1988）。这两段具有洋壳初始增生的重要特征，而与冈瓦纳大陆裂解无关。84Ma，澳大利亚和南极洲发生裂解，现今东南印度洋洋中脊出现并逐渐成形。70Ma左右，古罗德里格斯三节点接近马里昂热点，在洋中脊两侧分别形成德尔卡诺（Del Cano）隆起的东部和马达加斯加海台的东南部；而克罗泽热点位于印度大陆的南东侧，此时，克罗泽热点所处地壳的南部已经出现。同时，印度洋北部于70~65Ma发生了广泛的德干玄武岩事件。古罗德里格斯三节点在~71~52Ma期间不断地向北东向跃迁和板块格局重组，导致了西南印度洋新的轴部不连续性。其中，65~60Ma，西南印度洋洋中脊与马里昂热点发生相互作用，引起了向北的跃迁。古罗德里格斯快速的北东方向移动或跃迁（图4-28），连续而稳定地生成了IN，GA和AⅡ转换断层。马里昂热点接近或者位于洋脊扩张中心，强烈的岩浆活动导致德尔卡诺隆起的中部开始形成。西南印度洋洋中脊北东段近东西走向［图4-25（c）］，扩张一直持续到50Ma。

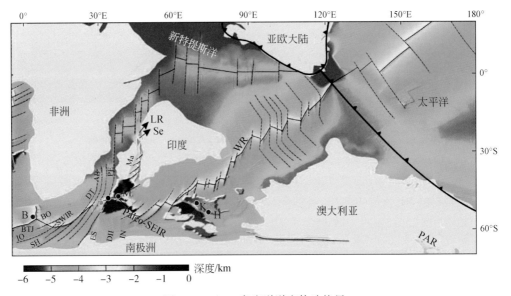

图4-27　84Ma印度洋洋底构造格局

KP. 凯尔盖朗高原；Ma. 马达加斯加岛；Co. 康拉德隆起；WR. Wharton洋中脊；PAR. 大西洋–南极洲洋中脊；LR. 拉克希米洋中脊；Se. 塞舌尔微陆块。热点：B. 布韦热点；M. 马里昂热点；K. 凯尔盖朗热点；H. 赫德热点。黑色圆点为84Ma罗德里格斯三节点位置，灰色圆点为100Ma古罗德里格斯三节点位置

在晚白垩世和古近纪时期，印度板块快速向北移动（15cm/a），不是发生在现在的莫桑比克海盆，而是随着马斯克林海盆80~63Ma的海底扩张远离非洲板块。这导致马达加斯加岛从印度板块分离。白垩纪板块重建把马达加斯加岛放置于马里昂地幔柱之上，由广泛存在的溢流玄武岩地区确认马里昂地幔柱的位置，玄武岩平均年

龄为 88Ma（图 4-23）。磁条带 C_{28} 之后，马斯克林海盆扩张停止，被从印度大陆分裂的塞舌尔岛的扩张体系取代，并形成了索马里盆地的东部地区。这次裂谷事件早于印度西部德干大陆溢流玄武岩的形成，并且被其覆盖，时间为 70~65Ma（图 4-23）。玄武岩记录了先前留尼汪地幔柱的位置，留尼汪地幔柱与查戈斯-拉克代夫和马斯克林洋中脊有关。尽管岩浆作用、裂谷作用和海底扩张之间的关系已经被用于支持活动和被动的裂谷模型，裂谷作用伴随的玄武岩活动与马达加斯加和塞舌尔的分裂在时间与空间上的紧密的一致性表明，大陆解体的地点至少是由马里昂和留尼汪地幔柱控制的。事实上，在这些事件中，很难看到相对较小的陆块，包括马达加斯加岛和塞舌尔岛，在没有地幔柱活动的情况下如何从印度板块分裂。

3）60~40Ma 西北印度洋扩张，形成东西向的洋中脊，但现今其东侧被地幔柱成因的拉克代夫脊抹除，古卡尔斯伯格洋中脊可能因印度板块和欧亚板块的初始碰撞而停止扩张（Acharyya，2000）。60Ma 左右，Wharton 洋中脊逐渐死亡，澳大利亚和南极之间开始裂解，且印度板块和澳大利亚板块逐渐变为一个统一板块［图 4-25（c）和图 4-28］。40Ma 左右（图 4-29），新特提斯洋消亡，导致青藏高原逐步隆升；在 Gallieni 和 Melville 转换断层之间形成了高度分段的特征（Dyment，1993），其洋中脊分段长度为 30~45km，错断为 25~40km（Sauter et al.，2002）。澳大利亚板块和南极洲板块发生分离。同时，现今的东南印度洋洋中脊开始扩张形成，将凯尔盖朗热点分隔为两部分：现今的凯尔盖朗热点和布罗肯热点（图 4-29）。古罗德里格斯

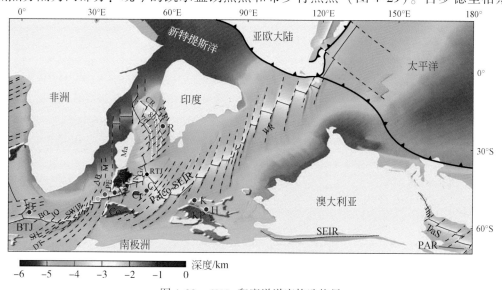

图 4-28　60Ma 印度洋洋底构造格局

KP. 凯尔盖朗高原；Ma. 马达加斯加岛；MaP. 马达加斯加高原；Co. 康拉德隆起；Cr. 克洛泽隆起；CR. 卡尔斯伯格洋中脊；SEIR. 东南印度洋洋中脊；SWIR. 西南印度洋洋中脊；WR. Wharton 洋中脊；PAR. 大西洋-南极洲洋中脊；LR. 拉克希米洋中脊；TaS. 塔斯曼海。热点：B. 布韦热点；M. 马里昂热点；K. 凯尔盖朗热点；H. 赫德热点；R. 留尼汪热点；C. 康拉德热点。黑色圆点为 60Ma RTJ 三节点位置；深灰色圆点为 80Ma 古罗德里格斯三节点位置；浅灰色圆点为 100Ma 时古罗德里格斯三节点位置。白线记录了印度-非洲板块洋中脊的跃迁位置及年龄。黑色虚线为转换断层，断层名注释同图 4-1

三节点发生向北东的最后一次跃迁，到达接近现今罗德里格斯三节点位置的西南。而罗德里格斯三节点位置远离马里昂热点，形成德尔卡诺隆起的西部区域，西南印度洋洋中脊再度发生向北的跃迁（图4-6），导致马达加斯加海台再次远离马里昂热点，地幔柱和洋中脊相互作用，使得在<40Ma的以北的板块内形成了南西西走向的新洋中脊，转换断层和破碎带走向北北东，该洋中脊持续扩张到现今。沿爱德华王子转换断层发生泄漏，形成了串珠状的海山地貌。

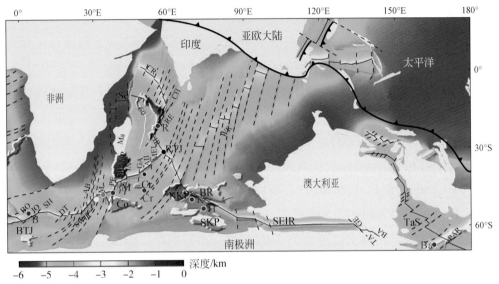

图 4-29　40Ma 印度洋洋底构造格局

SKP. 凯尔盖朗南部高原；NKP. 凯尔盖朗北部高原；BR. 布罗肯海岭；Ma. 马达加斯加岛；MaP. 马达加斯加高原；Co. 康拉德隆起；Cr. 克洛泽隆起；CR. 卡尔斯伯格洋中脊；SEIR. 东南印度洋洋中脊；SWIR. 西南印度洋洋中脊；WR. Wharton 洋中脊；PAR. 大西洋–南极洲洋中脊；Se. 塞舌尔微陆块；TaS. 塔斯曼海。热点用红色圆点表示：B. 布韦热点；M. 马里昂热点；K. 凯尔盖朗热点；H. 赫德热点；Cr. 克洛泽热点；Ba. 巴勒尼热点；R. 留尼汪热点。黑色虚线为转换断层，断层名注释同图4-1。黑色圆点为40Ma古罗德里格斯三节点位置；深灰色圆点为60Ma古罗德里格斯三节点位置；浅灰色圆点为80Ma古罗德里格斯三节点位置；白色灰色圆点为100Ma古罗德里格斯三节点位置。白线记录了中印度洋洋中脊（CIR）的跃迁位置及年龄

67～52Ma 印度板块快速向北东方向运移，同时非洲板块运动缓慢，这与留尼汪地幔柱的驱动力作用相关。非洲板块运动速度的快慢、印度和欧亚板块在古新世时期碰撞作用的中止及西南印度洋转换断层复杂的弯曲形态等地质事件均与留尼汪地幔柱的相互作用有关（Cande and Stegman，2011）。

已有研究表明，西南印度洋的演化和冈瓦纳大陆的裂解密切相关（Ben Avraham et al.，1995；Livermore and Hunter，1996），导致了西南印度洋在 Andrew Bain 和爱德华王子转换断层之间极其复杂的破碎带，因而，该带记录了整个西南印度洋的扩张历史（Bernard et al.，2005），在爱德华王子和 Discovery II 转换断层之间的最老磁

条带年龄为 155Ma，是非洲板块和努比亚与索马里新板块之间的弥散性离散边界（Chu and Gordan，1999；Royer et al.，2006；Stamps et al.，2008）。现今在 16°E~25°E 的正向超级扩张段也至少起始于 83Ma（Bergh and Barrett，1980），且西南印度洋洋中脊西侧 1000km 和东侧 2500km 受邻近快速洋中脊驱动，分别向南西和北东方向发生了移动（Patriat et al.，1997），且向南西与北东向的洋中脊拓展速率分别为 15mm/a 和 35mm/a（Royer et al.，1988）；这两段具有洋壳初始增生的重要特征，而与冈瓦纳大陆裂解无关。罗德里格斯三节点在约 71Ma 与约 52Ma 时不断频繁地向北东向跃迁和板块格局重组，导致了西南印度洋新的轴部不连续性，在 Gallieni 和 Melville 转换断层之间形成了高度分段的特征（Dyment，1993），其洋中脊分段长度在 30~45km，错断在 25~40km（Sauter et al.，2002）。西南印度洋中脊最东部的 Melville 转换断层与罗德里格斯三节点之间形成于印度洋最近约 40Ma 的一次重大调整之后，再没有受到大规模错移（Sclater et al.，1981）。

4）40~10Ma（图 4-30），在 24Ma 左右，西北印度洋洋中脊南北贯通，逐渐演化成现今西北印度洋的格局。西南印度洋洋中脊最东部的 Melville 转换断层与罗德里格斯三节点之间形成于印度洋最近约 40Ma 的一次重大调整之后，再没有受到大规模错移（Sclater et al.，1981）。总体上看，西南印度洋高度分段部分的弯曲破碎带形态的年龄都小于 40Ma，与板块的稳定运动有关（Bernard et al.，2005），20Ma 左右形

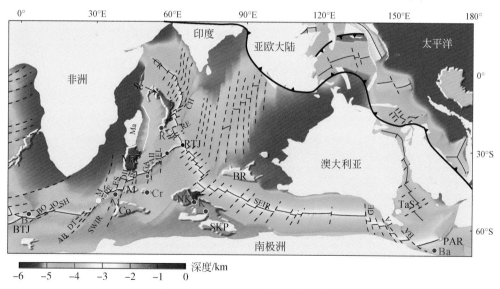

图 4-30　20Ma 印度洋洋底构造格局

SKP. 凯尔盖朗南部高原；NKP. 凯尔盖朗北部高原；BR. 布罗肯海岭；Ma. 马达加斯加岛；MaP. 马达加斯加高原；Co. 康拉德隆起；Cr. 克洛泽隆起；CR. 卡尔斯伯格洋中脊；SEIR. 东南印度洋洋中脊；SWIR. 西南印度洋中脊；PAR. 大西洋-南极洲洋中脊；Se. 塞舌尔微陆块；TaS. 塔斯曼海。热点用红色圆点表示：B. 布韦热点；M. 马里昂热点；K. 凯尔盖朗热点；H. 赫德热点；Cr. 克洛泽热点；Ba. 巴勒尼热点；R. 留尼汪热点。黑色圆点为 20Ma 罗德里格斯三节点（RTJ）位置，自东向西圆点颜色由深变浅，分别标记了 40Ma，60Ma，80Ma 和 100Ma 的古罗德里格斯三节点位置。白线记录了中印度洋洋中脊（CIR）的跃迁位置及年龄（60Ma）

成了现今的印度洋洋中脊〔图4-30〕。但最新的磁条带异常发现，约24Ma，西南印度洋扩张速率由30mm/a降为15mm/a，但对扩张方向（约13°）影响较小，只是局部改变了板块边界的几何形态（Baines et al.，2007）。现今的印度洋洋中脊系统基本定型，只是20Ma以后扩张速率减半。

4.4　印度洋板块研究前沿

印度洋洋陆过渡带涵盖西北印度洋、东北印度洋及其北侧相邻的新特提斯构造域（图4-31）。印度洋及邻区也具有很多独特的地质现象，如超慢速扩张脊、东经90度海岭和与之平行的查戈斯-拉克代夫海岭、初始俯冲系统、地幔柱-洋中脊相互作用、海洋核杂岩、转换型大陆边缘、斜向汇聚、地球的第三极——青藏高原、走滑型弧后盆地等。

图4-31　"一带一路"沿线构造-地貌格局

印度洋对于中国的未来发展也具有重要的价值，表现在以下几个方面：①军事活动。马六甲海峡和瓜达尔港海洋战场环境。②能源安全。油-气-水合物成藏与运输通道。③海上丝绸之路。印度洋通道成为友谊与合作之路。④海外国土。西南印度洋海底资源。⑤科学理论。新生洋内俯冲系统、超慢速扩张脊、海山链（热点轨迹）、青藏高原隆升的档案室——孟加拉巨型海底扇、东非转换型陆缘、斜向俯冲、Wharton等死亡的洋中脊、微板块、拉分型边缘海、中印度洋的逆冲断层系统和洋内大地震起因等都值得深入探索（张国伟和李三忠，2017）。基于目前研究进展，简要综合 10 个关键科学难题如下。

（1）孪生对称海洋核杂岩（OCC）、内侧丘不对称海洋核杂岩与大洋岩石圈流变

已有调查表明，西南印度洋洋中脊出露了大量超基性岩，在洋底超基性岩的出露都和海洋核杂岩的拆离剥露机制有关，特别是在慢速和超慢速扩张脊比较普遍。主要分布在两种微构造环境：①平行洋中脊与斜交洋中脊的断裂交叉部位；②转换断层和洋中脊交接部位，一般在内侧角位置。前者受扩张脊周期性扩张影响，可以出现离轴的多阶段海洋核杂岩；后者则通常只见孤立的海洋核杂岩，且在拆离断层面上，海底视像资料和精细多波束资料都可以揭示出大型窗棂构造（图 4-32）。海洋核杂岩是构造控制的洋中脊扩张的表现形式，在已标识出海洋核杂岩的一些位

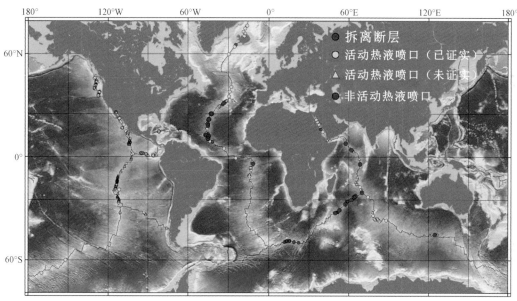

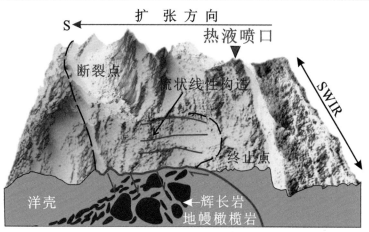

图 4-32　全球海洋核杂岩分布及剖面特征（据 Yu et al.，2013）

置，海洋核杂岩是洋中脊侧翼上的独有特征，其原因是低角度拆离断层的活动导致了上地幔的隆起和出露（图4-32）。地幔冷点AAD，即地幔下降流区域，海洋核杂岩如何导致地幔出露？独生不对称海洋核杂岩与海洋岩石圈流变关系如何？孪生对称海洋核杂岩与大洋岩石圈流变关系如何？在不同扩张速率OCC的工作机制如何？是否广泛存在辉长岩嵌入橄榄岩或蛇纹岩的布丁构造？洋底岩石圈地幔是否完全由橄榄岩构成？什么因素决定海洋核杂岩的非对称和对称生长机制？形成慢速扩张脊厚洋壳的控制因素？海洋核杂岩如何控制有利成矿区？

（2）东北印度洋洋内俯冲带成因？洋内俯冲是主动俯冲还是被动俯冲？

东北印度洋洋内是简单的逆冲带还是新生俯冲系统？基底尺度反射地震剖面（Royer and Sandwell，1989；Delescluse et al.，2008）揭示，海底面遭受逆冲错断，这是全球海域唯一可见逆冲断层的海域；而地壳尺度反射地震剖面（Chamot Rooke et al.，1993）揭示，Moho面也被错断，因而可能不只是一条逆冲带，而可能是一条俯冲带（图4-33）。可是大洋岩石圈尺度是否错断目前还没有证据。东北印度洋是未来洋内俯冲带形成的地带，近5年来众多学者已经围绕该海域，在 *Nature*，*Science*，*Geology* 等发表了很多篇文章（Delescluse et al.，2008；Chamot Rooke et al.，1993），也有人将这个逆冲带与青藏高原隆升等联系起来（Bull and Scrutton，1992；Gibbons et al.，2015；Zahirovic et al.，2015，2016）。而且，这条逆冲带的形成，还可能是苏门答腊9级大地震等的根本原因（Meng et al.，2012）。如果说西太平洋洋内俯冲是洋内冷却程度不同的洋壳密度差启动了俯冲的话，中印度洋洋内近东西走向逆冲带的俯冲启动则是处于同一大洋板块的内部，且垂直转换断层或破碎带（东经90度海岭），应当不是密度差所致，那么是什么原因形成了这条全球大洋内唯一的俯冲系统？如果不是密度差所致，那这条带的启动就不是主动俯冲；如果是被动俯冲，又是何因诱发其俯冲？迄今，只能据其走向平行喜马拉雅造山带判断，可能是印度板块与欧亚板块碰撞到极限或青藏高原隆升到极限，触发了南部大洋内出现俯冲带以吸收南侧不断扩张的洋中脊产生的推力，但该逆冲带启动时间现初步确定为7Ma（Bull and Scrutton，1992）。如此，就产生两个问题：①洋中脊必然是驱动板块的主要推动力；②需要钻穿印度洋内该俯冲带上地层，揭示其逆冲启动时间是否和青藏高原隆升具有关联。

（3）印度洋初始打开与超大陆裂解、东亚汇聚的深部动力机制是什么？

正如前面所述，印度洋周边除巽他俯冲带和莫克兰俯冲带外，再无俯冲带。周边无俯冲带的还有大西洋，那么这些洋的洋中脊两侧的板块是什么驱动的？特别是周边没有俯冲带的非洲板块的运动无法用俯冲驱动来解释，那么其运动的驱动力是什么？似乎只有洋内的洋中脊推力。如果不是浅部动力驱动，那么深部机制只能是地幔对流或者地幔柱，如此地幔对流又称为主动对流。但是，Davies（2011）坚决认为冷边界层（岩石圈板块）是板块的主动驱动，因为如果地幔对流是主动的，那

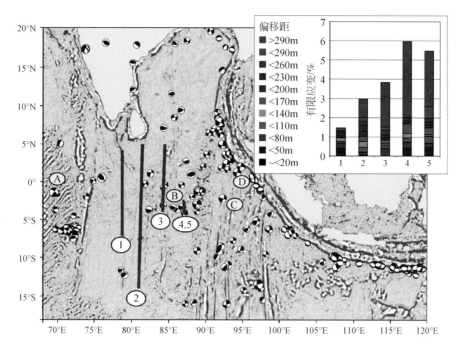

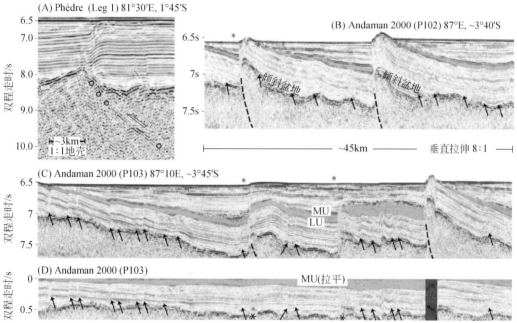

图 4-33　东北印度洋逆冲断层特征（据 Delescluse et al.，2008）

四条红线及数字代表了地震测线编号：1. Conrad，2. Phèdre Leg 1，3. Phèdre Leg 2，4. Andaman P102，5. Andaman P103。小图中统计了四条测线的断层断距，及相应断距所观测的有限应力。A、B、C、D、D′分别标记了卡尔斯伯格洋中脊、中印度洋海盆、沃顿洋盆、巽他海沟、沃顿洋盆中死亡的洋中脊和海沟交汇区域的大地震的位置及相应震源机制解。

么洋中脊很难发生迁移,这样就很难解释洋中脊为什么会发生跃迁。这些循环的问题是地球动力学目前的困境。此外,印度洋内还记录了冈瓦纳大陆裂解的全过程,一个超大陆如何裂解的机制(Gibbons et al.,2015;Zahirovic et al.,2015,2016),也可以通过研究印度洋如何打开的过程来证明;特别是东西冈瓦纳裂解后,一系列微板块从冈瓦纳北缘裂离,再发生长距离漂移,最终拼合到欧亚大陆南缘,引起自侏罗纪以来的东亚大汇聚(Li et al.,2012)。这种全球的驱动机制必然是全球性深部过程的产物。那么,我们又如何来检验这种全球深部动力机制?

(4)超慢速洋中脊千年、万年行为与增生方式如何?

慢速-超慢速扩张脊的岩浆供应很弱,那么板块构造理论所指的岩浆沿洋中脊上涌推动两侧板块相背分离运动的洋脊推力就可能极其不重要;印度洋周边又很不发育俯冲带,俯冲拖拉力也不强,那么是什么导致印度板块大规模快速运动?这种慢速-超慢速的洋中脊构造-岩浆-成矿过程受什么控制?洋壳的控制因素?海洋核杂岩的差异成因?控矿要素是什么?超慢速洋中脊千年、万年行为与增生方式如何?特别是海洋核杂岩的存在似乎表明,慢速-超慢速扩张洋中脊是被动拉开的,因而不可能是主动驱动板块运动的力源,但慢速扩张脊似乎又不一定受构造扩张控制。洋中脊之外,洋中脊的轴外过程对大洋岩石圈演化起了何种作用,如对洋中脊死亡与跃迁、古老俯冲板片的滞留、海山成因等有何影响。扩张速率与洋壳构造不均一性有无关联?是否有地幔(温度、组分)或其他作用影响?

(5)洋中脊死亡机制?洋中脊如何导致地幔柱分裂?

印度-欧亚碰撞可能导致洋中脊跃迁,乃至诱发微板块形成,微板块形成记录了印度-欧亚"软碰撞"时间(见4.2.2节),并使得更古老的(80Ma、60Ma)洋中脊跃迁或死亡(李三忠等,2015a,2015b)记录了东冈瓦纳重大裂解事件,其跃迁机制与印度洋中广泛发育的地幔柱或热点重新定位慢速扩张脊有无关联?

(6)大火成岩省与海山链

印度洋有两条近南北向的海山链:查戈斯拉克代夫海岭和东经90°海岭,最北端分别延伸至德干高原玄武岩和拉治马哈(Lajmahal)玄武岩(图4-34)。它们记录了印度板块向北大规模迁移的轨迹,这两条海岭也记录了印度板块两侧迁移速度的差异,可以用来检验印度板块碰撞模式(Gibbons et al.,2015)。特别是东经90°海岭在中国内陆的龙门山-贺兰山南北构造带的延伸,乃至延伸到贝加尔湖,这到底代表了什么样的全球或深部动力背景?什么时间形成动力学上一致的南北构造带。东经90°海岭反映了新特提斯洋什么过程(Sager et al.,2013b)?其运动方向与现今印度洋洋中脊扩张方向有个巨大变化,时间为40~38Ma,这种转变与青藏高原隆升或造山有何关联?Broken 和 Kerguelen 热点的分离伴随这个方向变化,那么洋中脊扩张方向变化导致热点分离还是热点分离导致洋中脊扩张方向变化?

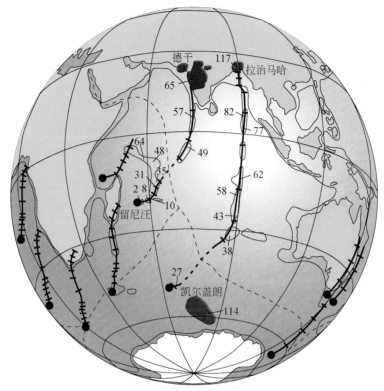

图 4-34　印度洋海山链年龄（Ma）

（7）斜向俯冲与斜向弧后盆地开裂机制？斜向小洋盆成因？

印度洋东侧发育俯冲带，与太平洋不同的是以斜向俯冲为特色。沿斜向俯冲引发大地震以往被忽视。2004 年苏门答腊大地震之后，才引起了高度重视。伴随斜向俯冲发育走滑拉分成因的安达曼海弧后盆地。伴随俯冲消减，俯冲带发生弯曲（Honza and Fujioka，2004），特别是班达弧成因是俯冲相关的弯山构造的典例（见4.2.4 节），值得深入分析。

（8）洋–陆转换带与转换型大陆边缘的消亡机制等？

西太平洋洋–陆转换带研究最近取得一些进展，但是印度洋洋–陆转换带研究相对薄弱，这严重制约了对冈瓦纳大陆破裂过程和机制的认知。印度洋最为特色的大陆边缘是非洲东侧的转换型大陆边缘，该大陆边缘向北为欧文破碎带，该破碎带在红海–亚丁湾小洋盆形成过程中又起了何种作用？转换型陆缘是三大类陆缘中研究最为薄弱，知之甚少的一类，其消亡过程中将是一个什么场景和出现一些什么产物？这类研究对认知地史期间板块平移拼贴将具有重要意义，如莫桑比克海盆是否可能是贺兰山海槽的原型？贺兰山被认为是中奥陶世华北主体与阿拉善地块沿转换型陆缘拼贴的结果（许淑梅等，2016），因而无岛弧火山岩、无洋壳残存等典型缝合线地质特征。

（9）AAD与地幔冷点、下降流成因？

AAD是澳大利亚和南极洲板块的离散板块边缘，该海域正好介于全球两个地幔横波低速区（被认为是地幔上涌区）之间，因而被认为是一个全球地幔下降流区域，与亚洲超级汇聚的下降流有无关联尚不明确。层析成像揭示地幔深部存在高速体，被认为是俯冲的古老洋壳板片（图4-35）（Simmons et al.，2015），且古老的俯冲板片存在深、浅部耦合效应，使得该区表现为水深最浅、重力值最高、洋壳最薄等特征。这些滞留板片是洋内俯冲还是洋陆俯冲、俯冲时间如何、滞留板片与新特提斯洋消亡的关系等都不清楚。特别是该区还可能发育海洋核杂岩，那么一个地幔冷点区域，海洋核杂岩形成机制又是什么？

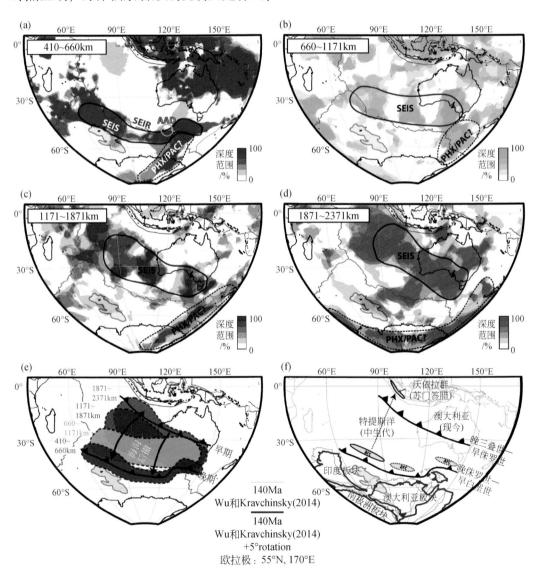

图4-35　层析成像揭示的印度洋下滞留的古老的俯冲板片（据 Sreejith and Krishna，2015）

SEIS=东南印度洋滞留板片；AAD-澳大利亚-南极洲不连续带；PHX/PAC=菲尼克斯/太平洋板块

（10）洋中脊–热点相互作用过程如何？

超慢速扩张脊洋中脊岩浆房不很发育，超慢速扩张脊的热液喷口形成的热来源和机制可能不同于太平洋海隆岩浆房发育的热液喷口。那么快速与超慢速扩张脊热液硫化物成矿有何差异？超慢速扩张脊的热液喷口形成必须有洋中脊之外的额外热源供给，与地幔柱或热点提供异常热有关联吗？西南印度洋已发现的 24 个热液喷口中，约 20%（5 个）受热点的热供应，约 80% 发育在超慢速–慢速扩张的构造背景下；且已发现的热液多分布在正常洋壳和薄洋壳区，而在明显受热点影响的 35°E ~ 47°E 和 0° ~ 10°E 西南印度洋洋壳增厚脊段并未有热液发现，是因为缺少热液运移通道还是其他原因（Suo et al.，2017）？洋底热不均一性值得深入分析。

参 考 文 献

曹志敏,安伟,周美夫,等.2006.马里亚纳海槽扩张轴(中心)玄武岩铂族元素特征.海洋学报,28:
    69-75.

邓晋福,赵海龄,莫宣学.1996.中国大陆根—柱构造—大陆动力学的钥匙.北京:地质出版社.

丁国瑜.1991.中国岩石圈动力学概论.北京:地震出版社.

董彦辉,初凤友,朱继浩,等.2012.马里亚纳南部弧内坡橄榄岩的岩石学及地球化学特征:对弧前地幔
    流体交代作用的指示.热带海洋学报,31:120-127.

高明,陈亮,孙勇.2000.论地幔柱构造与板块构造的矛盾性和相容性.西北大学学报(自然科学版),
    30(6):514-518.

郭令智,马瑞士,施央申,等.1998.论西太平洋活动大陆边缘中—新生代弧后盆地的分类和演化.成都
    理工学院学报,25(2):134-144.

郭润华,李三忠,索艳慧,等.2017.华北地块楔入大华南地块和印支期弯山构造.地学前缘,24(4):
    171-184.

基辛 И Г.2014.地壳中的流体:地球物理学和构造地质学问题.张炜,佔巴扎布译.北京:地震出版社.

姜素华,高嵩,李三忠,等.2017.西太平洋洋—陆过渡带重磁异常与构造格架.地学前缘,24(4):
    152-170.

金宠,李三忠,王岳军,等.2009.雪峰陆内复合构造系统印支—燕山期构造变形的递变、穿时特征.石油
    与天然气地质,30(5):598-607.

金翔龙.2005.海底科学与发展战略//郑玉龙.海底科学战略研讨会论文集——庆祝金翔龙院士从事地
    质工作50年.北京:海洋出版社.

李三忠,侯方辉,吕海青,等.2004.洋中脊—地幔柱、地幔柱—海沟与海沟—洋中脊相互作用.海洋地质
    动态,20(11):1-5.

李三忠,郭晓玉,侯方辉,等.2005.洋中脊分段性及其拓展和叠接机制.海洋地质动态,20(11):19-28.

李三忠,索艳慧,刘鑫,等.2012.南海的盆地群与盆地动力学.海洋地质与第四纪地质,(6):55-78.

李三忠,赵淑娟,余珊,等.2013.东亚大陆边缘的板块重建与构造转换.海洋地质与第四纪地质,
    33(3):65-94.

李三忠,索艳慧,刘鑫,等.2015a.印度洋构造过程重建与成矿模式:西南印度洋洋中脊的启示.大地构
    造与成矿学,39(1):30-43

李三忠,索艳慧,余珊,等.2015b.西南印度洋构造地貌与构造过程.大地构造与成矿学,39(1):15-29.

李三忠,赵淑娟,余珊,等.2016.东亚原特提斯洋(Ⅱ):早古生代微陆块亲缘性与聚合.岩石学报,
    32(9).

李曙光.2015.深部碳循环的 Mg 同位素示踪.地学前缘,22(5):143-159.

李廷栋.2006.中国岩石圈三维结构专项研究主要进展和成果.中国地质,33(4):689-699.

刘丛强.2007.生物地球化学过程与地表物质循环:西南喀斯特流域侵蚀与生源要素循环.北京:科学出

版社.

刘焰.2012.深部碳循环:来自火成碳酸岩的启示.自然杂志,34(04):201-207.

吕林素.2007.试用地球系统科学观解读 2004 年印度洋地震海啸.地球学报,28(2):209-217.

马杏垣.1987.中国岩石圈动力学纲要.北京:地震出版社.

马宗晋,李存梯,高祥林.1998.全球洋底增生构造及演化.中国科学,28(2):157-165.

马宗晋,叶洪.2005.2004 年 12 月 26 日苏门答腊—安达曼大地震构造特征及地震海啸灾害.地学前缘,12(1):281-287.

庞洁红,李三忠,戴黎明,等.2011.太平洋洋底高原和海山成因.海洋地质与第四纪地质,31(4):1-10.

任建业,李思田.2000.西太平洋边缘海盆地的扩张过程和动力学背景.地学前缘,7(3):203-213.

戎嘉余,周忠和,怿王,等.2009.生命过程与环境的协同演化//中国科学院地学部地球科学发展战略研究组.21 世纪中国地球科学发展战略报告,中篇:21 世纪我国地球科学研究的若干重大科学问题.北京:科学出版社.

戎嘉余.2006.生物的起源、辐射、与多样性演变:来自华夏化石记录的启示.北京:科学出版社.

石学法,鄢全树.2013.西太平洋典型边缘海盆的岩浆活动.地球科学进展,28:737-750.

孙枢,王成善.2008.Gaia 理论与地球系统科学.地质学报,82(1):1-8.

索艳慧,李三忠,戴黎明,等.2012.东亚及其大陆边缘新生代构造迁移与盆地演化.岩石学报,28(8):2602-2618.

索艳慧,李三忠,曹现志,等.2017.中国东部中新生代反转构造及其所记录的大洋板块俯冲过程.地学前缘,24(4):249-267.

田丽艳,赵广涛,陈佐林,等.2003.马里亚纳海槽热液活动区玄武岩的岩石地球化学特征.中国海洋大学学报(自然科学版),33:405-412.

王鹏程,赵淑娟,李三忠,等.2015.长江中下游南部逆冲推覆构造样式及其机制.岩石学报,31(1):230-244.

王鹏程,李三忠,郭玲莉,等.2017.南海打开模式:右行走滑拉分与古南海俯冲拖曳.地学前缘,24(4):294-319.

王述功,王冠荣,刘保华,等.1998.横穿印度洋重力剖面的基本特征及其地质意义.极地研究,10(2):130-138.

王顺义.2002.20 世纪的科学革命.历史教学问题,(5):29-33.

谢树成,殷鸿福.2014.地球生物学前沿:进展与问题.中国科学:地球科学,44(6):1072-1086.

许淑梅,冯怀伟,李三忠,等.2016.贺兰山及周边地区加里东运动研究.岩石学报,32(7):2137-2150.

袁训来,肖书海,尹磊明,等.2002.陡山沱期生物群——早期动物辐射前夕的生命.合肥:中国科学技术大学出版社.

翟裕生.2007.地球系统、成矿系统到勘查系统.地学前缘,14(1):172-181.

张国伟,李三忠.2017.西太平洋—北印度洋及其洋陆过渡带:古今演变与论争.海洋地质与第四纪地质,37(4):1-17.

张国伟,郭安林,王岳军,等.2013.关于中国华南大地构造与问题.中国科学(地球科学版),43(10):1553-1582.

张剑,李三忠,李玺瑶,等.2017.鲁西地区燕山期构造变形:古太平洋板块俯冲的构造响应.地学前缘,

24(4):226-238.

张立飞,陶仁彪,朱建江.2017.俯冲带深部碳循环:问题与探讨.矿物岩石地球化学通报,36(02):185-196+182.

张旗,王焰,钱青,等.2001.中国东部燕山期埃达克岩的特征及其构造—成矿意义.岩石学报,17(2):236-244.

张旗,王元龙,金惟俊,等.2008.晚中生代的中国东部高原:证据、问题和启示.地质通报,27(9):1404-1430.

张涛,林间,高金耀.2011.90 Ma 以来热点与西南印度洋中脊的交互作用:海台与板内海山的形成.中国科学,41(6):760-772.

赵会民,吕炳全,孙洪斌,等.2002.西太平洋边缘海盆地的形成与演化.海洋地质与第四纪地质,22(1):57-62.

赵俐红,高金耀,金翔龙,等.2005.中太平洋海山群漂移史及其来源.海洋地质与第四纪地质,25(3):35-42.

Abbott M J, Chamalaun F H. 1981. Geochronology of some Banda Arc volcanics//Barber A J, Wiryosujono S. The Geology and Tectonics of Eastern Indonesia. Special Publication, 2. Bandung: Geological Research and Development Centre:253-268.

Acharyya S K. 2000. Break up of Australia-India-Madagascar Block, opening of the Indian Ocean and continental accretion in Southeast Asia with special reference to the characteristics of the Peri- Indian collision zones. Gondwana Research,3(4):425-443.

Allwood A C, Walter M R, Kamber B S, et al. 2006. Stromatolite reef from the Early Archaean era of Australia. Nature,441(7094):714-718.

Almalki K A, Betts P G, Ailleres L. 2014. Episodic sea-floor spreading in the Southern Red Sea. Tectonophysics, 617:140-149.

Alt J C, Schwarzenbach E M, Früh- Green G L, et al. 2013. The role of serpentinites in cycling of carbon and sulfur: Seafloor serpentinization and subduction metamorphism. LITHOS,178(9):40-54.

Amodio M L, Bonardi G, Colonna V, et al. 1976. L'Arco Calabro- Peloritano nell'orogene appenninico- maghrebide. Memorie Società Geologica Italiana,17:1-60.

Anbar A D, Knoll A H. 2002. Proterozoic ocean chemistry and evolution: A bioinorganic bridge? Science,297 (5584):1137-1142.

Anderson-Fontana S, Engeln J F, Lundgren P, et al. 1986. Tectonics and evolution of the Juan Fernandez microplate at the Pacific- Nazca- Antarctic plate junction. Journal of Geophysical Research, 91 (B2): 2005-2018.

Armijo R, Meyer B, Hubert Ferrari A, et al. 1999. Propagation of the North Anatolian fault into the northern Aegean: Timing and kinematics. Geology,27:267-270.

Arndt N T, Nisbet E G. 2012. Processes on the Young Earth and the Habitats of Early Life. Annual Review of Earth and Planetary Sciences,40(6):521-549.

Artemieva I M, Thybo H. 2013. EUNAseis: A seismic model for Moho and crustal structure in Europe, Greenland, and the North Atlantic region. Tectonophysics,609:97-153.

Atwater T, Severinghaus J. 1990. Tectonic maps of the northeast Pacific//Winterer E L, Hussong D M, Decker R W. The Eastern Pacific Ocean and Hawaii. Volume N: The Geology of North America. Colorado: Geological Society of America:15-20.

Atwater T, Stock J. 1998. Pacific-North America plate tectonics of the Neogene southwestern United States: An updage. International Geology Review,40:375-402.

Atwater T, Sclater J, Sandwell D, et al. 1993. Fracture zone traces across the North Pacific Cretaceous Quiet Zone and their tectonic implications. Mesozoic Pacific Geology Tectonics & Volcanism:137-154.

Audley Charles M G. 1988. Evolution of the southern margin of Tethys (North Australian region) from early Permian to Late Cretaceous//Audley Charles M G, Hallam A. Gondwana and Tethys. Special Publication. Geological Society of London,37(1):79-100.

Audley Charles M G. 1991. Tectonics of the New Guinea area. Annual Review of Earth and Planetary Sciences, 19:17-41.

Axen G J, Lam P S, Grove M, et al. 2001. Exhumation of the west-central Alborz Mountains, Iran, Caspian subsidence, and collision-related tectonics. Geology,29(6):559-562.

Baines A G, Cheadle M J, Dick H J B, et al. 2007. Evolution of the Southwest Indian Ridge from 55°45′E to 62°E: Changes in plate boundary geometry since 26 Ma. Geochemistry Geophysics Geosystems,8(6):Q06022.

Barber A J. 1981. Structural interpretations of the island of Timor, Eastern Indonesia//Barber A J, Wiryosujono S. The Geology and Tectonics of Eastern Indonesia. Special Publication,2. Bandung: Geological Research and Development Centre:183-198.

Barber A J, Davies H L, Jezek P A, et al. 1981. The geology and tectonics of Eastern Indonesia: Review of the SEATAR Workshop 9-14 July,1979//Barber A J, Wiryosujono S. The Geology and Tectonics of Eastern Indonesia. Geological Research and Development Centre, Bandung, Indonesia. Special Publication 2:7-28.

Barberi F, Bigioggero B, Boriani A, et al. 1987. The island of Sumbawa: A major structural discontinuity in the Indonesia arc. Bulletin of the Geological Society of Italy,106:547-620.

Barklage M, Wiens D, Conder J, et al. 2015. P and S velocity tomography of the Mariana subduction system from a combined land-sea seismic deployment. Geochemistry Geophysics Geosystems,16:681-704.

Barling J, Goldstein S L, Nicholls I A. 1994. Geochemistry of Heard Island (southern Indian Ocean): Characterization of an enriched mantle component and implications for enrichment of the sub-Indian Ocean mantle. Journal of Petrology,35(4):1017-1053.

Bekker A, Holland H D. 2012. Oxygen overshoot and recovery during the early Paleoproterozoic. Earth and Planetary Science Letters,317-318(2):295-304.

Bellahsen N, Faccenna C, Funiciello F, et al. 2003. Why did Arabia separate from Africa? Insights from 3-D laboratory experiments. Earth and Planetary Science Letters,216(3):365-381.

Bellahsen N, Fournier M, D'Acremont E, et al. 2006. Fault reactivation and rift localization: The northeastern Gulf of Aden margin. The Geology of Geomechanics. London: The Geological Society London:157-163.

Bellahsen N, Leroy S, Autin J, et al. 2013. Pre-existing oblique transfer zones and transfer/transform relationships in continental margins: New insights from the southeastern Gulf of Aden, Socotra Island, Yemen. Tectonophysics, 607(6):32-50.

参考文献

Ben Avraham Z, Nur A. 1987. Effects of collisions at trenches on oceanic ridges and passive margins//Monger J W H, Francheteau J. Circum-Pacific Orogenic Belts and Evolution of the Pacific Ocean Basin. Geodynamics Series. Washington: American Geophysical Union.

Ben Avraham Z, Hartnady C J H, Roex A P L. 1995. Neotectonic activity on continental fragments in the Southwest Indian Ocean: Agulhas Plateau and Mozambique Ridge. Journal of Geophysical research, 100(B4): 6199-6211.

Bennett S E K, Oskin M E. 2014. Oblique rifting ruptures continents: Example from the Gulf of California shear zone. Geology, 42:215-218.

Bennett S E K, Oskin M E, Iriondo A. 2013. Transtensional rifting in the proto-Gulf of California, near Bahía Kino, Sonora, México. Geological Society of America Bulletin, 125:1752-1782.

Bergh H W, Barrett D M. 1980. Aghulas Basin magnetic bight. Nature, 287:591-595.

Bernard A, Munschy M, Rotstein Y, et al. 2005. Refined spreading history at the Southwest Indian Ridge for the last 96 Ma, with the aid of satellite gravity data. Geophysical Journal International, 162(3):765-778.

Berner R A. 2003. The long-term carbon cycle, fossil fuels and atmospheric composition. Nature, 426(6964): 323-326.

Betts P G, Mason W G, Moresi L. 2012. The influence of a mantle plume head on the dynamics of a retreating subduction zone. Geology, 40:739-742.

Betts P G, Moresi L, Miller M S, et al. 2015. Geodynamics of oceanic plateau and plume head accretion and their role in Phanerozoic orogenic systems of China. Focus Geoscience Frontiers, 6:49-59.

Bird P. 2003. An updated digital model of plate boundaries. Geochemistry Geophysics Geosystems, 4(3):1027.

Bird R T, Naar D F. 1994. Intratransform origins of mid-ocean ridge microplates. Geology, 22:987-990.

Bird R T, Tebbens S F, Kleinrock M C, et al. 1999. Episodic triple-junction migration by rift propagation and microplates. Geology, 27:911-914.

Blackman D K, Canales J P, Harding A. 2009. Geophysical signatures of oceanic core complexes. Geophysical Journal International, 178(2):593-613.

Blackmon M. 2003. Towards a community Earth System Model. Hamburg: EGS-AGU-EUG Joint Assembly.

Bogdanova S V, Bingen B, Gorbatschev R, et al. 2008. The East European Craton(Baltica)before and during the assembly of Rodinia. Precambrian Research, 160:23-45.

Bohoyo F, Galindo Zaldivar J, Maldonado A, et al. 2002. Basin development subsequent to ridge-trench collision: The Jane Basin, Antarctica. Marine Geophysical Researches, 23(5-6):413-421.

Bonardi G, Cavazza W, Perrone V, et al. 2001. Calabria-Peloritani terrane and northern Ionian Sea//Vai G B, Martini I P. Anatomy of a Mountain: The Apennines and adjacent Mediterranean Basins. London: Kluwer Academic Publisher.

Boschman L M, Van Hinsbergen D J J. 2016. On the enigmatic birth of the Pacific plate within the Panthalassa Ocean. Science Advance, 2:e1600022.

Bosworth W, Huchon P, McClay K. 2005. The Red Sea and Gulf of Aden basins: Phanerozoic evolution of Africa. Journal of African Earth Sciences, 43:334-378.

Bradshaw J D. 1989. Cretaceous geotectonic patterns in the New Zealand region. Tectonics, 8(4):803-820.

Brasseur G, Steffen W, Noone K. 2005. Earthsystem focus for geosphere- biosphere program. Eos Transactions American Geophysical Union, 86(22):209-214.

Bull J M, Scrutton R A. 1990. Fault reactivation in the central Indian Ocean and the rheology of oceanic lithosphere. Nature, 344:855-858.

Caldeira K, Kasting J F. 1992. Susceptibility of the early Earth to irreversible glaciation caused by carbon dioxide clouds. Nature, 359(6392):226-228.

Calvert A, Klemperer S, Takahashi N, et al. 2008. Three- dimensional crustal structure of the Mariana island arc from seismic tomography. Journal of Geophysical Research, 113:B01406.

Cande S C, Stegman D R. 2011. Indian and African plate motions driven by the push force of the Reunion plume head. Nature, 475(7354):47-52.

Cande S C, Patriat P, Dyment J. 2010. Motion between the Indian, Antarctic and African plates in the early Cenozoic. Geophysical Journal International, 183:127-149.

Canfield D E. 1970. The early history of atmospheric oxygen: Homage to Robert M. Garrels. Space Life Sciences, 2(1):5-17.

Capozzi R, Artoni A, Torelli L, et al. 2012. Neogene to Quaternary tectonics and mud diapirism in the Gulf of Squillace(Crotone-Spartivento Basin, Calabrian Arc, Italy). Marine and Petroleum Geology, 35:219-234.

Cardwell R K, Isacks B L. 1978. Geometry of the subducted lithosphere beneath the Banda Sea in eastern Indonesia from seismicity and fault plane solutions. Journal of Geophysical Research: Solid Earth (1978-2012), 83:2825-2838.

Carey S. 1955. The orocline concept in geotectonics- Part I. Papers and Proceedings of the Royal Society of Tasmania, 89:255-288.

Cavazza W, Blenkinsop J, De Celles P, et al. 1997. Stratigrafia e sedimentologia della sequenza sedimentaria oligocenico-quaternaria del bacino calabro-ionico. Bollettino Società Geologica Italiana, 116:51-77.

Chamot-Rooke N, Jestin F, De Voogd B, et al. 1993. Intraplate shortening in the central Indian Ocean determined from a 2100-km-long north-south deep seismic reflection profile. Geology, 21:1043-1046.

Chamot-Rooke N, Fournier M, Scientific Team of AOC and OWEN cruises. 2009. Tracking Arabia-India motion from Miocene to Present. American Geophysical Union, Fall Meeting 2009.

Chandler M, Wessel P, Seton M, et al. 2012. Reconstructing Ontong Java Nui: Implications for Pacific absolute plate motion, hotspot drift and true polar wander. Earth and Planetary Science Letters, 331-332:140-151.

Charvis P, Recq M, Operto S, et al. 1995. Deep structure of the northern Kerguelen Plateau and hotspot-related activity. Geophysical Journal International, 122(3):899-924.

Chu D, Gordon R G. 1999. Evidence for motion between Nubia and Somalia along the Southwest Indian Ridge. Nature, 398:64-67.

Cifelli F, Mattei M, Rossetti F. 2007. Tectonic evolution of arcuate mountain belts on top of a retreating subduction slab: The example of the Calabrian Arc. Journal of Geophysical Research, 112:B09101.

Clift P, Wan S, Blusztajn J. 2014. Reconstructing chemical weathering, physical erosion and monsoon intensity since 25 Ma in the northern South China Sea: A review of competing proxies. Earth- Science Reviews, 130:86-102.

Cloetingh S, Wortel R. 1986. Stress in the Indo-Australian plate. Tectonophysics, 132:49-67.

Clouard V, Gerbault M. 2008. Break-up spots: Could the Pacific open as a consequence of plate kinematics? Earth and Planetary Science Letters, 265:195-208.

Coffin M F, Pringle M S, Duncan R A, et al. 2002. Kerguelen hotspot magma output since 130 Ma. Journal of Petrology, 43(7):1121-1137.

Condie K C. 2001. Mantle plume and their reord in earth history. Cambridge: Cambridge University Press.

Cook D B, Fujita K, McMullen C A. 1986. Present-day plate interactions in northeast Asia: North America, Eurasian, and Okhotsk plates. Journal of Geodynamics, 6(1):33-51.

Cowley S, Mann P, Coffin M F, et al. 2002. Oligocene to recent tectonic history of the Central Solomon intra-arc basin as determined from marine seismic reflection data and compilation of onland geology. Tectonophysics, 389:267-307.

Craig H, Kim K R, Franchetau J. 1983. Active ridge crest mapping on the Juan Fernandez micro-plate: The use of Sea Beam-controlled hydrothermal plume surveys(abstract). Eos Transactions AGU, 64:45.

Curray J R, Munasinghe T. 1991. Origin of the Rajmahal Traps and the 85°E Ridge: Preliminary reconstructions of the trace of the Crozet hotspot. Geology, 19(12):1237-1240.

Daeschler E B, Shubin N H, Jr J F. 2006. A Devonian tetrapod-like fish and the evolution of the tetrapod body plan. Nature, 440(7085):757-763.

Dalziel I W D. 1997. Overview: Neoproterozoic-Paleozoic geography and tectonics: Review, hypothesis and environmental speculations. Geological Society of America Bulletin, 109:16-42.

Darin M H, Bennett S E K, Dorsey R J, et al. 2016. Late Miocene extension in coastal Sonora, México: Implications for the evolution of dextral shear in the proto-Gulf of California oblique rift. Tectonophysics, 693: 378-408.

Das S. 2004. Seismicity gaps and the shape of the seismic zone in the Banda Sea region from relocated hypocenters. Journal of Geophysical Research, 109:B12303.

Dasgupta R, Hirschmann M M. 2010. The deep carbon cycle and melting in Earth´s interior. Earth and Planetary Science Letters, 298(1):1-13.

Davies G F. 2011. Mantle convection for geologists. Cambridge: Cambridge University Press.

De Jong K, Xiao W J, Windley B F, et al. 2006. Ordovician ^{40}Ar/^{39}Ar phengite ages from the blueschist-facies Ondor Sum subduction-accretion complex(Inner Mongolia) and implications for the early Paleozoic history of continental blocks in China and adjacent areas. American Journal of Science, 306:799-845.

Del Ben A, Barnaba C, Taboga A. 2008. Strike-slip systems as the main tectonic features in the Plio-Quaternary kinematics of the Calabrian Arc. Marine Geophysical Research, 29:1-12.

Delescluse M, Montesi L G J, Chamot-Rooke N. 2008. Fault reactivation and selective abandonment in the oceanic lithosphere. Geophysical Research Letters, 35:L16312.

Deschamps A, Okino K, Fujioka K. 2002. Late amagmatic extension along the central and eastern segments of the West Philippine Basin fossil spreading axis. Earth and Planetary Science Letters, 203:277-293.

Dewey J F, Helman M L, Turco E, et al. 1989. Kinematics of the western Mediterranean//Coward M P, Dietrich D, Park R G. Alpine Tectonics. Geological Society of London Special Publication, 45:265-283.

Dick H, Lin J, Schouten H. 2003. An ultraslow-spreading class of ocean ridge. Nature, 426: 405-412.

Djamour Y, Vernant P, Bayer R, et al. 2010. GPS and gravity constraints on continental deformation in the Alborz mountain range, Iran. Geophysical Journal International, 183: 1287-1301.

Djamour Y, Vernant P, Nankali H R, et al. 2011. NW Iran-eastern Turkey present-day kinematics: Results from the Iranian permanent GPS network. Journal of Geophysical Research, 307: 27-34.

Dobretsov N L, Berzin N A, Buslov M M. 1995. Opening and tectonic evolution of the Paleo-Asian Ocean. International Geology Review, 35: 335-360.

Drachev S S, Malyshev N A, Nikishin A M. 2010. Tectonic history and petroleum geology of the Russian Arctic Shelves: An overview. Petroleum Geology Conference Series, 7: 591-619.

Duncan R A. 2002. A Time Frame for Construction of the Kerguelen Plateau and Broken Ridge. Journal of Petrology, 43(7): 1109-1119.

Duncan R A, Hargraves R B. 1990. $^{40}Ar/^{39}Ar$ geochronology of basement rocks from the Mascarene Plateau, the Chagos Bank, and the Maldives Ridge. Proceedings of the Ocean Drilling Program: Scientific Results, 115: 43-52.

Dyment J. 1993. Evolution of the Indian Ocean triple junction and 49 Ma (Anomalies 28 to 21). Journal of Geophysical Research, 98(B8): 13,863-13,877.

Dyment J, Lin J, Baker E T. 2007. Ridge-hotspot interactions: What mid-ocean ridges tell us about deep Earth processes. Oceanography 20(1): 102-115.

D'Acremont E, Leroy S, Maia M, et al. 2006. Structure and evolution of the eastern Gulf of Aden: Insights from magnetic and gravity data (Encens-Sheba/MD117 cruise). Geophysical Journal International, 165: 786-803.

D'Agostino N, Avallone A, Cheloni D, et al. 2008. Active tectonics of the Adriatic region from GPS and earthquake slip vectors. Journal of Geophysical Research-Solid Earth, 113: B12413.

D'Acremont E, Leroy S, Mia M, et al. 2010. Volcanism, ridge jump and ridge propagation in the eastern Gulf of Aden: Segmentation evolution and implications for accretion processes. Geophysical Journal International, 180: 520-534.

Eakins B W. 2002. Structure and Development of Oceanic Rifted Margins. University of California, San Diego: Earth Sciences.

Eguchi T. 1984. Seismotectonics around the Mariana Trough. Tectonophysics, 102: 33-52.

Eldredge S. 1985. Paleomagnetism and the orocline hypothesis. Tectonophysics, 119(1): 153-179.

Emry E, Wiens D, Garcia-Castellanos D. 2014. Faulting within the Pacific plate at the Mariana Trench: Implications for plate interface coupling and subduction of hydrous minerals. Journal of Geophysical Research, 119: 3076-3095.

Engebretson D C, Cox A, Gorden R G. 1985. Relative motions between oceanic and continental plates in the Pacific basin. The Geological Society of America, Special Paper, 206: 1-59.

Engeln J F, Stein S. 1984. Tectonics of the Easter plate. Earth and Planetary Science Letters, 68: 259-270.

Evans D A D. 2003. True polar wander and supercontinents. Tectonophysics, 362: 303-320.

Evans D A D, Mitchell R N. 2011. As sembly and breakup of the core of Paleoproterozoic-Mesoproterozoic super-continent Nuna. Geology, 39(5): 443-446.

Faccenna C, Becker T W, Lucente F P, et al. 2001. History of subduction and back-arc extension in the central Mediterranean. Geophysical Journal International, 145(3): 809-820.

Faccenna C, Giuseppe E D, Funiciello F, et al. 2009. Control of seafloor aging on the migration of the Izu-Bonin-Mariana trench. Earth and Planetary Science Letters, 288: 386-398.

Faccenna C, Piromallo C, Crespo-Blanc A, et al. 2004. Lateral slab deformation and the origin of the western Mediterranean arcs. Tectonics, 23: 1012-1033.

Fairhead J D, Green C M, Masterton S M, et al. 2013. The role that plate tectonics, inferred stress changes and stratigraphic unconformities have on the evolution of the West and Central African Rift System and the Atlantic continental margins. Tectonophysics, 594: 118-127.

Farr T, Kobrick M. 2000. Shuttle radar topography mission produces a wealth of data. Eos Transactions, 81: 583-585.

Ferris J P. 2005. Mineralcatalysis and prebiotic synthesis: Montmorillonite-catalyzed formation of RNA. Elements, 1(1): 145-149.

Fisher R L, Bunce E T, Cernock P J, et al. 1974. Initial Reports of the Deep Sea Drilling Project. Washington: U. S. Government Office.

Fletcher J M, Grove M, Kimbrough D, et al. 2007. Ridge-trench inter-actions and the Neogene tectonic evolution of the Magdalena shelf and southern Gulf of California: Insights from detrital zircon U-Pb ages from the Magdalena fan and adjacent areas. Geological Society of America Bulletin, 119: (11-12): 1313-1336.

Foley S F. 2011. A Reappraisal of Redox Melting in the Earth's Mantle as a Function of Tectonic Setting and Time. Journal of Petrology, 52(7-8): 1363-1391.

Fournier M, Patriat P, Leroy S. 2001. Reappraisal of the Arabia-India-Somalia triple junction kinematics. Earth and Planetary Science Letters, 189: 103-114.

Fournier M, Chamot-Rooke N, Rodriguez M, et al. 2011. Owen Fracture Zone: The Arabia-India plate boundary unveiled. Earth and Planetary Science Letters, 302: 247-252

Frey F A, Coffin M F, Wallace P J, et al. 2000. Origin and evolution of a submarine large igneous province: The Kerguelen Plateau and Broken Ridge, southern Indian Ocean. Earth and Planetary Science Letters, 176(1): 73-89.

Frisch W, Meschede M, Blakey R. 2011. Plate Tectonics-Continental Drift and Mountain Building. New York: Springer-Verlag.

Fryer P. 1996. Evolution of the Mariana Convergent Plate Margin System. Reviews of Geophysics, 34: 89-125.

Genrich J F, Bock Y, McCaffrey R, et al. 2000. Distribution of slip at the northern Sumatran fault system. Journal of Geophysical Research-Solid Earth, 105: 28327-28341.

Georgen J E, Lin J, Dick H J. 2001. Evidence from gravity anomalies for interactions of the Marion and Bouvet hotspots with the Southwest Indian Ridge: Effects of transform offsets. Earth and Planetary Science Letters, 187: 283-300.

Ghosh N, Hall S A, Casey J F. 1984. Seafloor spreading magnetic anomalies in the Venezuelan Basin//Bonini W, Hargraves R B, Shagam R. The Caribbean-South American Plate Boundary and Regional Tectonics. Geological Society of America, 162: 65-80.

Gianni G M, García H P A, Lupari M, et al. 2017. Plume overriding triggers shallow subduction and orogeny in the southern Central Andes ARTICLE INFO. Gondwana Research, 49:387-395.

Gibbons A D, Zahirovic S, Müller R D. 2015. A tectonic model reconciling evidence for the collisions between India, Eurasia and intra-oceanic arcs of the central-eastern Tethys. Gondwana Research, 28:451-492.

Gowik U, Westhoff P. 2011. The path from C3 to C4 photosynthesis. Plant Physiology, 155(1):56-63.

Graham D W, Johnson K T M, Priebe L D, et al. 1999. Hotspot-ridge interaction along the Southeast India Ridge near Amsterdam and St. Pau l islands: Helium isotope evidence. Earth and Planetary Science Letters, 167: 197-310.

Grassineau N V, Abell P I, Appel P W U, et al. 2006. Early life signatures in sulfur and carbon isotopes, from Isua, Barberton, Wabigoon(Steep Rock), and Belingwe greenstone belts. Memoir of the Geological Society of America, 198:33-52.

Grevemeyer I, Flueh E R, Reichert C, et al. 2001. Crustal architecture and deep structure of the Ninetyeast Ridge hotspot trail from active- source ocean bottom seismology. Geophysical Journal International, 144 (2): 414-431.

Gruber N, Galloway J N. 2008. An Earth−system perspective of the global nitrogen cycle. Nature, 451, 293-296.

Gueguen E, Doglioni C, Fernandez M. 1998. On the post- 25 Ma geodynamic evolution of the western Mediterranean. Tectonophysics, 298:259-269.

Gvirtzman Z, Nur A. 2001. Residual topography, lithospheric structure and sunken slabs in the central Mediterranean. Earth and Planetary Science Letters, 187:117-130.

Hall R. 2002. Cenozoic geological and plate tectonic evolution of SE Asia and the SW Pacific: Computer-based reconstructions, model and animations. Journal of Asian Earth Sciences, 20:353-431.

Hall R, Wilson M E J. 2000. Neogene sutures in eastern Indonesia. Journal of Asian Earth Sciences, 18: 781-808.

Hall R, Spakman W. 2002. Subducted slabs beneath the eastern Indonesia- Tonga region: Insights from tomography. Earth and Planetary Science Letters, 201:321-336.

Hall R, Spakman W. 2015. Mantle structure and tectonic history of SE Asia. Tectonophysics, 658:14-45.

Hall R, Ali J R, Anderson C D, et al. 1995. Origin and motion history of the Philippine Sea Plate. Tectonophysics, 251:229-250.

Harrison L N, Weis D, Garcia M O. 2017. The link between Hawaiian mantle plume composition, magmatic flux, and deep mantle geodynamics. Earth and Planetary Science Letters, 463:298-309.

Hart S R. 1988. Heterogeneous mantle domains: Signatures, genesis and mixing chronologies. Earth and Planetary Science Letters, 90:273-296.

Hashima A, Fukahata Y, Matsuura M. 2008. 3- D simulation of tectonic evolution of the Mariana arc- back- arc system with a coupled model of plate subduction and back-arc spreading. Tectonophysics, 458:127-136.

Hazen R M, Ferry J M. 2010. Mineral Evolution: Mineralogy in the Fourth Dimension. Elements, 6(1):9-12.

Hazen R M, Schiffries C M. 2013. Why deep carbon? Reviews in Mineralogy and Geochemistry, 75(1):1-6.

Herron E M. 1972. Two small crustal plates in the South Pacific near Easter Island. Nature, 240:35-37.

Hey R N. 2004. Propagating rifts and microplates at mid- ocean ridges. In: Selley R C, Cocks R, Plimer

参考文献

I. Encyclopedia of Geology. London: Academic Press.

Hey R N, Naar D F, Kleinrock M C, et al. 1985. Microplate tectonics along a superfast seafloor spreading system near Easter Island. Nature, 317:320-325.

Hey R N. 2005. Propagating rifts and microplates at mid-ocean ridges. Tectonics:396-405.

Hilde T W C, Uyeda S, Kroenke L. 1977. Evolution of the western Pacific and its margin. Tectonophysics, 38: 145-165.

Hinschberger F, Malod J A, Réhault J P, et al. 2000. Origine et evolution du basin Nord-Banda(Indonésie): Apport des données magnétiques. Comptes Rendus De Lacademie Des Sciences, 331:507-514.

Hinschberger F, Malod J A, Dyment J, et al. 2001. Magnetic lineations constraints for the back-arc opening of the Late Neogene South Banda Basin(eastern Indonesia). Tectonophysics, 333:47-59.

Hoffman, Kaufman, Halverson, et al. 1998. A neoproterozoic snowball earth. Science (New York, N. Y.), 281 (5381):1342-1346.

Holland H D. 2002. Volcanic gases, black smokers, and the great oxidation event. Geochimica Et Cosmochimica Acta, 66(21):3811-3826.

Holland H D. 2006. The oxygenation of the atmosphere and oceans. Philosophical Transactions of the Royal Society of London, 361(1470):903-915.

Holm N G, Andersson E M. 1995. Abiotic synthesis of organic compounds under the conditions of submarine hydrothermal systems: A perspective. Planetary & Space Science, 43(1-2):153.

Honthaas C, Réhault, J P, Maury R C, et al. 1998. A Neogene back-arc origin for the Banda Sea basins: Geochemical and geochronological constraints from the Banda ridges(East Indonesia). Tectonophysics, 298: 297-317.

Honza E, Fujioka K. 2004. Formation of arcs and back-arc basins inferred from the tectonic evolution of Southeast Asia since the Late Cretaceous. Tectonophysics, 384:23-53.

Huang C Y, Chen W H, Lin Y C, et al. 2018. Juxtaposed sequence stratigraphy, temporal-spatial variations of sedimentation and development of modern-forming mélange in North Luzon Trough forearc basin onshore and off shore eastern Taiwan: An overview. Earth-Science Reviews, 182:102-140.

Huang L, Liu C Y, Kusky T M. 2015. Cenozoic evolution of the Tan-Lu Fault Zone(East China)-Constraints from seismic data. Gondwana Research, 28:1079-1095.

Hughes G, Turner C. 1977. Upraised Pacific Ocean floor, southern Malaita. Geological Society of America Bulletin, 88:412-424.

Iglesia Llanos M P. 2018. The Jurassic Paleogeography of South America frompaleomagnetic data//Folguera A, et al. The Evolution of the Chilean-Argentinean Andes. Springer Earth System Sciences.

Jennifer W, Nathalie F, Eric J, et al. 2016. Two hundred thirty years of relative sea level changes due to climate and megathrust tectonics recorded in coral microatolls of Martinique (FrenchWest Indies), Journal of Geophysical Research: Solid Earth, 121:2873-2903.

Jolivet L, Huchon P, Brun J P, et al. 1991. Arc deformation and marginal basin opening, Japan Sea, as a case study. Journal of Geophysical Research, 96:4367-4384.

Jolivet L, Tamaki K, Fournier M. 1994. Japan Sea, opening history and mechanism: A synthesis. Journal of

Geophysical Research,99(B11):22237-22259.

Kasting J F. 2004. When methane made climate. Scientific American,291(1):78.

Kato T, Beavan J, Matsushima T, et al. 2003. Geodetic evidence of back-arc spreading in the Mariana Trough. Geophysical Research Letters,30:1625.

Keir D,Bastow I D,Pagli C,et al. 2013. The development of extension and magmatism in the Red Sea rift of Afar. Tectonophysics,607:98-114.

Kelemen P B, Matter J, Streit E E, et al. 2011. Rates and Mechanisms of Mineral Carbonation in Peridotite: Natural Processes and Recipes for Enhanced,in situ CO_2 Capture and Storage. Annual Review of Earth and Planetary Sciences,39(1):545-576.

Kelley K, Plank T, Grove T, et al. 2006. Mantle melting as a function of water content beneath back-arc basins. Journal of Geophysical Research,111:B09208.

Kelley K,Plank T,Newman S,et al. 2010. Mantle melting as a function of water content beneath the Mariana arc. Journal of Petrology,51:1711-1738.

Kerrick D M, Connolly J A D. 2001. Metamorphic devolatilization of subducted marine sediments and the transport of volatiles into the Earth´s mantle. Nature,411(6835):293-296.

Khain V E. 2001. Tectonics of Continents and Oceans(Year 2000). Moscow:Scientific World(in Russian).

Kimura G,Rodzdestvenskiy V S,Okumura K,et al. 1992. Mode of mixture of oceanic fragments and terrigenous trench all in an accretionary complex:Example from southern Sakhalin. Tectonophysics,202:361-374.

Kind R, Yuan X, Saul J, et al. 2002. Seismic images of crust and upper mantle beneath Tibet:Evidence for Eurasian plate subduction. Science,298:1219-1221.

King S D, Adam C. 2014. Hotspot swells revisited. Physics of the Earth and Planetary Interiors,235:66-83.

Kinoshita O. 2002. Possible manifestations of slab window magmatisms in Cretaceous southwest Japan. Tectonophysics,344(1-2):1-13.

Konstantinovskaia E A. 2001. Arc-continent collision and subduction reversal in the Cenozoic evolution of the Northwest Pacific:An example from Kamchatka(NE Russia). Tectonophysics,333:75-94.

Koulali A,Ouazar D,Tahayt A,et al. 2011. New GPS constraints on active deformation along the Africa-Iberia plate boundary. Earth and Planetary Science Letters,308:211-217.

Kusky T M,Yong C P. 1999. Emplacement of the Resurrection Peninsula ophiolite in the southern Alaska forearc during a ridge-trench encounter. Journal of Geophysical Research-Solid Earth,104(B12):29025-29054.

Kusky T M, Bradley D C, Hauessler P. 1997. Progressive deformation of the Chugach accretionary complex, Alaska,during a Paleogene ridge-trench encounter. Journal of Structural Geology,19(2):139-157.

Kwok S. 2004. The synthesis of organic and inorganic compounds in evolved stars. Nature,430(7003):985-991.

Lanyon R, Varne R, Crawford A J. 1993. Tasmanian Tertiary basalts, the Balleny plume, and opening of the Tasman Sea(southwest Pacific Ocean). Geology,21:555-558.

Larson R L, Chase C G. 1972. Late Mesozoic evolution of the Western Pacific. Geological Society of America Bulletin,83:3627-3644.

Lawver L, Scotese C R. 1987. A revised reconstruction of Gondwanaland//McKenzie G D. Gondwana six: Structure,Tectonics and Geophysics. Am. Geophys. Union Monogr. ,40:17-23.

Leroy S, D'Acremont E, Tiberi C, et al. 2010. Recent off-axis volcanism in the eastern Gulf of Aden: Implications for plume-ridge interaction. Earth and Planetary Science Letters, 293:140-153.

Leroy S, Gente P, Fournier M, et al. 2004. From rifting to spredding in the eastern Gulf of Aden: A geophysical survey of a young oceanic basin from margin to margin. Terra Nova, 16:185-192.

Li S Z, Santosh M, Zhao G C, et al. 2012. Intracontinental deformation in a frontier of super-convergence: A perspective on the tectonic milieu of the South China Block. Journal of Asian Earth Sciences, 49:313-329.

Li S Z, Suo Y H, Li X Y, et al. 2018. Microplate tectonics: New insights from micro-blocks in the global oceans, continental margins and deep mantle. Earth-Science Reviews, 185:1029-1064.

Li Z X, Bogdanova S V, Davidson A, et al. 2008. Assembly, configuration, and break-up history of Rodinia: A synthesis. Precambrian Research, 160:179-210.

Liu B, Li S Z, Suo Y H, et al. 2016. The geological nature and geodynamics of the Okinawa Trough, Western Pacific. Geological Journal, 51(S1):416-428.

Liu X J, Xu J F, Xiao W J, et al. 2015. The boundary between the Central Asian Orogenic belt and Tethyan tectonic domain deduced from Pb isotopic data. Journal of Asian Earth sciences, 113:7-15.

Liu X, Zhao D P, Li S Z, et al. 2017. Age of the subducting Pacific slab beneath East Asia and its geodynamic implications. Earth and Planetary Science Letters, 464:166-174.

Livermore R A, Hunter R J. 1996. Mesozoic seafloor spreading in the southern Weddell Sea. Geological Society Special Publication, 108(1):227-241.

Lobkovsky L, Kotelkin V. 2015. The history of supercontinents and oceans from the standpoint of thermochemical mantle convection. Precambrian Research, 259:262-277.

Lonsdale P, Blum N, Puchelt H. 1992. The RRR triple junc-tion at the southern end of the Pacific-Cocos East Pacific Rise. Earth and Planetary Science Letters, 109:73-85.

Lonsdale P. 1988. Structural pattern of the Galapagos microplate and evolution of the Galapagos triple junctions. Journal of Geophysical Research, 93(13):551-574.

Lu A, Yan L, Song J, et al. 2012. Growth of non-phototrophic microorganisms using solar energy through mineral photocatalysis. Nature Communications, 3(1):768.

Lubnina N V, Slabunov A I. 2011. Reconstruction of the Kenorland supercontinent in the Neoarchean based on paleomagnetic and geological data. Moscow University Geology Bulletin, 66(4):242-249.

Lécuyer C, Gillet P, Robert F. 1998. The hydrogen isotope composition of seawater and the global water cycle. Chemical Geology, 145(3-4):249-261.

Ma Y, Clayton R W. 2014. The crust and uppermost mantle structure of Southern Peru from ambient noise and earthquake surface wave analysis. Earth and Planetary Science Letters, 395:61-70.

Macpherson C G, Hall R. 2001. Tectonic setting of Eocene boninite magmatism in the Izu-Bonin-Mariana forearc. Earth and Planetary Science Letters, 186:215-230.

Mahoney J, Nicollet C, Dupuy C. 1991. Madagascar basalts: Tracking oceanic and continental sources. Earth and Planetary Science Letters, 104:350-363.

Malahoff A, Hammond S R, Naughton J J, et al. 1982. Geophysical evidence for post-Miocene rotation of the island of Viti Levu, Fiji, and its relationship to the tectonic development of the North Fiji basin. Earth and

Planetary Science Letters,57:398-414.

Maldonado A,Dalziel I W D,Leat P T. 2015. The global relevance of the Scotia Arc:An introduction. Global and Planetary Change,125:A1-A8.

Malinverno A,Ryan W B F. 1986. Extension in the Tyrrhenian Sea and shortening in the Apennines as a result of arc migration driven by sinking of the lithosphere. Tectonics,5:227-243.

Mammerickx J, Klitgord K D. 1982. Northern East Pacific Rise:Evolution from 25 m. y. B. P. to the present. Journal of Geophysical Research,87:6751-6759.

Manea V C,Manea M,Ferrari L. 2013. A geodynamical perspective on the subduction of Cocos and Rivera plates beneath Mexico and Central America. Tectonophysics,609:56-81.

Manea V C,Manea M,Ferrari L,et al. 2017. A review of the geodynamic evolution of flat slab subduction in Mexico,Peru,and Chile. Tectonophysics,695:27-52.

Mann P,Taira A. 2004. Global tectonic significance of the Solomon Islands and Ontong Java Plateau convergent zone. Tectonophysics,389:137-190.

Mara M Y,Jason P M. 1998. Asthenosphere flow model of hotspot-ridge interactions:A comparison of Iceland and Kerguelen. Earth and Planetary Science Letters,161:45-56.

Marks K M,Tikku A A. 2001. Cretaceous reconstructions of East Antarctica,Africa and Madagascar. Earth and Planetary Science Letters,186(3-4):479-495.

Marshak S. 1988. Kinematics of orocline and arc formation in thin-skinned orogens. Tectonics,7(1):73-86.

Marshak S. 2004. Salients,recesses,arcs,oroclines,and syntaxes:A review of ideas concerning the formation of map-view curves in fold-thrust belts. Fish and Fisheries,15(3):410-427.

Martin A K. 2011. Double saloon door tectonics in the Japan Sea, Fossa Magna, and the Japanese Island Arc. Tectonophysics,498:45-65.

Martínez F,Fryer P,Becker N. 2000. Geophysical characteristics of the southern Mariana Trough,11°50′N-13°40′ N. Journal of Geophysical Research,105:16591-16607.

Maruyama S. 1994. Plume tectonics. Geological Society of Japan,100:24-49.

Matsuno T, Seama N, Evans R, et al. 2010. Upper mantle electrical resistivity structure beneath the central Mariana subduction system. Geochemistry Geophysics Geosystems,11:Q09003.

Mattei M,Cifelli F,D'Agostino N. 2007. The evolution of the Calabrian Arc:Evidence from paleomagnetic and GPS observations. Earth and Planetary Science Letters,263:259-274.

Mattern F A, Schneider W. 2000. Suturing of the proto- and paleo- tethys oceans in Kunlun Xinjiang, China. Journal of Asian Earth Sciences Special Issue:651-662.

Matthewsa K J,Müller R D,Sandwell D T. 2016. Oceanic microplate formation records the onset of India-Eurasia collision. Earth and Planetary Science Letters,433:204-214.

Maurin T, Masson F, Rangin C, et al. 2010. First Global Positioning System results in northern Myanmar: Constant and localized slip rate along the Sagaing fault. Geology,38:591-594.

Mayes C L, Lawver L A, Sandwell D T. 1990. Tectonic history and new isochron chart of the South Pacific. Journal of Geophysical Research,95:8543-8567.

McAdoo D C,Sandwell D T. 1985. Folding of Oceanic Lithosphere. Journal of Geophysical Research,90(B10):

8563-8569.

McCaffrey R. 2008. Global frequency of magnitude 9 earth-quakes. Geology 36(3):263-266.

McCaffrey R. 2009. The Tectonic Framework of the Sumatran Subduction Zone. Annual Review of Earth & Planetary Sciences,37:345-366.

McCarron J J,Smellie J. 1998. Tectonic implications of fore-arc magmatism and generation of high-magnesian andesites:Alex-ander Island,Antarctica. Journal of the Geological Society,155:269-280.

McClusky S,Reilinger R,Ogubazghi G,et al. 2010. Kinematics of the southern Red Sea-Afar Triple Junction and implications for plate dynamics. Geophysical Research Letters,37:137-147.

McClymont A F,Clowes R M. 2005. Anomalous lithospheric structure of Northern Juan de Fuca plate - a consequence of oceanic rift propagation? Tectonophysics,406(3):213-231.

Mccrory P A,Wilson D S,Stanley R G. 2009. Continuing evolution of the Pacific-Juan de Fuca-North America slab window system - A trench-ridge-transform example from the Pacific Rim. Tectonophysics,464:30-42.

McKenzie D P,Morgan W J. 1969. Evolution of triple junctions. Nature,224:125-133.

Meert J G. 2002. Paleomagnetic Evidence for a Paleo-Mesoproterozoic Supercontinent Columbia. Gondwana Research,5(1):207-215.

Menard H W. 1978. Fragmentation of the Farallon plate by pivoting subduction. Journal of Geology,86:99-110.

Meng L,Ampuero J P,Stock J. 2012. Earthquake in a Maze:Compressional rupture branching during the 2012 Mw 8. 6 Sumatra earthquake. Science,337(6095):724-726.

Meschede M,Frisch W. 1998. A plate-tectonic model for the Mesozoic and Early Cenozoic history of the Caribbean plate. Tectonophysics,296:269-291.

Michard A R,Montigny R,Schlich R. 1986. Geochemistry of the mantle beneath the Rodriguez triple junction and the Southeast Indian ridge. Earth and Planetary Science Letters,78:104-114.

Miller R F,Cloutier R,Turner S. 2003. The oldest articulated chondrichthyan from the Early Devonian period. Nature,425(6957):501-504.

Milsom J. 2005. The Vrancea seismic zone and its analogue in the Banda Arc,eastern Indonesia. Tectonophysics,410:325-336

Mitchell R N,Kilian T M,Evans D A D. 2012. Supercontinent cycles and the calculation of absolute palaeolongitude in deep time. Nature,482:208-211.

Morgan J P,Sandwell D T. 1994. Systematics of ridge propagation south of 30°S. Earth and Planetary Science Letters,121(1-2):245-258.

Munschy M,Antoine C,Gachon A. 1996. Tectonic evolution in the Tuamotu Islands Region,Central Pacific Ocean. Comptes Rendus de l'Academie des Sciences Series IIA Earth and Planetary Science,323:941-948.

Murphy J B,Oppliger G L,Brimhall G H,et al. 1998. Plume-modified orogeny:An example from the western United States. Geology,26:731-734.

Murphy J B,Van Staal C R,Keppie J D. 1999. Middle to late Paleozoic Acadian orogeny in the northern Appala-chians:A Laramide-style plume-modified orogeny? Geology,27:653-656.

Musgrave R. 1990. Paleomagnetism and tectonics of Malaita,Solomon Islands. Tectonics,9:735-759.

Müller D. 2002. The age of the ocean floor. http://www. ngdc. noaa. gov/mgg/mggd. html[2017-1-15].

Müller M R, Robinson C J, Minshull T A, et al. 1997. Thin crust beneath ocean drilling program borehole 735 B at the Southwest Indian ridge? Earth and Planetary Science Letters, 148:93-107.

Müller R D, Sdrolias M, Gaina C, et al. 2008. Long-term sea level fluctuations driven by ocean basin dynamics. Science, 319:1357-1362.

Nakanishi M, Tamaki K, Kobayashi K. 1992. A new Mesozoic isochron chart of the northwestern Pacific Ocean: Paleomagnetic and tectonic implications. Geophysical Research Letters, 19:693-696.

Nance R D, Worsley T R, Moody J B. 1988. The supercontinent cycle. Scientific American, 259:72-79.

Nikishin A M, Ziegler P A, Abbott D, et al. 2002. Permo-Triassic intraplate magmatism and rifting in Eurasia: Implications for mantle plumes and mantle dynamics. Tectonophysics, 351(1-2):3-39.

Niu Y, O'Hara M J, Pearce J A. 2003. Initiation of subduction zones as a consequence of lateral compositional buoyancy contrast within the lithosphere: A petrological perspective. Journal of Petrology, 3(11):764-778.

Norton I. 2007. Speculations on Cretaceous tectonic history of the northwest Pacific and a tectonic origin for the Hawaii hotspot. Geological Society of America Special Papers, 430:451.

Oakley A, Taylor B, Fryer P, et al. 2007. Emplacement, growth, and gravitational deformation of serpentinite seamounts on the Mariana forearc. Geophysical Journal International, 170:615-634.

Oakley A, Taylor B, Moore G. 2008. Pacific Plate subduction beneath the central Mariana and Izu-Bonin fore arcs: New insights from an old margin. Geochemistry Geophysics Geosystems, 9:Q06003.

Obayashi M, Yoshimitsu J, Nolet G, et al. 2013. Finite frequency whole mantle P wave tomography: Improvement of subducted slab images. Geophysical Research Letters, 40:5652-5657.

Osozawa S, Yoshida T. 1997. Arc-type and intraplate-type ridge basalts formed at the trench-trench-ridge triple junction: Implication for the extensive sub-ridge mantle heterogeneity. Island Arc, 6(2):197-212.

Otofuji Y, Matsuda T, Nohda S. 1985. Openging mode of the Japan Sea inferred from the palaeomagnetism of the Japan Arc. Nature, 317:603-604.

Otsuki K, Heki K, Yamazaki T. 1990. New data which sup-ports the "laws of convergence rate of plates" proposed by Otsuki. Tectonophysics, 172:365-368.

O'Neill C, Müller D, Steinberger B. 2003. Geodynamic implications of moving Indian Ocean hotspots. Earth and Planetary Science Letters, 215:151-168.

Pardo M, Suárez G. 1995. Shape of the subducted Rivera and Cocos plates in southern Mexico: Seismic and tectonic implications. Journal of Geophysical Research, 100(B7), 12:357-373.

Parman S, Grove T, Kelley K, et al. 2011. Along-arc variations in the pre-eruptive H_2O contents of Mariana arc magmas inferred from fractionation paths. Journal of Petrology, 52:257-278.

Patriat P, Sauter D, Munschy M, et al. 1997. A survey of the Southwest Indian Ridge axis between Atlantis Ⅱ Fracture Zone and the Indian Triple Junction: Regional setting and large scale segmentation. Marine Geophysical Researches, 19:457-480.

Peacock S. 1993. Large-scale hydration of the lithosphere above subducting slabs. Chemical Geology, 108:49-59.

Pearce J, Stern R. 2006. Origin of back-arc basin magmas: Trace element and isotope perspectives, Back-arc spreading systems: Geological, biological, chemical, and physical interactions. American Geophysical Union: 63-86.

Pearce J, Stern R, Bloomer S, et al. 2005. Geochemical mapping of the Mariana arc-basin system: Implications for the nature and distribution of subduction components. Geochemistry Geophysics Geosystems, 6: Q07006.

Petterson M, Neal C, Mahoney J, et al. 1995. Structure and deformation of north and central Malaita, Solomon Islands: Tectonic implications for the Ontong Java Plateau-Solomon arc collision and for the fate of oceanic plateaus. Tectonophysics, 283: 1-33.

Petterson M, Babbs T, Neal C, et al. 1999. Geological-tectonic framework of Solomon Islands, SW Pacific: Crustal accretion and growth within an intra-oceanic setting. Tectonophysics, 301: 35-60.

Phinney E J, Mann P, Coffin M F, et al. 2004. Sequence stratigraphy, structural style, and age of deformation of the Malaita accretionary prism (Solomon arc- Ontong Java Plateau convergent zone). Tecnotophysics, 389: 221-246.

Phinney E, Mann P, Coffin M, et al. 1999. Sequence stratigraphy, structure, and tectonics of the southwestern Ontong Java Plateau adjacent to the North Solomon trench and Solomon Islands arc. Journal of Geophysical Research, 104: 20449-20466.

Phipps Morgan J, Sandwell D T. 1994. Systematics of ridge propagation south of 30°S. Earth and Planetary Science Letters, 121: 245-258.

Pindell J L, Cande S C, Pitman III W C, et al. 1988. A plate- kinematic framework for models of Caribbean evolution//Scotese C R, Sager W W. Mesozoic and Cenozoic Plate Re-constructions. Tectonophysics, 155(1): 121-138.

Piper J D A. 2010. Protopangaea: Paleomagnetic definition of Earth's oldest (mid- Archaean- Palaeoproterozoic) supercontinent. Journal of Geodynamics, 50(3-4): 154-165.

Pisarevsky S, Wingate M, Powell C, et al. 2003. Models of Rodinia assembly and fragmentation. Geological Society London Special Publications, 206: 35-55.

Powell C M A, Roots S R, Veevers J J. 1988. Pre- breakup continental extension in East Gondwanaland and the early opening of the eastern Indian Ocean. Tectonophysics, 155: 261-283.

Pownall J M, Hall R, Watkinson I M. 2013. Extreme extension across Seram and Ambon, eastern Indonesia: Evidence for Banda slab rollback. Solid Earth, 4: 277-314.

Pownall J M, Forster M A, Hall R. 2017. Tectonometamorphic evolution of Seram and Ambon, eastern Indonesia: Insights from $^{40}Ar/^{39}Ar$ geochronology. Gondwana Research, 44: 35-53.

Pozgay S, Wiens D, Conder J, et al. 2009. Seismic attenuation tomography of the Mariana subduction system: Implications for thermal structure, volatile distribution, and slow spreading dynamics. Geochemistry Geophysics Geosystems, 10: Q04X05.

Pufahl P K, Hiatt E E. 2012. Oxygenation of the Earth's atmosphere- ocean system: A review of physical and chemical sedimentologic responses. Marine & Petroleum Geology, 21(4): 1-20.

Pushcharovsky Yu M. 2000. Main structural asymmetry of the Earth. Soros Education Journal, 6(10): 59-65.

Pyle M, Wiens D, Weeraratne D, et al. 2010. Shear velocity structure of the Mariana mantle wedge from Rayleigh wave phase velocities. Journal of Geophysical Research, 115(B11): 304.

Pérez Campos X, Kim Y, Husker A, et al. 2008. Horizontal subduction and truncation of the Cocos Plate beneath central Mexico. Geophysical Research Letters, 35(18): 80-86.

Raju K K A. 2005. Three-phase tectonic evolution of the Andaman backarc basin. Current Science, 89(11): 1932-1937.

Raju K K A, Ramprasad T, Rao P S, et al. 2004. New insights into the tectonic evolution of the Andaman basin, northeast Indian Ocean. Earth and Planetary Science Letters, 221: 145-162.

Rea D K, Dixon J M. 1983. Late Cretaceous and Paleogene tectonic evolution of the North Pacific Ocean. Earth and Planetary Science Letters, 65: 145-166.

Reilinger R, McClusky S, Vernant P, et al. 2006. GPS constraints on continental deformation in the Africa-Arabia-Eurasia continental collision zone and implications for the dynamics of plate interactions. Journal of Geophysical Research-Solid Earth, 111(B5): B05411.

Replumaz A, Tapponnier P. 2003. Reconstruction of the deformed collision zone between India and Asia by backward motion of lithospheric blocks. Journal of Geophysical Research, 108(B6).

Replumaz A, Negredo A M, Guillot S, et al. 2010. Multiple episodes of continental subduction during India/Asia convergence: Insight from seismic tomography and tectonic reconstruction. Tectonophysics, 483(1-2): 125-134.

Replumaz A, Guillot S, Villasenor A, et al. 2013. Amount of Asian lithospheric mantle subducted during the India/Asia collision. Gondwana Research, 24: 936-945.

Rigo A, Vernant P, Feigl K, et al. 2015. Paradoxical present-day deformation of the Pyrenees revealed by GPS and focal mechanisms. Geophysical Journal International, 201(5): 947-964.

Rogers J J W. 1996. A history of continents in the past three billion years. Journal of Geology, 104: 91-107.

Rogers J J W, Santosh M. 2009. Tectonics and surface effects of the supercontinent Columbia. Gondwana Research, 15: 373-380.

Rosa J W C, Molnar P. 1988. Uncertainties in reconstructions of the Pacific, Farallon, Vancouver, and Kula plates and constraints on the rigidity of the Pacific and Farallon (and Vancouver) plates between 72 and 35 Ma. Journal of Geophysical Research, 93: 2997-3008.

Rosenbaum G, Lister G S. 2004. Formation of arcuate orogenic belts in the western Mediterranean region//Sussman A, Weil A. Orogenic Curvature. Special Paper Geological Society of America, 383: 41-56.

Rosenbaum G, Mo W. 2011. Tectonic and magmatic responses to the subduction of high bathymetric relief. Gondwana Research, 19: 571-582.

Rosenbaum G, Lister G S, Duboz C. 2002. Reconstruction of the tectonic evolution of the western Mediterranean since the Oligocene//Rosenbaum G, Lister G S. Reconstruction of the Alpine-Himalayan Orogen. Journal of the Virtual Explorer, 8: 107-126.

Rossetti F, Goffe B, Monie P, et al. 2004. Alpine orogenic P-T-t deformation history of the Catena Costiera area and surrounding regions (Calabrian Arc, southern Italy): The nappe edifice of north Calabria revised with insights on the Tyrrhenian-Apennine system formation. Tectonics, 23: 1-26.

Rossi S, Sartori R. 1981. A seismic reflection study of the External Calabrian Arc in the Northern Ionian Sea (Eastern Mediterranean). Marine Geophysical Research, 4: 403-426.

Royer J Y, Sandwell D T. 1989. Evolution of the eastern Indian Ocean since the Late Cretaceous: Constraints from Geosat altimetry. Journal of Geophysical Rererarch: Soild Earth(1978-2012), 94(B10): 13755-13782.

Royer J Y, Patriat P, Bergh H W, et al. 1988. Evolution of the Southwest Indian Ridge from the late cretaceous (anomaly 34) to the middle Eocene (anomaly 20). Tectonophysics, 155:235-260.

Royer J Y, Gordon R G, Horner- Johnson B C. 2006. Motion of Nubia relative to Antarctica since II Ma: Implications for Nubia- Somalia, Pacific- North America, and India- Eurasia motion. Geology, 34 (6):501-504.

Ruddiman W F, Kutzbach J E. 1989. Forcing of late Cenozoic northern hemisphere climate by plateau uplift in southern Asia and the American west. Journal of Geophysical Research Atmospheres, 94 (D15): 18409- 18427.

Russell M J, Hall A J, Mellersh A R. 2003. On the Dissipation of Thermal and Chemical Energies on the Early Earth. Netherlands: Springer.

Sager W W. 2002. Basalt core paleomagnetic data from Ocean Drilling Program Site 883 on Detroit Seamount, northern Emperor Seamount chain, and implications for the paleolatitude of the Hawaiian hotspot. Earth and Planetary Science Letters, 199:347-358.

Sager W W. 2005. What built Shatsky Rise, a mantle plume or ridge tectonics//Foulger G R, Natland J H, Presnall D C, et al. Plates, Plumes, and Paradigms: Geological Society of America Special Paper, 388: 721-733.

Sager W W, Weiss C J, Tivey M A, et al. 1998. Geomagnetic polarity reversal model of deep-tow profiles from the Pacific Jurassic Quiet Zone. Journal of Geophysical Research- Solid Earth, 103:5269-5286.

Sager W W, Kim J, Klaus A, et al. 1999. Bathymetry of Shatsky Rise, northwest Pacific Ocean: Implications for ocean plateau development at a triple junction. Journal of Geophysical Research- Solid Earth, 104:7557-7576.

Sager W W, Zhang J C, Korenaga J, et al. 2013a. An immense shield volcano within the Shatsky Rise oceanic plateau, northwest Pacific Ocean. Nature Geoscience, 6:976-981.

Sager W W, Bull J M, Krishna K S. 2013b. Active faulting on the Ninetyeast Ridge and its relation to deformation of the Indo- Australian plate. Journal of Geophysical Research: Solid Earth, 118:4648-4668.

Sandwell D T, Müller R D, Smith W H F, et al. 2014. New global marine gravity model from CryoSat- 2 and Jason-1 reveals buried tectonic structure. Science, 346:65-67.

Santosh M, Maruyama S, Yamamoto S. 2009. The making and breaking of super- continents: Some speculations based on superplumes, super downwelling and the role of the tectosphere. Gondwana Research, 15:324-341.

Sartori R. 2003. The Tyrrhenian back- arc basin and subduction of the Ionian lithosphere. Episodes, 26:217-221.

Sauter D, Cannat M. 2010. The ultraslow spreading Southwest Indian Ridge//Rona P A, Devey C W, Dyment J, et al. Diversity of Hydrothermal Systems On Slow Spreading Ocean Ridges. Geophysical Monograph Series, the American Geophysical Union, 188:153-173.

Sauter D, Parson L, Mendel V, et al. 2002. TOBI sidescan sonar imagery of the very slow- spreading Southwest Indian Ridge: Evidence for along- axis magma distribution. Earth and Planetary Science Letters, 199:81-95.

Scarrow J H, Vaughan A P M, Leat P T. 1997. Ridge- trench collision- induced switching of arc tectonics and magma sources: Clues from Antarctic Peninsula mafic dykes. Terra Nova, 9 (5-6):255-259.

Schettino A. 2015. Quantitative Plate Tectonics. London: Springer.

Schilling J G, Kingsley R H, Hanan B B, et al. 1992. Nd- Sr- Pb isotopic variations along the Gulf of Aden- evidence for Afar mantle plume- continental lithosphere interaction. Journal of Geophysical Research, 97:

10927-10966.

Schopf J W. 1993. Microfossils of the Early Archean Apex chert: New evidence of the antiquity of life. Science, 260(5108):640.

Schouten H, Klitgord K D, Gallo D G. 1993. Edge- driven microplate kinematics. Journal of Geophysical Research,98:6689-6701.

Sclater J G,Fisher R L,Patriat P,et al. 1981. Eocene to recent development of the south- west Indian Ridge, a consequence of the evolution of the Indian Ocean triple junction. Journal of Geophysical Research, 64: 587-604.

Scotese C R. 2001. Atlas of Earth History. Arlington:Paleomap Project.

Scotese C R,Boucot A J,McKerrow W S. 1999. Gondwanan Palaeogeography and Palae- Oclimatology. Journal of African Earth Sciences,28(1):99-114.

Sdrolias M,Roest W R R,Müller D. 2004. An expression of Philippine Sea plate rotation: The Parece Vela and Shikoku Basins. Tectonophysics,394:69-86.

Seeber L P,Reitz M S,Nagel T P,et al. 2008. Collision versus separation in roll-back: The Calabrian Arc through the Apulia- Africa narrow. American Geophysical Union,Fall Meeting 2008,Abstract,T53B-1934.

Seiler C,Fletcher J M,Kohn B P,et al. 2011. Low- temperature thermochronology of northern Baja California, México:Decoupled slip- exhumation gradients and delayed onset of oblique rifting across the Gulf of California. Tectonics 30(3):TC3004.

Sengör A M C,Natal'in B A,Burtman V S. 1993. Evolution of the Altaid tectonic collage and Palaeozoic crustal growth in Eurasia. Nature,364:299-307.

Seton M,Müller R D,Zahirovic S,et al. 2012. Global continental and ocean basin reconstructions since 200 Ma. Earth-Science Reviews,113:212-270.

Shackleton N J. 1975. Paleotemperature history of the Cenozoic and the initiation of Antarctic glaciation:Oxygen and carbon isotope analyses in DSDP Sites 277,279 and 281. Initial Reports of the DSDP29. Washington: U. S. Government Printing Office.

Shiobara H,Sugioka H,Mochizuki K,et al. 2010. Double seismic zone in the North Mariana region revealed by long-term ocean bottom array observation. Geophysical Journal International,183:1455-1469.

Shu D,Luo H,Morris S C,et al. 1999. Lower Cambrian vertebrates from south China. Nature,402(6757): 42-46.

Silver P G,Behn M D. 2008. Intermittent plate tectonics? Science,319:85-88.

Simmons N A,Myers S C,Johannesson G,et al. 2015. Evidence for long-lived subduction of an ancient tectonic plate beneath the southern Indian Ocean. Geophysical Research Letters,42(21):9270-9278.

Smith W H F,Sandwell D T. 1997. Global sea floor topography from satellite altimetry and ship depth soundings. Science 277:1956-1962.

Sorokhtin O G,Ushakov S A. 2002. Evolution of Earth. Moscow:MGU Publishers(in Russian).

Spakman W,Hall R. 2010. Surface deformation and slab- mantle interaction during Banda arc subduction roll-back. Nature Geoscience,3:562-566.

Sreejith K M, Krishna K S. 2015. Magma production rate along the Ninetyeast Ridge and its relationship to

Indian plate motion and Kerguelen hot spot activity. Geophysical Research Letters,42:1105-1112.

Stampfli G M. 2000. Tethyan oceans. London:Geological Society,Special publications.

Stamps D S,Calais E,Saria E,et al. 2008. A kinematic model for the East African Rift. Geophysical Research Letters,35:L05304.

Stanley S M. 2010. Relation of Phanerozoic stable isotope excursions to climate,bacterial metabolism,and major extinctions. Proceedings of the National Academy of Sciences of the United States of America,107(45): 19185-19189.

Stern R,Fouch M,Klemperer S. 2003. An Overview of the Izu-Bonin-Mariana Subduction Factory,Inside the Subduction Factory. Washington,D. C. :American Geophysical Union:175-222.

Stock J M,Hodges K V. 1989. Pre-Pliocene extension around the Gulf of California and the transfer of Baja California to the Pacific plate. Tectonics,8(1):99-115.

Stolper E,Newman S. 1994. The role of water in the petrogenesis of Mariana trough magmas. Earth and Planetary Science Letters,121:293-325.

Storey M,Mahoney J J,Saunders A D,et al. 1995. Timing of hot spot-related volcanism and the breakup of Madagascar and India. Science,267:852-855.

Storey M,Duncan R A,Swisher R C. 2007. Paleocene-Eocene thermal maximum and the opening of the Northeast Atlantic. Science,316(5824):587-589.

Sun W D,Ding X,Hu Y H,et al. 2007. The golden transformation of the Cretaceous plate subduction in the West Pacific. Earth and Planetary Science Letters,262:533-542.

Suo Y H,Li S Z,Zhao S J,et al. 2014. Cenozoic Tectonic Jumping of Pull-apart basins in East Asia and its Continental Margin:Implication to Hydrocarbon Accumulation. Journal of Asian Earth Sciences,88(1):28-40.

Suo Y H,Li S Z,Zhao S J,et al. 2015. Continental Margin Basins in East Asia:Tectonic Implication of the Meso-Cenozoic East China Sea Pull-apart Basins. Geological Journal,50:139-156.

Suo Y H,Li S Z,Li X Y,et al. 2017. The potential hydrothermal systems unexplored in the Southwest Indian Ocean. Marine Geophysical Research,38:61-70.

Takahashi N,Kodaira S,Klemperer S,et al. 2007. Crustal structure and evolution of the Mariana intra-oceanic island arc. Geology,35:203-206.

Takahashi N,Kodaira S,Tatsumi Y,et al. 2008. Structure and growth of the Izu-Bonin-Mariana arc crust: 1. Seismic constraint on crust and mantle structure of the Mariana arc-back-arc system. Journal of Geophysical Research Solid Earth,113:B01104.

Taylor B. 2006. The single largest oceanic plateau:Ontong Java-Manihiki-Hikurangi. Earth and Planetary Science Letters,241:372-380.

Taylor B,Martinez F. 2003. Back-arc basin basalt systematics. Earth and Planetary Science Letters,210: 481-497.

Taylor F W,Isacks B L,Jouannic C,et al. 1980. Coseismic and Quaternary vertical tectonic movements,Santo and Malekula Islands,New Hebrides Island Arc. Journal of Geophysical Research Solid Earth,85(B10): 5367-5381.

Tebbens S F,Cande S C,Kovacs L,et al. 1997. The Chile ridge:a tectonic framework. Journal of Geophysical

Research,102:12035-12059.

Tian F, Toon O B, Pavlov A A, et al. 2005. A Hydrogen-Rich Early Earth Atmosphere. Science, 308 (5724):1014.

Tibi R, Wiens D, Yuan X. 2008. Seismic evidence for widespread serpentinized forearc mantle along the Mariana convergence margin. Geophysical Research Letters, 35(13):337-344, L13303.

Torsvik T H, Amundsen H, Hartz E H, et al. 2013. A Precambrian microcontinent in the Indian Ocean. Nature Geoscience, 6:223-227.

Trubitsyn V P. 2005. Tectonics of floating continents. Izvestiya Physics of the Solid Earth, 75(1):10-21.

Turco E, Macchiavelli C, Mazzoli S, et al. 2012. Kinematic evolution of Alpine Corsica in the framework of Mediterranean mountain belts. Tectonophysics, 579:193-206.

Underwood M B, Shelton K L, McLaughlin R J, et al. 1999. Middle Miocene paleotemperature anomalies within the Franciscan complex of northern California: Themo-tectonic responses near the Mendocino triple junction. Geological Society of America Bulletin, 111(10):1448-1467.

Uyeda S, Kanamori H. 1979. Back-arc opening and the mode of subduction. Journal of Geophysical Research. 84:1049-1061.

Van Dijk J P, Bello M, Brancaleoni G P, et al. 2000. A regional structural model for the northern sector of the Calabrian Arc(southern Italy). Tectonophysics, 324:267-320.

Veevers J J, Li Z X. 1991. Review of seafloor spreading around Australia, II. Marine magnetic anomaly modelling. Australian Journal of Earth Sciences, 38:391-408.

Veevers J J, Walter M R, Scheibner E. 1997. Neoproterozoic tectonics of Australia-Antarctica and Laurentia and the 560 ma birth of the pacific ocean reflect the 400 m. y. Pangean supercycle. Journal of Geology, 105(2):225-242.

Vernadsky V I. 1989. Biosphere and Noosphere(monograph in Russian). Moscow:Nauka.

VernantP. 2015. What can we learn from 20 years of interseismic GPS measurements across strike-slip faults? Tectonophysics, 644-645:22-39.

Vine F J, Matthews D H. 1963. Magnetic Anomalies Over Oceanic Ridges. Nature, 199(4897):947-949.

Vine F J, Wilson J T. 1965. Magnetic anomalies over a young oceanic ridge off Vancouver Island. Science, New Series, 150:485-489.

Vérard C, Flores K, Stampfli G. 2012. Geodynamic reconstructions of the South America-Antarctica plate system. Journal of Geodynamics, 53:43-60.

Wang C, Dai J, Zhao X, et al. 2014. Outward-growth of the Tibetan Plateau during the Cenozoic: A review. Tectonophysics, 621:1-43.

Wang Y, Wang J Y, Ma Z J. 1998. On the asymmetric distribution of heat loss from the Earth's Interior. Chinese Science Bulletin, 43(18):1566-1570.

Weaver B L. 1991. The origin of ocean island basalt end-member compositions: Trace element and isotopic constraints. Earth and Planetary Science Letters, 104:381-397.

Weil A, Gutiérrez-Alonso G, Conan J. 2010. New time constraints on lithospheric-scale oroclinal bending of the Ibero-Armorican Arc: A palaeomagnetic study of earliest Permian rocks from Iberia. Geological Society,

London,167:127-143.

Weis D,Ingle S,Damasceno D,et al. 2001. Origin of continental components in Indian Ocean basalts:Evidence from Elan Bank(Kerguelen Plateau,ODP Leg 183,Site 1137). Geology,29(2):147-150.

Wessel P,Kroenke L W. 1998. The geometric relationship between hot spots and seamounts:Implications for Pacific hot spots. Earth and Planetary Science Letters,158:1-18.

White S M. 2005. Seamounts//Selley R C,et al. Solar System in Encyclopedia of Geology. London:Elsevier.

Whittaker J, Müller R D, Leitchenkov G, et al. 2007. Major Australian- Antarctica plate reorganization at Hawaiian- Emperor bend time. Science,318:83-86.

William W S,Takashi S,Jorg G. 2016. Formation and evolution of Shatshy Rise oceanic plateau:Insights from IODP Expedition 324 and recent geophysical cruises. Earth-science Reviews,159:306-336.

Woods M T,Davies G F. 1982. Late Cretaceous genesis of the Kula plate. Earth and Planetary Science Letters,58:161-166.

Wright N M,Seton M,Williams S E,et al. 2016. The Late Cretaceous to recent tectonic history of the Pacific Ocean basin. Earth-Science Reviews,154:138-173.

Wu J,Suppe J,Lu R Q,et al. 2016. Philippine Sea and East Asian plate tectonics since 52Ma constrained by new subducted slab reconstruction methods. Journal of Geophysical Research:Solid Earth,121:4670-4741.

Wu L,Kravchinsky V. 2014. Derivation of paleolongitude from the geometric parametrization of apparent polar wander path: Implication for absolute plate motion reconstruction. Geophysical Research Letters, 41: 4503-4511.

Wu N Y,Zhang H Q,Yang S X,et al. 2011. Gas hydrate system of Shenhu area,Northern South China Sea:Geochemical result. Journal of Geological Research,2011:1687-8833.

Xu J Y,Benavraham Z,Kelty T,et al. 2014. Origin of marginal basins of the NW Pacific and their plate tectonic reconstructions. Earth-Science Reviews,130(3):154-196.

Xu X,Zhou Z,Wang X,et al. 2003. Four-winged dinosaurs from China. Nature,421(6921):335.

Yan C,Kroenke L. 1993. A plate tectonic reconstruction of the SW Pacific,0-100 Ma//Berger T, Kroenke L, Mayer L,et al. Proceedings of the Ocean Drilling Program. Scientific Results,130:697-709.

Yang Y T. 2013. An unrecognized major collision of the Okhotomorsk Block with East Asia during the Late Cretaceous,constraints on the plate reorganization of the Northwest Pacific. Earth-Science Reviews,126:96-115.

Yin A. 2010. Cenozoic tectonic evolution of Asia:A preliminary synthesis. Tectonophysics,488(1-4):0-325.

Yin L,Zhu M,Knoll A H,et al. 2007. Doushantuo embryos preserved inside diapause egg cysts. Nature,446 (7136):661.

Yoshida M, Santosh M. 2011. Supercontinents, mantle dynamics and plate tectonics: A perspective based on conceptual vs. numerical models. Earth-Science Reviews,105:1-24.

Yu K F,Zhao J X,Done T,et al. 2009. Microatoll record for large century-scale sea-level fluctuations in the mid-Holocene,Quaternary Research,71:354-360.

Yu Z T,Li J B,Liang Y Y,et al. 2013. Distribution of large- scale detachment faults on mid- ocean ridges in relation to spreading rates. Acta Oceanologica Sinica,32(12):109-117.

Zahirovic S,Matthews K J,Flament N. 2016. Tectonic evolution and deep mantle structure of the eastern Tethys since the latest Jurassic. Earth-Science Reviews,162:293-337.

Zahirovic S,Müller R D,Seton M. 2015. Tectonic speed limits from plate kinematic reconstructions. Earth and Planetary Science Letters,418:40-52.

Zecchin M,Massari F,Mellere D,et al. 2004. Anatomy and evolution of a Mediterranean-type fault bounded basin:The Lower Pliocene of the northern Crotone Basin(Southern Italy). Basin Research,16:117-143.

Zhang P Z,Shen Z,Wang M,et al. 2004. Continuous deformation of the Tibetan Plateau from global positioning system data. Geology,32(9):809-812.

Zhang S,Li Z X,Evans D A D,et al. 2012. Pre-Rodinia supercontinent Nuna shaping up:A global synthesis with new paleomagnetic results from North China. Earth and Planetary Science Letters,353-354:145-155.

Zhao D,Yamamoto Y,Yanada T. 2013. Global mantle heterogeneity and its influence on teleseismic regional tomography. Gondwana Research,23:595-616.

Zhao G C,Cawood P A,Wilde S A,et al. 2002. Review of global 2. 1-1. 8 Ga orogens:Implications for a pre-Rodinia supercontinent. Earth-Science Reviews,59(1):125-162.

Zhu G,Jiang D Z,Zhang B L,et al. 2012. Destruction of the eastern North China Craton in a backarc setting: Evidence from crustal deformation kinematics. Gondwana Research,22(1):86-103.

Zhu M, Zhao W, Jia L, et al. 2009. The oldest articulated osteichthyan reveals mosaic gnathostome characters. Nature,458(7237):469-474.

参
考
文
献

附录一 国际年代地层表 v 2013/01

国际地层委员会 www.stratigraphy.org

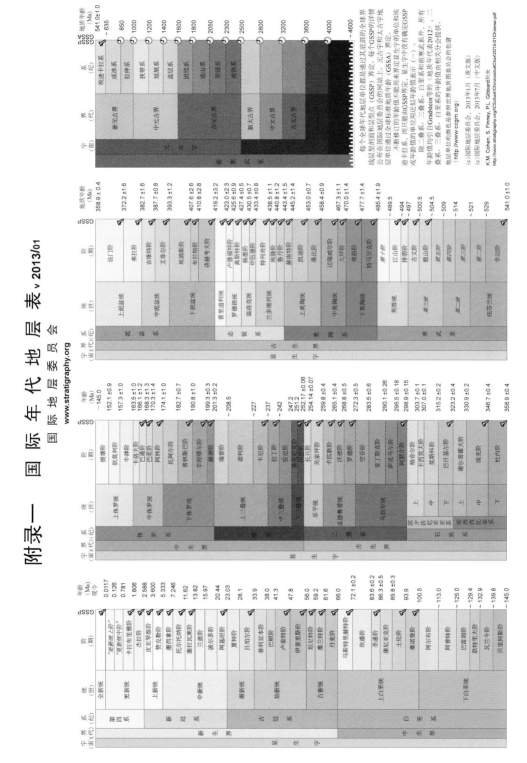

附录一

289

INTERNATIONAL CHRONOSTRATIGRAPHIC CHART   v 2017/02

International Commission on Stratigraphy

www.stratigraphy.org

Cenozoic and Cretaceous

Eonothem/Eon	Erathem/Era	System/Period	Series/Epoch	Stage/Age	numerical age (Ma)
Phanerozoic	Cenozoic	Quaternary	Holocene		present
			Pleistocene	Upper	0.0117
				Middle	0.126
				Calabrian	0.781
				Gelasian	1.80
		Neogene	Pliocene	Piacenzian	2.58
				Zanclean	3.600
			Miocene	Messinian	5.333
				Tortonian	7.246
				Serravallian	11.63
				Langhian	13.82
				Burdigalian	15.97
				Aquitanian	20.44
		Paleogene	Oligocene	Chattian	23.03
				Rupelian	27.82
			Eocene	Priabonian	33.9
				Bartonian	37.8
				Lutetian	41.2
				Ypresian	47.8
			Paleocene	Thanetian	56.0
				Selandian	59.2
				Danian	61.6
	Mesozoic	Cretaceous	Upper	Maastrichtian	66.0
				Campanian	72.1 ±0.2
				Santonian	83.6 ±0.2
				Coniacian	86.3 ±0.5
				Turonian	89.8 ±0.3
				Cenomanian	93.9
			Lower	Albian	100.5
				Aptian	~113.0
				Barremian	~125.0
				Hauterivian	~129.4
				Valanginian	~132.9
				Berriasian	~139.8
					~145.0

Jurassic to Carboniferous

Eonothem/Eon	Erathem/Era	System/Period	Series/Epoch	Stage/Age	numerical age (Ma)
Phanerozoic	Mesozoic	Jurassic	Upper	Tithonian	~145.0
				Kimmeridgian	152.1 ±0.9
				Oxfordian	157.3 ±1.0
			Middle	Callovian	163.5 ±1.0
				Bathonian	166.1 ±1.2
				Bajocian	168.3 ±1.3
				Aalenian	170.3 ±1.4
			Lower	Toarcian	174.1 ±1.0
				Pliensbachian	182.7 ±0.7
				Sinemurian	190.8 ±1.0
				Hettangian	199.3 ±0.3
		Triassic	Upper	Rhaetian	201.3 ±0.2
				Norian	~208.5
				Carnian	~227
			Middle	Ladinian	~237
				Anisian	~242
			Lower	Olenekian	247.2
				Induan	251.2
	Paleozoic	Permian	Lopingian	Changhsingian	251.902 ±0.024
				Wuchiapingian	254.14 ±0.07
			Guadalupian	Capitanian	259.1 ±0.5
				Wordian	265.1 ±0.4
				Roadian	268.8 ±0.5
			Cisuralian	Kungurian	272.95 ±0.11
				Artinskian	283.5 ±0.6
				Sakmarian	290.1 ±0.26
				Asselian	298.9 ±0.15
		Carboniferous	Pennsylvanian	Gzhelian	303.7 ±0.1
			Upper	Kasimovian	307.0 ±0.1
			Middle	Moscovian	315.2 ±0.2
			Lower	Bashkirian	323.2 ±0.4
			Mississippian Upper	Serpukhovian	330.9 ±0.2
			Middle	Visean	346.7 ±0.4
			Lower	Tournaisian	358.9 ±0.4

Devonian to Cambrian

Eonothem/Eon	Erathem/Era	System/Period	Series/Epoch	Stage/Age	numerical age (Ma)
Phanerozoic	Paleozoic	Devonian	Upper	Famennian	358.9 ±0.4
				Frasnian	372.2 ±1.6
			Middle	Givetian	382.7 ±1.6
				Eifelian	387.7 ±0.8
			Lower	Emsian	393.3 ±1.2
				Pragian	407.6 ±2.6
				Lochkovian	410.8 ±2.8
		Silurian	Pridoli		419.2 ±3.2
			Ludlow	Ludfordian	423.0 ±2.3
				Gorstian	425.6 ±0.9
			Wenlock	Homerian	427.4 ±0.5
				Sheinwoodian	430.5 ±0.7
			Llandovery	Telychian	433.4 ±0.8
				Aeronian	438.5 ±1.1
				Rhuddanian	440.8 ±1.2
		Ordovician	Upper	Hirnantian	443.8 ±1.5
				Katian	445.2 ±1.4
				Sandbian	453.0 ±0.7
			Middle	Darriwilian	458.4 ±0.9
				Dapingian	467.3 ±1.1
			Lower	Floian	470.0 ±1.4
				Tremadocian	477.7 ±1.4
		Cambrian	Furongian	Stage 10	485.4 ±1.9
				Jiangshanian	~489.5
				Paibian	~494
			Series 3	Guzhangian	~497
				Drumian	~500.5
				Stage 5	~504.5
			Series 2	Stage 4	~509
				Stage 3	~514
			Terreneuvian	Stage 2	~521
				Fortunian	~529
					541.0 ±1.0

Precambrian

Eonothem/Eon	Erathem/Era	System/Period	numerical age (Ma)
Precambrian	Proterozoic	Neoproterozoic	Ediacaran ~635
			Cryogenian ~720
			Tonian 1000
		Mesoproterozoic	Stenian 1200
			Ectasian 1400
			Calymmian 1600
		Paleoproterozoic	Statherian 1800
			Orosirian 2050
			Rhyacian 2300
			Siderian 2500
	Archean	Neoarchean	2800
		Mesoarchean	3200
		Paleoarchean	3600
		Eoarchean	4000
	Hadean		~4600

Units of all ranks are in the process of being defined by Global Boundary Stratotype Section and Points (GSSP) for their lower boundaries, including those of the Archean and Proterozoic, long defined by Global Standard Stratigraphic Ages (GSSA). Charts and detailed information on ratified GSSPs are available at the website http://www.stratigraphy.org. The URL to this chart is found below.

Numerical ages are subject to revision and do not define units in the Phanerozoic and the Ediacaran; only GSSPs do. For boundaries in the Phanerozoic without ratified GSSPs or without constrained numerical ages, an approximate numerical age (~) is provided.

Numerical ages for all systems except Lower Pleistocene, Upper Paleogene, Cretaceous, Triassic, Permian and Precambrian are taken from 'A Geologic Time Scale 2012' by Gradstein et al. (2012); those for the Lower Pleistocene, Upper Paleogene, Cretaceous, Triassic, Permian and Precambrian were provided by the relevant ICS subcommissions.

Colouring follows the Commission for the Geological Map of the World (http://www.ccgm.org)

Chart drafted by K.M. Cohen, D.A.T. Harper, P.L. Gibbard, February 2017
(c) International Commission on Stratigraphy

To cite: Cohen, K.M., Finney, S.C., Gibbard, P.L. & Fan, J.-X. (2013; updated) The ICS International Chronostratigraphic Chart. Episodes 36: 199-204.

URL: http://www.stratigraphy.org/ICSchart/ChronostratChart2017-02.pdf

索　引

后　记

在这本书即将付梓之时，我依然摘录我 2011 年 10 月 9 日在深圳撰写的"海洋的赞歌和期盼——关于海洋的三点基本认识和思考"一文未发表文稿剩下的部分以作后记，大家结合 2013 年以后的国家战略和国家政策，去体会海洋科学的发展战略"海洋强国"（2012 年党的十八大正式提出）和中华民族伟大复兴的"中国梦"（2012 年 11 月 29 日提出），或许会受益良多。摘录如下（一直到结尾都是当初所作，无修改）：

虽然人们对于海洋的基本轮廓和格架是清楚的，但对于其开发和利用远比对陆地的开发和利用落后。从全人类发展来说，整个社会发展需要的物质基础均来自陆地和海洋两大基地。虽然随着"天宫一号"发射升空，"深空"开发新资源正渐露前景，但是当前中国发展的物质基础依然来源于陆地和海洋。陆地浅表资源枯竭时，认知"深时"成矿成藏规律，开发"深陆""深部"资源；海洋近海资源不足时，探讨"深海""远海"资源；可见的陆地和海洋资源枯竭时，开发陆地和海洋的"深质（核、基因等）"资源。

步入 21 世纪以来，世界上许多国家都把开发海洋作为基本国策，把开发利用海洋资源作为加快经济发展、增强国家实力的战略选择。面对国际竞争，中国也已经将深海纳入国家战略，明确了深海的国家需求。

- 建立我国"战略资源能源储备基地"，经略海洋，保护超越国土的国家利益；
- 深海具有丰富的油气：南海为"第二个波斯湾"，油气储量为 230 ~ 300 亿吨；
- 多金属结核：全球储量 3 万亿吨，可采 750 亿吨；
- 富钴结壳：太平洋储量 10 亿吨；
- 天然气水合物：全球 10 万亿吨，是未来人类发展的替代性新能源；
- 海洋生物资源：加强水产养殖研发，实现海洋牧场化，开拓近岸和浅海"耕海牧鱼"、远洋捕捞、两极捕捞新局面；
- 极端环境下的深海生物基因：海洋生物功能和药用活性物质的筛选、功能分析、物质组成和化学结构测定、生物代谢过程及其基因调控；
- 海洋可再生能源：潮汐、海浪、洋流、海水温度差、盐度差和海风等电力能源；

· 深海海底热能能源等。

1）维护国家主权，保障领土和边界不受侵犯（东海、南海），开拓新边疆（两极、公海海底），占据海洋空间资源：建立空基、天基、地基、岸基、海面基、水体基和海底基等多样化、实时性、全天候、全方位、综合性观测系统，为了观测和监控全球，世界强国借揭示深海这个"科学盲区"，正展开"深海暗战"，纷纷加快建设地球系统的第三个观测平台——海洋观测网络。我国也要突破前人仅仅认为海底地形是海洋战场环境的局限认识，全面实时监控海面气候、海洋环流、内波、温盐结构变化等现代海洋战场环境，探索其演变机理，提升相关预测预报能力，摆脱传统陆地战场环境观念的约束，全面获取现代海军技术急需的海洋战场环境参数，提升国家监测全球海域能力，提升对东海和南海实际控制能力，在与日本和东盟共同建立东海和南海新秩序过程中起主导作用，就意味着中国未来社会和经济环境的安全、周边睦邻友好的和平、突破中等收入国家发展瓶颈的胜利，也是中国和平崛起的重大标志。历史上，南海曾被葡萄牙、西班牙、英国、德国、法国、意大利、日本、美国、俄罗斯、印度、越南、印度尼西亚、菲律宾、马来西亚、文莱以海上交通、岛礁归属、海底资源、海域划界等地缘利益为借口，或不断侵扰，或掠夺强占，或非法游弋，或肆意勘查。特别是近 200 年，南海始终是事关中国荣辱、安全和稳定的敏感海域。中国面对南海问题，宜与时俱进，将计就计，采取攻势战略，应以"直面争议、维护主权、主动开发"为原则维护国家核心利益。

2）大国的责任需求，塑造负责任的国际大国形象，没有强大的深海探索技术和实力，没有强大的经济实力和海军力量是不可能建立有利于中国的南海地缘政治环境和国际政治军事新格局——"方行天下，至于四海"的，同时，在中国利益全球化的进程中，强大的实力也是保障我国海洋经济动脉通畅的举措。

3）环境问题：从地球系统科学角度，开展多圈层相互作用的综合研究，揭示全球变暖、自然灾害、环境污染和生态危机的过程和机理，为国家统筹和规划海域、海洋战略规划和未来发展提供科学支撑。从 1937 年美国最早在墨西哥湾滨浅海开启海洋石油开发始，到 2010 年墨西哥湾喷发式海上井喷和 2011 年渤海湾蓬莱 19-3 的缓慢式海上溢油，人为环境灾害日益严峻，海洋开发前，应当加强各种海洋工程环境问题研究，避免走陆地上"先污染、后治理"的痛苦教训，工业化过程中的"海纳百污"局面应当遏制。

4）科学驱动：上天、入地、下海、登极以实现到达为目标，深海、深地、深空、深蓝以认识现象、规律和发展相关高科技手段为目标，参与国际科技竞争与合作。海洋科学在国家大战略、大科学和大工程规划中占有举足轻重的一半份额，中国应力争早日进入海洋研究的国际先进国家行列。

经过近 100 年的科技发展，特别是第二次世界大战以来，科学探测发现：海底存在大量海山，在海底这个极端环境下，存在大量基因宝库，是人类面对未来疑难杂症的重要药物来源。先人意识中的"三神山"不在海面而在海底，"长生不老药"的愿望在新的科学革命背景下重燃人类的期盼；从李时珍基于陆地的《本草纲目》，到管华诗院士立足海洋的《中华海洋本草》，都在当下人类药物学的发展历程中留下了浓墨重彩的一笔。重新认识海洋，是极其重要的，是中国发展的必然需求。

中国是海、陆复合型国家，虽然在海洋战术上可以灵活，但是海洋战略上只能明晰，海权存续的策略需要紧跟国际时局变化而调整。2013～2023 年 IODP 计划将进入国际大洋大发现时期，深海大洋调查和研究还有广阔的发展空间。深部生物圈、天然气水合物、极端气候、气候的快速变化、发震带等依然是广大民众关注的关键科学问题。面对国际发展趋势，解决大陆边缘研究中的钻探、观测和现场调查技术手段的发展和应用，强化在新的技术条件下从观测到模型的综合突破，是当前发展固体海洋科学的重中之重。

时至今日，人类还将在很长一段时间以陆地生活为主，但是面向未来，占地球 71% 的海洋必将成为人类生存的出路之一，当前濒临海洋的海岸带也逐渐成为人类活动的重要活动区带。从人类发展轨迹和趋势看，陆地有限，而海洋无垠；生命生存回归海洋是必然。发展蓝色经济、开拓海洋空间资源、实现海洋强国、加快民族复兴，使中华崛起于世界民族之林，海洋科学尤为重要。中国应当是"立足陆地，面向海洋"，而不应当"面向黄土，背朝海洋"，海洋不是天然屏障，也不是可据守的"长城"。万世之业，人才为先。中国海洋科学正在随着国家的崛起而崛起，不少专业已经达到国际先进水平，中国未来 100 年必将是海洋科学大发展的 100 年，一批年富力强的人才队伍逐步壮大，海洋意识日益增强，坚持 100 年海洋强国战略不动摇，中国的海洋事业、中国的未来必将无限光明。

2018 年 7 月 21 日于青岛